东北大学“百种优质教材建设”立项项目

现代城市设计原理

刘生军　王飞虎　陈满光　王　旭　著

中国建筑工业出版社

图书在版编目（CIP）数据

现代城市设计原理 / 刘生军等著．—北京：中国建筑工业出版社，2021.8

ISBN 978-7-112-26337-0

Ⅰ.①现… Ⅱ.①刘… Ⅲ.①现代化城市—城市规划—建筑设计—研究 Ⅳ.①TU984

中国版本图书馆 CIP 数据核字（2021）第 135998 号

责任编辑：毋婷娴
责任校对：焦　乐

现代城市设计原理

刘生军　王飞虎　陈满光　王旭　著

*

中国建筑工业出版社出版、发行（北京海淀三里河路 9 号）

各地新华书店、建筑书店经销

逸品书装设计制版

北京中科印刷有限公司印刷

*

开本：787 毫米 ×1092 毫米　1/16　印张：17½　字数：314 千字

2021 年 8 月第一版　　2021 年 8 月第一次印刷

定价：**78.00** 元

ISBN 978-7-112-26337-0

（37812）

序言

城市设计是一种综合、全面、细致的思维方式，同时，城市设计也是一种方法，亦是一种理论。从学理的角度讲，城市设计不仅与建筑学、城市规划学、景观学有关，还涉及人文地理学、人居学、社会学、城市经济学、生态学、伦理学、美学、心理学、城市社会学、环境学等。城市设计还面临着理论研究与工程实践的双重任务，需要有艺术的设计创作，也需要有科学的管理实施，而且某种程度上落地实施更为重要。所以，城市设计是一门不容忽视的学科，是一个充满挑战的行业。

城市设计涉及如此多的学科、知识，那该怎么学？城市设计是什么涉及与之有关的概念和理论；城市设计是怎么产生的涉及城市形态与学科；城市设计有哪些要素涉及对城市设计内容的认识；城市设计的元素是什么涉及城市设计的创作和研究的范围；如何编制城市设计涉及城市设计的技术和逻辑方法；城市设计的成果是什么涉及城市设计的类型和形式；如何管控城市设计涉及城市设计的管理和实施；等等。我们把这些可以总结出来并能够被遵从的基本的规律称为原理，把依据这些原理形成的独立的知识体系称为学科，把通过学科的培养而从事的事业称作专业。一名合格的城市设计师要有强烈的社会责任感，要具备足够的设计基础，要具有良好的空间概念，要有基本的规划知识，还要培养正确的美学观和伦理意识……，而所有这些都需要从不断地学习中获得。

本书的作者都是勤奋耕耘于教学与生产实践一线的青年才俊，他们理论基础扎实，实践经验丰富。他们在这本书中尝试让历史与现代相呼应，理论与实践相结合，以便学习者能够系统、全面地掌握城市设计的基本规律和知识体系，并融会贯通于现代社会的城市设计活动之中。

我相信这本书能够给广大有志于研习城市设计的人提供足够的专业知识，加深他们对城市设计的认识，助力他们丰满城市设计的羽翼。

培养出更多的城市设计人才，建立起我们自己的城市设计话语体系是作者的期望，也是我的期望。

2021年1月于哈尔滨

目录

第一章　城市设计的方法逻辑

1.1 城市设计学科的产生

"一部城市建设史，也可以从城市设计角度来写，即写成一部城市设计史。"——吴良镛。

城市设计古已有之，城市设计几乎与城市文明的历史同样悠久。远古城市的形成有着强大的精神内核，城市是一个"圣地"，一个精神的解脱体。人类将自己作为认识的中心，聚落的形成源于人们的心理图腾的具体化表达——我们可称为城市的原型。凯文·林奇认为，城市最初是作为礼仪中心，神圣宗教仪式的场面而兴起。原型（Prototype）是分析心理学、文化人类学和象征哲学里的主要概念。城市原型属于建筑人类学范畴，著名心理学家荣格（Jung）曾给原型下过这样的定义："与集体无意识的思想不可分割的原型概念指的是心理中明确形式的存在，它们总是到处寻求表现。"城市的原型有神秘主义的宇宙城市原型、理性主义的机器城市原型、自然主义的有机城市原型等。远古的城市是宇宙神灵和魔幻的体现，宇宙崇拜令人获得安全永久的场所。机器城市原型反映了朴素的建城价值观，与之相比现代城市则体现了面向市场的功能与效率原则。有机城市原型指城市没有一个预先构想的目标与形态，依实际发展需要，在自然环境、客观规律作用下长期积累而成，因此也被称为"自然城市"。

希波丹姆斯的米利都城规划则是用"理性与秩序"建设城市的典范，其设计模式被认为是西方城市规划设计理论的起点。希腊本土的城市，一般布局混乱，街道曲折而狭窄，与神殿、议会堂等极不相称，但殖民城市都是按照棋盘状的道路统一规划和建设的。到了希腊化时代的公元前5世纪，希波丹姆斯借鉴移民城市建设所做的米利都城重建规划，使以理性和秩序建设城市的哲学理想得以实现。米利都城在西方历史首次系统地采用正交的街道系统，形成十字格网，建筑物都布置在格网内，构建起强烈的视觉有序城市景观。希波丹姆斯探求几何与数的和谐，强调以棋盘式的路网为城市骨架并构筑明确、规整的城市公共中心，以求得城市整体的秩序和美的城市规划模式，这标志着以往城市设计中运用的土地占卜巫术及神秘主义思想已经为一种新的理性标准所取代。

欧洲有句名言，“光荣归于希腊，伟大归于罗马”，人本主义的古希腊城市设计与君主集权、宏大叙事的古罗马城市设计成为古典西方城市文明的重要文化遗产。在古希腊、古罗马丰富文明遗产的滋养下，欧洲城市的历史发展孕育出不同时期风格类型的设计表达。欧洲中世纪自然主义的城市设计催生了以神权为中心的有机城市。中世纪城市开始作为主教与国王的活动中心兴建起来，教皇代表宗教的势力，皇帝代表世俗的贵族。中世纪城市以自然经济为基础，规模小，经历几个世纪建设逐步形成，城镇设计是以步行交通为前提的。中世纪城市和公共空间的规模、沿街道和广场的功能分布及建筑物的尺度和细部都与人的知觉和运行模式相协调，为行人自然地往来提供了最佳的条件。文艺复兴时期盛行人文主义的城市设计，人的主观能动性得到发挥，设计师们认为数与美的规律可以决定城市存在的理想形态，而这种形态又可以通过人的意图加以设计控制。因此，中世纪崇尚的自然主义思想逐步退去，正方形、圆形、八角形等更多蕴含着科学性、规范性的理想城（Ideal City）探索逐步发展起来。阿尔伯蒂在《论建筑》一书中总结了文艺复兴时期的建筑成就，他继承了维特鲁威的思想理论，提出理想城市设计模式，以便利、美观为城市设计的主要原则。16世纪中叶开始，壮丽风格的巴洛克城市设计亦打破了中世纪城市的宁静氛围与宜人尺度，以整齐强烈的城市轴线系统取而代之。巴洛克城市设计以强调空间运动感与序列景观，道路节点处矗立高耸的建构物作为视觉联系与引导，从而将不同时期、风格的建筑联系起来构成整体环境。巴洛克城市设计用透视法组织展现城市——其空间体系被首次看成空间系统。强烈的轴线、笔直的大道、整齐的建筑，巴洛克城市作为君权的象征，展现出了中央集权的端庄豪华，也体现出了政治、经济和社会因素已成为对城市空间形态的主要影响因素。此后的古典主义城市设计思想，本质上都是通过壮丽、宏伟而有序的空间景观去展现统治阶级中央集权的端庄豪华与不可动摇。

工业革命给西方的城市带来了巨大的挑战，近代规划中萌芽的城市设计思潮进入了早期探索。面对工业革命之后西方大城市的发展困境，霍华德和勒·柯布西耶分别提出了两种截然相反的解决方法。前者倾向于人口分散，实现“田园城市”的理想；后者倾向于人口集中，主张以先进的工业技术发展和改造大城市。芬兰建筑师伊利尔·沙里宁（Eliel Saarinen）则提出了一种介于二者之间又区别于二者的思想——“有机疏散”理论（Organic Decentralization）。1943年出版的巨著《城市：它的发展、衰败与未来》中认为，城市是人类创造的一种有机体，人们应该从大自然中寻找与城市建设相类似的生物生长、变化的规律来研究城市。从分散到集中再到有机疏散，设计师不断寻找城乡协调、回归自然、有序分区的物质环境及其相统一的理论与方案。这一时期一系列的城市设计理论与实践唤起人们的反思，例如以物质环境改变塑造理想社会结构的思想方法，以及人们从“形态决定论”的英雄情结中清醒过来，意识到“如果设计只是追求形体构图而缺少对经济、文化、社会因素的考虑”，只会制造形式空洞内涵缺乏的城市机器。在此后的发展中，特别是战后重建恢复了人们对城市良好形态的追求，城市设计的各种理论方法及其实践应运而生，为城市设计学科的形成创造了条件。

现代城市设计思潮的产生不仅仅是技术层面的构思，而更多的是与当时社会的政治、经济有着相当密切的联系，都是在当时的社会物质的基础上，以当时的社会思潮为主导，通过对城市物质形态的规划，试图寻找一种理性的城市形态。20世纪50年代末，特别是20世纪60年代以来，尊重人的精神要求，追求典雅生活风貌，古城保护和历史建筑遗产保护，成为现代城市设计区别于以往主要注重形体空间美学的主要特征。现代城市设计实践作为城市建设中的重要内容也得到了发展。各种理论和方法也应运而生，构成了现代城市设计多元并存的局面。与此同时，现代城市设计在对象范围、工作内容、设计方法乃至指导思想上也有了新的发展，它不再局限于传统的空间美学和视觉艺术，设计者考虑的不再仅仅是城市空间的艺术处理和美学效果，而是以“人—社会—环境”为核心的城市设计的复合评价标准为准绳，综合考虑各种自然和人文要素，强调包括生态、历史和文化等在内的多维复合空间环境的塑造，提高城市的“适居性”（Livibility）和人的生活环境质量，从而最终达到改善城市整体空间环境与景观之目的。20世纪70年代以来，西方城市发展进入了一个相对稳定的时期，大多数城市已经不再像中国今天这样需要大规模的开发建设，同时又有了长期规划作为发展管理的依据，因此规划工作的重点向两个方向转移：一是以区划（zoning）为代表的法规文本体系的制定和执行；二就是城市设计，使城市规划内容更为具体和形象化。

现代城市设计产生于以综合性为主导的城市规划和以形态为主导的城市设计

发生的学科分野。城市设计是以城镇建筑环境中的空间组织和优化为目的，对包括人和社会因素在内的城市形体空间对象所进行的设计工作。现代城市规划有着比城市设计更为宽广的对象和研究领域——城市规划涉及城市全域、全要素的规划统筹。随着城市设计意识的崛起，早在1934年建筑师伊利尔·沙里宁就率先倡导现代意义上的城市设计概念，并在密歇根州匡溪艺术学院（Crambrook Academy of Art）创立了建筑与城市设计系，开始培养建筑与城市设计学科方向的研究生。1956年，哈佛大学设计学院院长约瑟·塞特（Jose Sert）教授和现代建筑大师勒·柯布西耶（Le Corbusier）在哈佛大学组织召开了首次城市设计国际会议，会议对城市设计（Urban Design）取代市政公共设施设计（Civic Design），以及城市设计学科与定位达成了共识，认为城市设计作为一门新兴学科，是弥补城市规划和建筑学、景观建筑学之间空隙的"桥"（Bridge），其使命是通过学科交叉与渗透将二维的城市规划与三维的建筑设计、景观建筑设计整合起来，以提高城市物质空间的质量。城市设计的兴起不但使一门跨学科的新兴学科得以产生，同时也带来了一个新的项目与职业类型。城市设计在学科理论与实施管控两个方面都承担着联系城市规划和建筑学之间"桥"的作用。因此，城市设计与城市规划既有联系又有区别。

1.2 设计学科的方法论认识

城市科学的相关研究方法包括了科学化的理性逻辑思维和发现式的设计创造思维两种。科学化的理性思考方式追求客观世界的公式定律、数理逻辑、规律机制等，有着严密的科学逻辑性；而发现式的设计创造思维是发生学的，头脑风暴式的[①]，是理性与感性思维的结合。在设计创造的过程中，我们需要建立设计者与设计对象的创造性思维方法，会经常面对诸多不易测量因素并需要建立它们之间的生成逻辑，例如问题现象与空间形式、场所活力与空间模式、文化多样性与空间要素组织等，因为这些指涉对象之间并无确定性的必然结果，所以我们通常称设计创造的过程为"黑箱作业"。

"创造"是指人们首创或改进某种思想、理论、方法、技术和产品的活动，

① 头脑风暴法是由美国创造学家A. F.奥斯本于1939年首次提出、1953年正式发表的一种激发思维的方法。

对于“设计”而言，其区别于科学研究与工程制造的主要方面在于它的主观创造性和个性化思维。而对“方法”与“设计方法”的科学化解释是，“方法”是指“事先”对预计进行事情的程序、路径、工具的描述，指“事后”对已进行事情从程序、路径、工具的角度来记录。基于“设计学科”而言，“设计方法”是对设计行为及设计过程所动用工具的“事先”描述或“事后”记录。在具体的设计事件中，“设计”一词指涉的事件较为完整，所以设计方法在指涉上偏重过程，偏重程序的意涵而较不偏重工具的意涵。而“研究方法”则是指对研究程序或研究工具的“事先”探讨和“事后”探讨。“事先”探讨的目的在于陈述设计研究方案的可行性；“事后”探讨的目的在于对研究的反省，有效地积累研究经验。

何谓方法论？方法论是一个哲学概念，它是研究方法的理论，是关于“知识方法”的理论。从哲学上来讲，人们关于“世界是什么、怎么样”的根本观点是世界观，也是本体论，用这种世界观作指导去认识世界和改造世界，就成了方法论。也就是说方法论是人们认识世界、改造世界的根本方法。认识论是探讨人类认识的本质、结构，认识与客观实在的关系，认识的前提和基础，认识发生、发展的过程及其规律，认识的真理标准等问题的哲学学说。本体论、认识论、方法论需要联系在一起理解。本体论是一元的，回答的是在我们所生活的世界中，最真实的事实是什么样的。认识论已经二元化了，回答的是人和真实的事实之间的关系是怎样的。方法论回答的是人如何去发现最真实的事实，即我们如何去改造世界的哲学问题。同样理解，设计学科研究方法论即是关于设计学科研究方法的知识理论。对于城市设计而言，诸如：城市是什么，城市的本体性，城市认知的主体和客体关系，主体认知的途径等，都是方法论问题。

学科可分为自然科学和人文社会科学。首先，我们要理解科学主义的自然科学。自然科学是研究无机自然界和包括人的生物属性在内的有机自然界的各门科学的总称。其认识的对象是整个自然界，即自然界物质的各种类型、状态、属性及运动形式。自然科学认识的任务在于揭示自然界发生的现象和过程的实质，进而把握这些现象和过程的规律性，并预见新的现象和过程。其次我们要理解经验主义的社会科学。自然科学通常是客观的，而社会科学是主观的，同时也是有不同阶级的立场的。社会科学是科学化地研究人类社会现象的科学，它的任务是研究与阐述各种社会现象及其发展规律。广义的“社会科学”，是人文科学和社会科学的统称，包括了人文科学。从研究对象和满足不同需要来划分，一般来说，自然科学是人的思想直接参与物质生产的结果；而艺术、哲学等科学一般间接与物质发生关联，属于人类更高层次的思维活动。设计学科也是人类思想领域的再创造，但需要通过科学的方法与物质世界产生联系，通过实现从构思到构建的过程满足人们的精神文化和物质生活的创造性活动。

设计学科的方法论很难从单纯的自然科学或社会科学来解释，它还具有现象学的思维方式。现象学为设计思维逻辑提供了一个有意义的阐释视角，即设计思维是将实用功能、文化象征和意义追问渗透交织与融会贯通于设计成果的物化。现象学解释的实质就是意义的阐释，由现象学阐释得以呈现的物化—产品思维、场所—意义思维、共生—整体思维等勾勒出设计思维的意义支点。现象学之父胡塞尔（Edmund Husserl）认为，人们在认识事物的时候存在两种态度或视角，即自然的态度和现象学态度。自然态度是在缺省（default）状态下人们自发的生成并指向世界任一事物的一种关注方式；现象学态度又称为超验的态度（transcendental attitude），是人们对自然的态度以及发生在自然的态度之中所有意向性进行反思之时所持有的那种关注方式。

这里我们可以将方法论认识问题的过程总结为自然的态度、科学的态度和现象学态度三个认识论转向。

（1）自然的态度：对认识可能性问题漠不关心

人类对待世界的自然态度催生了自然科学，它把包括人类自身在内的整个世界当作异己之物来加以对待。自然态度本身是非反思的，这种态度催生的观念即实证主义。在实证主义知识看来，一切知识其存在的唯一合法标准就是其实证性或可检验性。整个自然意识从形成到转化为自然主义态度，经历了一个明显的单向度反思和理论化过程，即物理意义是基础，精神只是物理性质的一种表现形式。这也就是自然主义终点的精神和人格主义起点的精神的不同认识层次。总之，自然主义恰恰并“不自然”，对于他人的评价、审美、伦理等意向活动都不在讨论范围内，它遗忘了自身的依赖性，将物理意义绝对化。

（2）科学的态度：对认识可能性问题深刻反思

胡塞尔认识到自然态度之下，人类生存更为根本的东西，如情感、价值、道德以及宗教信仰等领域都不符合这一“知识”标准，人类的存在因此面临巨大的危机。因此，科学态度促进了人类对认识问题的科学反思，通过尊重事实、解释现象、发现规律。例如，我们能够站在自然思维的基地上，对审美的态度、伦理的态度、宗教的态度等认识层次问题通过认知心理学和纯粹逻辑等得到解决。认知心理学把认识当成一个心理事实从而使其成为一种心理自然科学的认识对象；

纯粹逻辑只研究认识与认识对象之间的先天联系以及对象的先天规律，是与外在事物无关而具有自身确定性的东西。

（3）现象学态度：一种发现式的研究方法

现象学是一种发现式的研究方法，现象学所承担的并非一种世界直观（Weltanschuung），而是对根本问题的哲学直觉与本质把握（Wesenserfassung）。现象学研究中研究者要保持开放的态度，才能把各种隐含的意义揭示出来。研究者要清楚地意识到，现象学关注人的体验及其意义，包含过去的经验、态度、信仰和价值，充满了文化和社会的影响；现象学并不提出现象以外的新信息，而是要解释和理解已经蕴涵在生活世界之中的含义。胡塞尔认为，我们既可以在不同态度中理解同一个对象，也能在这个对象中意想不同的世界。例如经验归纳的方法，观察给定的现象或收集关于它的信息，然后通过对信息的分析来描述，以此呈现某种意向性观点。

在这三种态度的认识下，我们可以理解到设计学科思维的认识可能性问题、感性思维表达的科学解释问题和设计思维过程的逻辑演绎问题等。这三种态度的认识演进过程也体现了科学主义的实证主义研究和人文主义的现象学研究的两种研究取向，即从重分析、讲实证的研究路径，到深入挖掘现象学方法的价值与意义。例如，设计概念、设计过程的“黑箱作业”，仰赖具有某种创意天分的酝酿，显得模糊而难以掌控，而从格式塔心理学理解，创造思维是思维的常态，思维具有指向创造的意向性，创造思维的核心在于把握问题的整体性。现象学创造力研究，突出“人”的主体性、创造性，坚持心理活动的意向本质，倡导面向生活实事、以问题为中心的原则与方法，有利于克服实证主义的消极影响。但现象学在关注人的需要、动机、潜能、创造性等非理性因素的同时，不可避免地带有非理性主义印痕。因此，现象学方法不能替代实证方法，两者能够共存、互补及整合。

1.3 学科交叉的方法逻辑

城市设计学科的研究范畴在20世纪中叶开始产生变化，除了城市规划、景观建筑、建筑学等传统范畴的关系日趋绵密复杂之外，城市设计学也逐渐与城市工程学、城市经济学、社会组织理论、城市社会学、环境心理学、政治经济学、人类学、城市史、市政学、公共管理、可持续发展等知识及实务范畴产生密切关系，因而城市设计具备一门复杂的综合性的跨领域学科的特性（图1-1）。

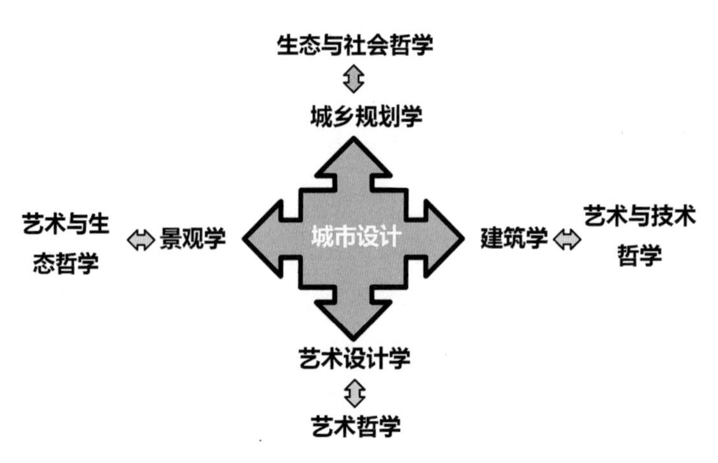

图 1-1　城市设计的学科交叉

（图片来源：本书作者）

从设计对象而言，城市设计所认知的城市空间是场所空间与场所事件的叠加，城市设计试图营造富于活力的城市形式与空间内涵的统一。城市设计的形式对象如同城市的几何哲学，点动成线、线动成面、面动成体，点如标志、节点，线如路径、边界，面如界面、街墙，体如区域、形态。城市设计的活力营造是源于对其物质对象在真实空间中进行思考的活动，类同于斯梯文·霍尔所提出的，"这些活动在开始时是由某些想法引发的，这想法来自场所"。从广义上讲，城市设计是作用于城市社会的空间环境，探讨相应社会、文化和时空条件下城市本体的存在方式和实现途径，其最终目标是追求城市形体艺术特征、高品质城市形态环境和人们使用的多层次需求。从狭义上讲，城市设计是对特定城市空间的组织方式，是为满足空间使用和心理体验的形体创造和环境营造。城市设计的具体对象可分为类型空间、系统空间和多层级区域性空间（如场所设计、区段城市设计、专项城市设计和总体城市设计等）。城市设计具体项目需要对多尺度、多要素对象进行空间资源统筹、空间要素组织和空间形体塑造等。

对城市设计研究方法的认识经历了从结构主义类型学到社会学、现象学的发展历程，不同的研究范式催生了不同的研究方法。这些研究方法可分为文献研究法、理论演绎法、实验研究法、调查研究法、个案研究法、观察研究法、历史研究法等。如理论性课题常常离不开理论演绎、文献分析、历史研究等方法，有的理论性课题还要开展实验研究；而实践性课题则更多用到调查研究、个案研究、观察研究、经验总结、实践研究等方法。当然，实践性研究也需要基本的文献研究和理论研究等。在城市设计研究的过程中，需要注重多种研究方法的组合，学科交叉方法的运用等，例如，定性分析和定量分析的结合，社会学研究和场所空间的结合等。

城市设计的方法范式可分为类型学的城市设计方法、社会学的城市设计方法、现象学的城市设计方法等。

类型学的城市设计方法是传统的城市设计方法，是建筑类型学与城市形态学的结合。城市类型学是将城市形态划分形成不同的类型模式，讨论历时变迁中建筑实体与空间形式的规律性，并侧重如何提炼现有的形态特征来创造新的形式。类型学要与历史研究相结合，“类型过程的研究是探讨基本类型如何通过历史演变，发展变化……每一特定时期的类型都反映了当时的社会、技术、经济和文化要求”。城市的街道广场、群体组合、环境行为等都是城市类型学的研究重点。研究者要在研究中保持客观中立的，主张依赖理性的逻辑和抽象的思维。例如通过理性的方法进行资料的收集、分类、归纳、提炼，获得诸如广场的比例、街道的尺度、界面的围合度等可量化的数据资料，并运用于实践。

社会学的城市设计方法具有科学化、系统化、定量化、实证化的特点，其研究的类型有描述性研究、解释性研究、预测性研究、评价性研究、对策性研究等。城市设计的研究内容包括提出研究假设—理论解释—拟定调查提纲—设计调查表—决定研究的方式和方法（访谈法、问卷法、观察法、社会实验法）—制定研究的组织计划—实验研究—设计评价或设计对策。城市设计中通过社会调查的方法，测量人们的行为和态度，获取某些社会信息和空间使用的相关关系或者因果关系，从而影响着设计者对空间伦理及生成逻辑的判断。社会学的城市设计方法以问题为中心，以实践为导向，主要运用社会调研的方法发现作为整体的人的普遍性要求。但同时，社会学方法的局限性在于依赖大量数据的统计结果，平均抹杀了差异，集体抹杀了个体，普遍性抹杀了特殊性。并且，社会学方法在强调城市功能与社会问题的同时，弱化了城市形态的空间和美学要求。

现象学的城市设计方法，其中所谓的现象学是研究体验知觉的哲学。胡塞尔赋予“现象”的特殊含义，是指意识界种种经验类的“本质”，而且这种本质现象是前逻辑的和前因果性的，它是现象学还原法的结果。现象学的基本特点主要表现在方法论方面，即通过回到原始的意识现象，描述和分析观念（包括本质的观念、范畴）的构成过程，来获得有关观念的规定性（意义）的实在性的明证。即“回到事物本身”，“现象”的本意就是显现出来的东西，“事物本身”在传统哲学中一般理解为隐藏在现象背后或深处的本体或本质。因此，所谓的现象就是事物的本身，现象呈现本质，“透过现象看本质”。现象学的基本方法是悬置和还原，从而进行呈现、阐释和描述。现象既是显现场所，又是显现过程，还是显现对象。城市设计以问题导向的研究路径必然逃脱不了其现象学的原理。现象学的城市设计的研究是情境式和实践性的，基于现象的在场和以问题为导向的。现象学的城市设计方法注重城市空间形式的意义表达，强调采用类推、隐喻、转换等方法形成与城市某种文化基因传承或视觉形态的心理联系。

比较现象学和社会学的城市设计，现象学和社会学的实证是完全不同的方法。现象学的研究者没有明确的先导目的，而是基于自身的研究背景和认知去了解和认识世界，依赖于研究者的总体经验。对于现象学者而言，他们对世界有着整体性的评估，他们认为所有事物都是彼此关联的，类似于艺术家用直觉感性的经验和行为去阐释他们对世界和人类的理解；社会学的实证研究则更关注于问题如何产生、如何解决、如何生效，认为知识是以自然现象为基础的经验实证，暗示着因果关系的确定性。以广场活动的设计为例，实证研究会提出问题，通过调研和分析去证明其有利于使用还是不利于使用，这些需求会非常大程度地影响城市设计作用于环境的方式；现象学会关注这是一种怎样的空间，人们是如何使用它的，并不涉及定义好坏。

传统的城市设计追求客观、抽象、概括，寻求一般规律、基本原理，亦是经验的、实证的，形成了理性思维、物化思维、产品思维等设计思维。现象学的城市设计方法中，每一个研究对象都具有独特性，谋求获得具体情景下的知识，现象学的城市设计表达是具体的、现实的在场性、在地性，通过实用功能、个体感知、文化表达、存在意义的时空场域与在场体验构成场所意义。现象学的意义设计完成了从有形之物转向无形生活，由空间到场所、由形态到事件、由物质到体验，从机器美学的物理物质设计到社会文化的城市生存空间、网络虚拟空间、文化交流空间，再到人性意义、文脉意义、地域意义、场所意义的人性思维、时空思维、场所思维、意义思维的设计思维逻辑。

当然，城市设计作为一种综合性的空间设计方法，并非单纯被理解为某一思维逻辑的设计范式，而是一种复合思维的综合。例如我们所熟悉的经典的类型学—现象学的经典城市设计理论就是“图底理论—联系理论—场所理论”的复合，这体现了城市设计对于历史、文化、艺术及其创造性的空间复杂性思考。此外，社会学的城市设计方法多作为一种空间内涵的研究方法，形成对社会问题在城市设计实践中的反思，体现现代城市设计以人为本、面向使用需求的空间追求，实践空间与社会的耦合。类型学的城市设计方法更应借助数字化信息平台，研究如何应对现代城市形态的立体化、规模化、多中心化和超视域增长的现代空间类型模式等。

1.4 专业语境的思维逻辑

在新时期的发展中，我国逐步建立了全国统一、责权清晰、科学高效的国土空间规划体系。国土空间规划体系将主体功能区规划、土地利用规划、城乡规划等空间规划融合为统一的国土空间规划，实现“多规合一”的“一张图”，纵向实现全国自上而下管控传导。同时，新的空间规划体系强化了国土空间规划对各专项规划的指导约束作用，横向实现国土空间总体规划与各专项规划之间衔接。国土空间规划建立的“五级三类”的体系，延续了“一级政府、一级事权、一级规划”的基本格局，明确了总体规划、专项规划、详细规划的分工和相互之间的关系，从而清晰了国土空间规划的外部结构，为空间治理的开展提供了基本的框架。由城市规划和建筑学领域衍生出来的城市设计学科方向主要专注于城市公共空间与人居环境的形态关系、设计管控及其理论发展。如果说国土空间规划强调的是全域管控的三标（目标、指标、坐标）传导、“多规合一”，那么城乡规划领域则是规划传导和设计传导的“多规协同”（总体规划、详细规划、城市设计、专项规划的各级类型规划的协同管控）。城市设计强调空间营造的设计传导，是在城乡规划管控下城市内在的文化、社会、经济的空间物化实现过程。我国现行的城乡规划正是通过不同类型规划编制的设计传导引导物质空间而具体生成的。

在国土空间规划体系下，独立编制的城市设计属于专项规划范畴。在各级规划的传导关系中，国土空间总体规划是详细规划的依据，是相关专项规划的基础；相关专项规划需要相互协同，与详细规划做好衔接。国土空间总体规划体现综合性、战略性、协调性、基础性和约束性，为编制下位国土空间总体规划、详细规划、相关专项规划和开展各类开发保护建设活动、实施国土空间用途管制提供基本依据。总体城市设计则是在总体规划框架约束下，主要针对城市整体性的布局和风貌特色的提炼等，经常涉及的专项内容有城市色彩规划、户外广告规划等；详细规划阶段城市设计与详细规划的内容有着较大重叠，一个是非法定规划，偏重形态创造；一个是法定规划，偏重指标控制。其中，设计编制能力是规划师的核心能力之一，因为对城市的任何规划意图都需要综合性的设计物化的实现来加以判断。主要问题是，规划的设计传导往往要难于指标传导，因为指标可以量化，但形态难于量化，这也是当前我国城乡规划体系内多层级、多类型规划并存、协同、融入的根本原因。如何更好地实现“多规协同”的设计传导，优化设计编制体系是规划设计需要不断探讨的重要议题。

城市设计针对三维的空间形态，特别关注探讨场所的空间感受与文化特征。城市设计关于三维空间环境的研究内容可与法定规划体系形成有效互补，又因为城市设计具有灵活性、形象性、针对性的特点，成为指导城市建设的重要手段。对于城市的设计编制体系而言，总体城市设计成果多作为市县级国土空间总体规划的一个章节或作为独立的专项规划而存在。总体城市设计的主要工作内容为，依据总体规划的规划范围，定位城市总体形态意象，构建城市设计体系，提出城市风貌指引或形态准则等。其中，城市设计体系的具体构建包括城市自然山水格局、历史文化保护控制、开放空间体系构建、整体空间形态关系、空间景观眺望系统、特色文化景观载体等。

培养城市设计的设计创造能力需要通过创意风暴与规划知识的有机融合。在构建城市设计体系的过程中，通常需要完成两次设计思维的转化，其一是从思维概念到形态物化的转化，其二是从形态创造到编制语言的转译。具体解释是，第一次转化首先需要实现设计意图到设计语言的空间化，也就是从设计概念到设计方案的生成过程；第二次转化是从设计方案到管理语言的转译，就是从视觉形态到要素到设计管控编制的过程。例如，城市设计的准则、标准就是一种转译后的管理语言。城市设计的准则、标准是一种底线思维方式，准则的提出是避免最坏的情况发生，并能够充分体现弹性控制的管理要求，这体现了城市设计“为设计而设计”的学科特性。因此，城市设计的设计语言表现出了一种“二次订单式”的成果特征。美国伊利诺伊大学瓦科基·乔治（Varkki George）于1997年提出“当代城市设计是二次订单设计”（Second-order Design Endeavour）的观点，即城市设计师仅是间接地负责生产建造建筑形态和它们之间的空间。城市设计是“对设计的设计”，其设计的是影响城市形态的一系列“决策环境”，为下一层次的建筑设计、景观设计、市政设计等及其实施做出规则导引。金广君认为，用“二次订单设计概念”解释当代城市设计是奏效的，它包含了我们使用这一概念解释各种城市设计活动和工程的能力，为繁杂的城市设计提供了明晰的原理（图1-2）。

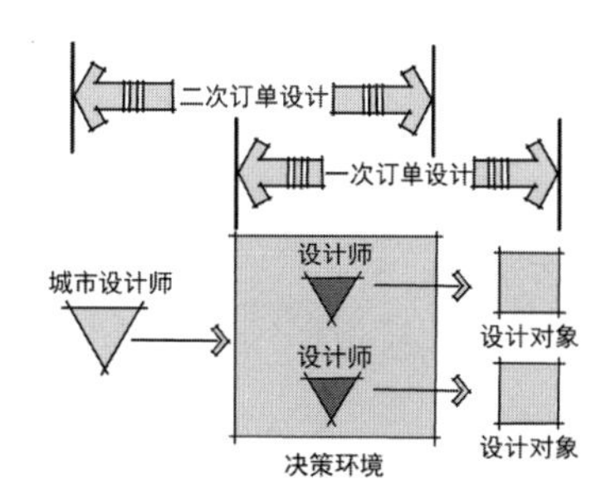

图1-2　二次订单设计图示

（图片来源：金广君.当代城市设计诠释[J].规划师，2000(6)：98-103.）

思考题：

1.如何从认知心理学角度理解城市的原型？

2.什么是城市设计的历史认识与现代城市设计的缘起？

3.社会学的城市设计与现象学的城市设计分别侧重研究什么？

4.什么是国土空间规划语境下城市设计的学科认识？

5."二次订单"城市设计的概念原理是什么？

本章参考文献：

[1] 徐苏宁.城市设计美学[M].北京：中国建筑工业出版社，2007.

[2] 王建国.城市设计[M].北京：中国建筑工业出版社，2009.

[3]（美）斯皮罗·科斯托夫.城市的形成——历史进程中的城市模式和城市意义[M].单皓，译.北京：中国建筑工业出版社，2005.

[4]（美）刘易斯·芒福德.城市文化[M].北京：中国建筑工业出版社，2009.

[5] 金广君."桥结构"视角下城市设计学科的时空之桥[J].建筑师，2020(3)：4-10.

[6] 李晴，田莉.基于现象学视角的城市规划设计概念生成框架研究——以上海市金山区城市生活岸线规划设计方案为例[J].城市规划学刊，2015(6)：99-103.

[7] 钱立卿.自然主义态度与人格主义态度——论胡塞尔《观念Ⅱ》中对自然科学与精神科学前提的考察[J].世界哲学，2017(5)：45-51.

[8] 于淼.现象学创造力研究的方法论解析[D].沈阳：东北大学，2010.

[9] 梁雪，赵春梅.斯蒂文·霍尔的建筑观及其作品分析.新建筑，2006(1)：102-105.

[10] 姜梅，姜涛.现象学：作为城市设计方法[J].中国园林，2010，26(3)：55-57.

[11] 陈飞，谷凯.西方建筑类型学和城市形态学：整合与应用[J].建筑师，2009(2)：53-58.

[12] 武廷海.国土空间规划体系中的城市规划初论[J].城市规划，2019(8)：9-17.

[13] 金广君.当代城市设计诠释[J].规划师，2000(6)：98-103.

第二章　城市形态的空间识别

任何一座城市都是由其整体或部分组成的显现形态而表现出来的。城市形态由若干城市设计和建设活动经过时间的堆叠拼接而成，人们都是通过解码环境的信息形成对城市形态的理解和构建，例如街道、广场、天际线等基本认知概念。在进一步的认识中，现代城市的纷纭复杂更加激发了人们对理解城市形态的不断追求与探索——人们生活在思维、城市和社交的互动中，最终这三者会相互关联，相互作用——思维、城市和社会在某种程度上凝结成了一个巨大的交互系统。人们置身于这个交互系统中，特别是在现代城市互联互通、智慧演化的当下，对城市形态的理解并不能仅仅局限于传统意义的认知解码，而应与城市的创新应用共同互动于对其形态体验之中。现代城市正在向智慧城市快速演进，这将极大地改变城市空间的使用效率与组织方式，城市设计的形态领域也必将会演化产生新型智慧形态的空间范型。

2.1 城市设计的形态研究范畴

2.1.1 城市设计与城市形态学

形态（Morphology）一词来源于希腊语Morphe（形）和Logos（逻辑），意指形式的构成逻辑，城市的“逻辑”内涵及其“表象”共同构成了城市形态。城市形态可归纳为两个层面：广义上，城市形态指的是在某一时间段内，在自然环境、历史、政治、经济、社会等因素影响下，城市发展所构成的空间形态特征，其包括物质形态和非物质形态；狭义上，城市形态指的是城市实体所表现出的具象的形态特征。用形态的方法分析与研究城市的社会与物质等形态问题可称为城市形态学。总之，城市形态学以城市的物质形态特征及演变规律为核心，这一核心问题一直是城市地理学、城乡规划学、建筑学研究的重要课题。

城市形态学是一门跨学科课题，诸如经济学、社会学、生态学、城市规划等学科，都在各自领域有很多定义、理论假设和研究模型。根据国际形态研究会（ISUF）编写的城市形态学术语表和约翰斯通（Johnston）《人文地理学词典》中的相关定义，城市形态学（Urban Morphology）指对于城市形式（Urban Form）的研究，是指对城市的物质肌理以及塑造其各种形式的人、社会经济和自然过程的研究。人文地理学的城市形态学研究以“文化景观”的二维形态为主要研究对象，以“康泽恩学派”为代表的城市形态研究注重与城市规划的交流融合，并确定了城市形态的演进式的研究方法。因此，城市形态学的研究强调形态整体的演进过程，分析其时间意义上的关系，这种历史演进的分析方法能够帮助理解事物对象包括过去、现在和将来完整的序列关系。

城市设计侧重将城市形态的物质现象与人文现象并置研究，寻找物质形态的历史和发展及其背后的社会、经济、文化动因，从而通过构建城市形态的时空框架，指导城市的物质空间建设。在城市设计领域，城市整体形态的研究是一种寻找城市设计原则和控制逻辑的分析方法。城市设计不仅关注历时性的分析，更注重共时性的分析，即从局部到整体的分析过程。格式塔视觉心理学认为，复杂的整体是由特定的简单元素构成，例如城市由街区、建筑、广场等要素构成。城市设计的形态分析方法是一个综合的过程，包括归纳和描述形态的结构元素，并在动态发展的过程中恰当地安排新的结构元素。

2.1.2 城市设计与城市类型学

城市类型学（Typology）讨论历时变迁中建筑实体与空间形式的规律性，即通过认识城市的发生、演变及其特征等认知城市形态的构建规律。例如意大利的研究采用了把建筑类型学和城市形态学结合的方法，可称为类型形态学，通过对城市平面形态的大比例尺研究和对不同历史时期建筑类型的分类总结，揭示城市形态的内在规则，作出新的城市和建筑设计，使其延续地方传统，融入所在环境。阿尔多·罗西认为城市能够分解成其构成部分来加以分析，同时指出城市类型的转换不是抽象几何的空间形式转换，而是采用类推的方法，经过城市设计师类推的创造转化，完成与历史或某种纪念意义相联系的过程。

类型形态学方法以意大利玛拉托利（S. Muratori）为代表，诞生了“文脉主义”的建筑设计流派，主张通过城市与建筑的历史研究发现建筑和城市形态的内在逻辑。穆拉托里（Muratori）学派的研究对象主要为不同历史时期建筑的类型与城市的平面形态，具体即建筑类型（Architecture Type）和建筑肌理（Building Fabric），该学派强调对建筑风格、类型的系统分类整理，揭示建筑类型本身的空间组织法则、演变的内在逻辑，在此基础上描述解释城市形态演变。研究方法上强调历史分析与系统的分类描述相结合，注重对类型形态历史发展过程的研究。

城市类型学的诞生源于工业生产对城市时间、空间和价值观念的尺度感的丧失，城市变得千篇一律、难以识别。不列颠百科全书对类型学的定义是，“一种分组归类的方法体系，通常称为类型。类型的各成分是用假设的各个特别属性来识别的，这些属性彼此间互相排斥而集合起来又包罗无遗——这种分类组合的方法因在各种现象之间建立有限的关系而有助于论证和探索”。当作为一种设计方法时，类型要在设计中指导人们对设计中的各种形态、要素、部件进行分层的活动，对丰富的现实形态进行简化、抽象和还原，而得出某种类型模式。但是，这种类型并非简单的复制、重复的“模子”。相反，它是某一原则的内在结构，人们可以根据这种内在结构进行多样的变化、演绎，创作出多样的现实作品。

城市类型学作为“阅读”城市的方法，作为探索城市形态学和建筑类型学关系的科学方法论，成为城市空间与建筑空间的连接点。城市类型学也可以具体指导城市形态的设计。“城市设计就其应用对象而言包括三个层次的内容，一是工程性设计，指某一特定地段上形体环境的创造；二是系统的设计，即考虑一系列功能上有联系项目的形体控制；三是城市或区域的设计，包括区域土地利用、政策、新城建设、旧城更新改造等的设计。”作为应用层次上的城市设计，第一线的工程技术人员，更注重实证上的内容，关注设计的基本准则和技法上的可操作性。因此，城市设计也是一种类型化的组织设计，关注城市内部特定空间类型组合秩序关系的建立。

总之，城市形态学是描述城市的形式及城市形式如何随时间而演化的学科。城市类型学或研究城市类型的划分形成的不同类型模式，或研究描述城市结构中各种不同的可被观察到的特定元素，例如，建筑和街道。克里尔就从类型学研究城市街块，认为巨大的街块和超尺度的建筑体量破坏了城市空间。街块应尽可能小，应该在多向度的水平的城市空间模式上尽可能多界定良好的街道和广场。此外，城市类型学也研究各种类型在特定社会文化和物质、物理环境，尤其是城市中的类型共时的空间关系。总体来讲，城市形态学注重历时性分析和概念性解答城市是如何建造和为什么这样建造，城市类型学侧重如何提炼现有的形态特征来创造新的形式。同时，类型学与形态学两者之间互不可分的性质建立了建筑与城市，类型与形态历时与共时的辩证关系。

2.2 现代城市空间属性的多元认知

2.2.1 社会服务的网络化

现代服务型城市是以服务经济为主体的一种城市形态。区别于工业城市时期的大规模工业化生产，技术进步和信息化已经大大降低了生产制造环节对城市的影响及对能源的消耗，城市主体功能逐步向生态宜居和智慧服务转变。服务经济是指服务经济产值在GDP中的相对比重超过60%的一种经济状态，现代服务经济产生于工业化高度发展的阶段，是依托信息技术和现代管理理念而发展起来的。在智慧城市阶段，社会服务资源供给的数字化转型能够扩大社会服务的覆盖范围，提升资源配置效率，能够有效解决传统社会服务的不平衡与优质资源供给不足的问题。我们知道，城市社会公共服务资源配置的方式影响驱动着城市空间布局的方式。在传统社会的公共服务中，城市空间是集聚社会服务与公众交往的重要场所，在传统城市空间要素结构性固化的条件下，传统公共服务必然存在着结构性失衡、运行效率低下、群众满意率低等一系列问题。在现代城市智慧化转型的支撑下，社会公共服务网络化为公共服务创新指明了重要方向，为空间资源的优化配置方式提供了重要的模式基础。例如，智慧医疗有助于解决大城市集聚的“医疗拥挤”和农村地区医疗服务的空间公平，如何应用智慧医疗健全全新的医疗服务空间体系与配置标准是城乡规划需要解决的问题。总之，社会服务的网络化即“互联网+公共服务”能够加快社会服务资源数字化，加大公共数据开放力度，推动服务主体的优化转型，这是智慧城市新型形态的重要空间特征之一。

社会服务网络化的要素流是承接主体互动的载体，主体间的传递渠道和传递速度决定了主体互动效果，进而决定了服务系统的进化水平。进而，社会服务的网络化通过主体间数据流和信息流的畅通连接，不断改变城市互动结构来优化城市功能和形态组织。要实现城市空间应用的网络化结构更需要协同服务领域从业者、设施、设备等生产要素数字化，在确保数据安全的基础上开发教育、医疗健康、文化和旅游、体育健身等生活服务数字资源。根据不同行业生产要素数字化的实现程度，城乡规划与城市设计需要结合各行业提供的网络化服务方案构建并集成实现空间的智慧化应用场景。例如，在城市生活圈的规划中，智慧生活圈规划能够优化空间资源配置，如鼓励发展互联网医院、数字图书馆、数字文化馆、虚拟博物馆、虚拟体育场馆、慕课（MOOC，大规模在线开放课程）等，推动社会服务领域优质资源放大利用、共享复用。

2.2.2 空间场所的信息化

场所空间与流空间。20世纪60年代，诺伯格·舒尔茨（Norberg-Schulz）提出了“场所”的概念，即物理空间、人类精神与情感意义共同塑造的整体。卡斯特尔（Castells）从技术决定论出发，认为流空间将取代场所空间，流空间是围绕人流、物流、资金流、技术流和信息流等要素流动而建立起来的空间（组织形式），其以信息技术为基础的网络流线和快速交通线为支撑，创造一种有目的的、反复的、可程式化的动态运动。卡斯特尔区分了流空间和场所空间，并提出了流空间由三层构成：第一层由电子脉冲回路所构成，它促使了一种无场所的非地域化的和自由型的社会产生；第二层是由其节点和枢纽所构成，促使了一种网络产生，连接了具有明确的社会、文化、物质和功能特征的具体场所；第三层指主导的管理精英的空间组织，它促使了一种非对称的组织化社会产生。

场域空间的内涵界定。“场域理论”是皮埃尔·布尔迪厄（Pierre Bourdieu）提出的实践社会学体系的核心概念——“各种位置之间的客观关系网络或架构”。场域是指人的每一个行动均被行动所发生的场域所影响，而场域并非单指物理环境而言，也包括他人的行为以及与此相连的许多因素。他认为，“在高度分化的社会里，社会世界是由具有相对自主性的社会小世界构成的，这些社会小世界就是具有自身逻辑和必然性的客观关系的空间，而这些小世界自身特有的逻辑和必然性也不可化约成支配其他场域运作的那些逻辑和必然性”。通过对“场域”概念的理解和分析，以及对空间的认知，我们可以探讨“场域”与空间的内在关系，即空间以一种抽象的存在方式作为“场域”的一种载体。就城市空间而言，可以将“场域空间”视为信息网络化和要素结构化的双重场所，即人工智能与物联网使人和物所主导的场所空间，与信息主导的数字空间相互连接并赋能，从而转变为“场域空间”——作为“流空间”向现实空间转化的一种载体。在智慧城市阶段，不同场域模式的演化必将形成城市多样的空间形态组织。

城市是人们社会活动的载体，人们把信息转化为社会互动。人们在社会中存在需要大量交换信息，建成环境亦可被认知为信息的结构，智慧城市正是这样的一种城市模式。智慧城市形态的主要特征是，全面透彻的感知，宽带泛在的互联，精准管控，高效协同，智能融合的应用。网络空间不同于最初的欧几里得空间，而是与拓扑学更有关系，我们长期使用物理方式划分空间，在信息化的场所空间里，空间等级结构更加扁平化，空间节点处于平等的地位（空间的均质化）。传统的场所空间强调物理的、场所感、使用者、社会文化的环境，而信息化的场域空间还要强调场所空间与流空间的互通性、体验性、互动性和功能复合性等。城市设计对于空间场所的设计也从形体功能的整合设计转向要素集成的复合性设计，更加注重“场域”使用环境的空间体验性。

信息技术带来了城市功能定位的显著变化，地理区位的远近作为影响城市发展优势的关键要素其重要性在减弱。智慧城市的发展成为在更大地区获取经济利益和地位的窗口。信息技术对地理区位、空间距离障碍的克服，显然有利于优势要素组合在不同区域的集聚（空间的极化）。也就是说同时表现出“均质化”和“极化”的“去中心化”和多中心化的驱动力在智慧城市时代将更加显现。同时，城市内部的用地需求和功能空间形态也呈现出新的特征，例如线上销售模式跨越了传统的零售渠道，压缩了生产、流通与销售的分界，城市的用地属性与功能需求因此产生极大的变化，城市用地功能的调整逐渐形成了智慧演化趋向。例如，对于一家微观的实体店而言，让更多的顾客来到实体店内是一件非常困难的事情，当下实体业态要生存必须线上线下相互结合，实体店便成为现实空间与虚拟空间的中继空间。

总之，智慧城市服务网络化、空间扩散化、功能复合化，城市空间将由严格的分级结构向均质的网格结构转化。空间属性更加注重信息服务的功能，场所空间成为网络空间所支配的现实节点，人们在网络社会的组织关系甚至强于现实社会的组织关系，因而传统的场所空间承载着现实空间与网络空间的联系媒介。传统的场所空间一般与城市的街道广场、商业零售区域等紧密联系，这些节点空间的规模仍需以步行环境作为参考，而场域空间的选择由算法支配、由网络化结构呈现，受空间本身的可达性、独特性的创造和场域自身的组织特征所影响。同样，传统的场所空间也转向交往性、体验性的空间，这些场所空间需要与城市的交通系统有便捷直接的联系。传统场所空间逐渐向场域化转化，呈现去中心化、郊区化、分散化、专业化的特点，同时，也更强调空间的文化属性与功能类型的交融共生。

2.2.3 公共空间的扩散化

在以制造业为主体的传统工业城市的营建过程中，居住、生产、商业和交通功能构建了巨大的城市结构，城市空间的生产成为地方政府经营和推动经济发展的重要场域，“土地财政”驱使城市空间不断进行着大规模的趋利性改造，这些趋利性因素共同催生了某种特定的城市形象——城市空间的房地产化、工业生产的规模集聚，以及严格分明的生活生产功能分区等——这一空间生产原理对近现代城市形态影响极大，形成了工业城市的典型特征。在进入信息化与服务型城市阶段之后，城市产业形态由制造业向多元化的服务业转型，生产性服务行业成为现代城市重要的产业功能，主要包括商务和金融服务、技术研究与开发、信息咨询服务、现代物流与交通服务等，生产制造也向知识与技术密集的先进制造业转变。进而，科技创新成为现代经济增长的重要支柱，生产性服务行业是城市经济发展的关键性要素，与之相配套的生活性服务业也实现了信息化、共享化、多元化应用。在科技导向、创新引领下，现代新型城市空间形态开始不断出现，突破了传统的空间领域。传统空间范型的作用原理是由要素聚集产生城市活动，进而产生人们面对面的交流沟通与社会活动，并形成了特定的空间特征与规划范型。新型的城市形态体现在城市功能的智慧转型——网络城市（Network Cities）的出现上。网络城市被认为是伴随网络社会兴起出现的新的都市形式，其空间发展由新的空间逻辑（流空间）所支配。在网络城市中，人们的出行习惯以及出行特征发生变化，地理区位的门槛制约越来越弱化，小城市在区域网络中的区位劣势在下降，城市自身的异质性与资源的稀缺性则成为不可或缺的战略资产。同样，城市内部的空间形态也产生变化，信息联通、智慧通行、公共服务、空间体验的质量体现在人们空间行为的选择上，这促使某些新型公共空间类型不断出现，突破了人们对传统空间类型的认知——我们可称之为现代城市公共空间的扩散化。

现代城市公共空间的扩散化需要我们重新定义公共空间的认知范畴。公共空间，狭义是指那些供城市居民日常生活和社会生活使用的室外及室内公共空间。广义上公共空间不仅仅只是个地理的概念，更重要的是进入空间的人们，以及展现在空间之上的广泛参与、交流互动属性。城市传统的公共空间，如街道广场、滨水空间、公园绿地等已成为经典的类型化空间。在现代信息服务与智慧联通的支撑下，城市公共空间的类型属性也发生了一定条件的转化与传递——公共空间的类型属性远远突破了二维规划的表述逻辑，延伸至城市多维、多义、多元的广泛空间领域之中。例如，现代城市交通枢纽已经从单一的交通换乘功能向多功能、综合化的城市中心区功能发展。城市枢纽空间不仅要满足多种交通方式的接驳与换乘，还要兼顾购物、休闲、娱乐、信息交流等多重功能，在作为城市景观建筑的同时更要作为城市公共中心的一部分。同时，信息互联的智慧应用场景也让交通枢纽空间成为“流空间”向物理空间传递的现实转化节点，成为信息互动的舞台。因此，在进行现代综合交通枢纽的规划选址、设计组织时，既要考虑到枢纽平台与城市功能的共享共融、互联互通，又要完善作为现代城市重要的公共空间领域和现代城市公共服务功能的转化与传递。

2.2.4 社区组织的网格化

社区是一定地域范围内的社会共同体，它是城市治理的最基本单位，是城市空间结构的细胞组织。社区在具体的地域空间中形成了基本的生活圈功能，包括5分钟生活圈、10分钟生活圈和15分钟生活圈的居住区组织结构。智慧城市的生活应用在社区层面受到广泛关注，1992年，美国圣地亚哥大学的通讯国际中心正式提出了“智慧社区”的口号，以应对20世纪后期快速的技术变化与复杂的社会经济挑战，并于1997年出版了《智慧社区指导手册》等成果。卡斯特尔在《网络社会的崛起》中指出“技术、社会、经济、文化与政治之间的相互作用，重新塑造了我们的生活场景”。IBM公司认为智慧社区指的是采用一系列新技术，将社区的所有资源都连接起来，从而侦测、分析和整合各种数据，并智能化地做出响应。作为智慧城市重要机能组成的智慧社区，是指在互联网技术的支撑下，社区充分借助现代科技手段和电子信息技术，打造一个能将社区物业、社区医疗、社区救助、电子支付、即时通讯等整合在一起的高效的电子化、智能化、便利化的智慧系统，为社区居民提供安全、高效、绿色、智能的社区生活，实现生活、服务、娱乐的智能化。

社区治理一般是指政府、社会组织、社区自组织、居民及辖区单位等治理主体基于公共利益、市场原则和社会化原则，进行多元主体的协调和合作，以解决社区范围内的公共事务，有效供给社区公共物品，满足社区需求，优化社区秩序的过程与机制。西方学者如梅尔文·德尔加多较早注意到智慧社区和社区治理两者间的关系，其从居民生活需要和社区治理的视角出发，认为智慧的社区治理应以社区居民和辖区、社区等服务对象的需求和满意度为衡量标准。推进智慧社区治理的途径是通过物联网、云平台、大数据等现代科学产品和信息化技术来真正安排和整合社区内的人、地、房、物、景等社区元素以及将社区网格化管理、智慧家居、智慧物业管理、社区养老、社区金融等纳入社区智慧系统，同时以智慧化的平台和手段打造好社区周边的商业、生活生态圈，最终形成新型、智慧的社区管理和服务体系。可以说，在现代社区结构与社区治理的智慧转型下，城市生活圈的社区组织呈现了“网格化+扁平化”的空间治理结构，即社区单元的网格化、社区组织结构的均质化，即社区服务差异在弱化，生活圈识别形成较为均衡的空间分布。

2.2.5 单元管理的孤岛化

孤岛化是指城市区域在功能构成、地理空间以及社会管理上形成彼此独立的管理单元，并维持相对的合理距离。智慧城市建设的目标是将城市网格单元互联互通以避免出现信息孤岛，与之相反，从城市社区组织的危机管理来看，城市物理空间的管理网格更易形成独立封闭的街坊组成结构，即形成孤岛化的街坊单元管理。所谓孤岛化单元管理是指现代城市高度集聚，街区形态功能复合，街区单元内相对完善，具备一定的自持力和抗逆力，并形成了自我的完整性和封闭性，能够依托社区经济自我维系。社区形态的孤岛化管理与智慧社区的网格化管理相结合，将形成未来基本的社区管理单元与智慧社区网络。总之，在现代城市分级配套的生活圈组织模式下，社区空间必然形成相互独立的管理结构，并最终形成现代智慧社区“孤岛化+网格化”的基本治理结构。

从社区组织上，居住街坊通过合理的路网密度、道路宽度与街区尺度形成科学的结构形态关系。特别是小街区的居住模式更有利于社区自治组织的形成。从业主自治、设立业主委员会的角度，小区规模越大，达成治理的“交易成本”越高，而小街区模式更容易形成社区契约，开展社区互助，实现社区治理等。社区单元通过其服务设施与居住街坊共同组成独立的整体，共同构成社区的经济形态与社会交往形态。此时，社区内互不相连的各种经济成分变为利益共同体，形成了一种新的城市经济生产方式，从而带动社区乃至更广区域的经济发展。第二次世界大战后的日本正是通过社区经济的大力发展实现了国家经济的恢复。

在危机管理上，社区组织需要进行社区动员以满足对突发事件的应急反应条件。危机管理可以使人们在发生重大突发事件时最先做出反应，最先组织动员，最先付诸行动，具有很大的时效性。孤岛化的危机管理需要社区经济的自持保障，社区经济是一种市场需求和关联带动能力很强的产业形态，包括生活性服务类和生产性服务类。生活性服务类以社区为中心，覆盖了社区的家居生活服务、环境治理服务、医疗卫生服务、文化教育服务、福利保障服务等，诸如菜市场、餐馆、便利店、洗车房、理发店、美容院、医院等必要设施都是社区生活服务内容的组成部分。社区的生产性服务类企业的设置则可积极应对职住平衡关系，促进社区经济的创意活化及微小企业发展。发生危机事件时，社区作为人们生产生活的共同体，通过加强水电气热等日常维护，加大蔬菜、肉蛋奶、粮食等生活必需品供应，能够保证社区正常运行、和谐稳定。总之，“网格化+孤岛化”便于危机事件的属地管理，是事件管理的重要空间模式。

2.3 现代城市系统结构的多维表征

在城市复杂建成环境的更新迭代中，由于大量的历史要素、自然结构和现实制约等因素影响，同时又受发展时序、区位条件、规划意图等不同规则、机制制约，城市空间的演化呈现出复杂多样的形态结果。

2.3.1 现代城市形态的多中心、簇群化的现象识别

斯皮罗·科斯托夫认为，“城市是激发人们积聚的场所，是以‘簇’的形式生长的”。多中心网络结构模式是现代大城市的典型空间结构模式，随着城市规模的不断扩大，城市内部增加了不同的发展集核，推动城市空间结构向多中心发展。正如黄亚平所认为，城市在更大的空间地域演化为多中心结构，这种结构类似于分散化的城市形态，其中可以容纳不同的密度，在交通网络节点上密度最高，进而形成网络中的高密度集聚节点和线性的集聚带。

簇群形态：城市高层建筑的集核集聚我们可称之为簇群形态。这里所使用的“簇群”概念是对城市空间形态的直观描述，是从地理学的角度，针对大城市空间结构与形态提出的，是物质形态的图示化。地理学通过簇群概念来描述城市的三维形态，我们也可将城市空间高层建筑的集聚形态称为高层簇群，将低层建筑与背景空间视之为背景形态。这里的簇群形态与背景形态的识别是相对的。

基质形态：“基质”原指标本中除分析物以外的一切组成，景观生态学认为，基质是斑块镶嵌内的背景生态系统或土地利用形式，这里我们用基质形态来描述城市形态中除簇群、标志物、特征空间之外的城市背景形态。从这个角度来说，城市历史街区等标志性特征空间不应识别为基质形态。现代城市的基质形态主要

由居住、工业和一般街区形态等所组成，可以理解为城市一定区域内非特征空间的肌理形态的总体。特别是在统一规范标准影响下通则管控的居住形态，已成为影响现代城市空间形态的重要形态构成。与历史城市不同，现代城市突破了有机尺度的极限，形态规模从人本尺度向巨型尺度发展，空间拓展方式从水平生长变成垂直增长，空间使用方式从单一类型向复合多元转变。

疏密形态：在中微观空间中，空间可认知为集核簇群与基质形态相间的疏与密的形态分布，我们可称之为疏密形态。疏密形态是多中心、多簇群集核的城市形态逐渐形成的比较普遍的总体形态特征。现代城市这种疏密关系的整体形态，又因自然因素和历史因素的穿插切割，不同功能用地组织的共同作用等，最终形成了复杂多样、疏密有致、结构清晰的城市形态结果。同时，现代城市的疏密形态也显现了一定的空间趋同性，形成了众多均质化的城市空间。总之，大城市中多中心的集核结构在空间形态上表现为高层簇群的散布状态，形成不同的簇群集核，在扩大化的城市区域中高层建筑分布得更为广泛，最终形成了现代城市高低错落、疏密相间的总体形态特征。在TOD模式下，微观的TOD节点容易形成集核化的形态集聚，但是在众多TOD节点织结成网的宏大空间中，仍表现出高低错落、簇群散布的形态结果特征。在城市设计中，我们通常通过对不同区段用地或功能片区进行设计控制，使各片区间不同集核中心彼此扩散、密度相互递减，从而呈现城市形态的整体秩序，即现代城市疏密形态体现出的多中心、簇群化的空间形态表征（图2-1）。

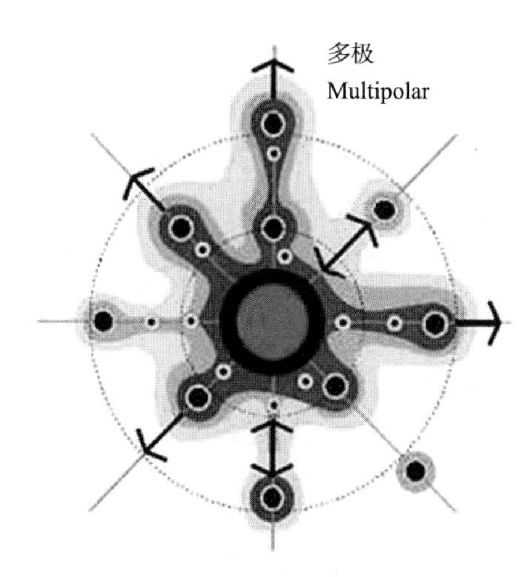

图2-1　多中心、多簇群相互递减的形态示意

（图片来源：黄亚平，冯艳，张毅，王洁心. 武汉都市发展区簇群式空间成长过程、机理及规律研究[J]. 城市规划学刊，2011（5）：1-10.）

我们用簇群形态和基质形态对现代城市疏密形态进行识别，很容易形成对现代城市形态的直观体验和审美判断。簇群形态在区域层面可称为区域簇群，在片区层面可称为片区簇群，片区簇群可以由不同簇群集核组成。区域簇群是指城市区域范围起伏变化的形态整体，区域簇群的空间形态可以理解为大城市的多中心集聚紧凑发展所形成的多极核结构在形态上的空间表征。片区簇群形态是指城市片区组团内所呈现的中观城市形态，片区簇群有两种基本空间形态特征，一种是围绕某一点形成集核集聚；另一种是沿某一线形成轴向集聚，轴向集聚是沿主要交通线或自然边界形成的高层建筑的线性集聚（图2-2）。轴向集聚容易形成现代城市序列化的城市空间秩序，线性集聚在某些轴带空间、滨水区域边界空间的中体现的较为明显。轴向集聚也可交织成网，再加上街区内高层建筑的随机分布，从而失去线性特征。在城市设计案例中，美国城市旧金山是比较典型的单一中心簇群的集聚形态；与之相比，现代中国大城市的整体形态呈现单一中心集聚的案例是比较少的，大多形成多中心、多簇群集核的城市形态。

图2-2　韩国首尔某片区形态的线性集聚

（图片来源：Google Earth）

应对庞大复杂的城市形态结构，城市设计能够主动影响空间形态的主要方法是风貌元素的宏观引导和形态要素的设计组织。特别是城市片区内具体用地的规划布局及其空间模式的指引是具体形态生成的主要方式。即城市设计通常通过设计组织系统化的形态结构，结合耦合了自然山水的基质结构，从而构建出现代城市可识别的形态特征。例如，上海陆家嘴金融商务区高层簇群的天际线形态、外滩线性展开的近代建筑形态与黄浦江河岸曲线形态共同形成了上海陆家嘴的可识别性特征（图2-3）；北京城市历史结构的套城形态、中轴线的历时性表达，以及CBD等现代高层簇群的形态控制构成了现代北京独特的空间识别特征（图2-4）。又如，现代沈阳的城市设计结构是由被称为“金廊银带”[①]的“大十字”结构构成（图2-5），即人工形态的高层簇群线性组织与浑河自然景观形态、滨江天际线形态的线性组织共同构筑。与北京城市结构不同的是，沈阳历史的方城结构在现代城市结构中并未起到主导性作用，所以沈阳的历史形态与现代结构与并未形成必然的演进关系。

图2-3　上海陆家嘴形态要素的耦合组织

（图片来源：视觉中国）

① 金廊即沈阳“中央都市走廊”，特指沈阳纵向中轴线的道义南大街—黄河北大街—北陵大街—青年北大街（原北京街）—青年大街—青年南大街（原浑河大街），全长25.3km，纵贯沈阳沈北新区、皇姑区、和平区、沈河区、浑南区五大市辖区。银带是指浑河景观带。

图2-4　北京中轴线与现代建设的结构性空间识别

（图片来源：视觉中国）

图2-5　沈阳金廊多集核簇群的线性集聚

（图片来源：视觉中国）

在世界大城市的发展中，在多中心形态的离心扩散作用下，人口、产业与就业的郊区化，导致了“边缘城市”[①] 的出现。可以认为，边缘城市是城市郊区化的高级形态。在国内，这种情况也开始出现。随着交通与信息网络的改善，更大

① “边缘城市”是美国华盛顿邮报作者加诺（Joel Garreaun）1991年在他的《边缘城市》一书中提出的，此概念在社会各界引起了强烈的反响，但至今尚无一个明确的定义。边缘城市是美国城市郊区化发展的新形式，是位于原中心城市周围郊区新发展起来的商业、就业与居住中心。

的通勤距离与更小的通勤时间成为可能，城市功能的触角延伸到城市中心之外的更广泛区域，与以往相比，就业人口可以更加分散，同时人们亦可以更为迅速地到达新的工作场所与服务场所。跟西方后郊区化某些特征相似，中国“边缘城市”的形成也已超越了所谓郊区化的传统含义，它代表了一种中国特征的城市多中心发展的新趋势。

2.3.2 现代城市分级结构的形态分形、系统嵌套

从20世纪60年代至今，城市复杂性的解释由一系列概念支撑起来，如尺度(scaling)、自相似(self-similarity)以及非均衡结构(far-from-equilibrium structures)。简单地说，分形是一种具有自相似特性的现象、图像和物理过程，是一种事物由简单走向复杂的空间形态及演化方法，是典型的非线性思维理论。分形理论通常以破碎的、不规则的、复杂的几何形态为研究对象，很多学者都将其运用到城市形态的研究中去，取得了较好的研究成果。在分形中，每一组成部分都在特征上与总体相似。如科克雪花显示了分形的局部与局部、局部与整体的相似性。科克雪花体现了分形结构的自相似性，使事物有规律可循。分形结构对于理解、描述现代城市形态具有辅助的解释性作用(图2-6)。

例如相似维数，由于$b=a^D$，则有$D=\dfrac{\ln b}{\ln a}$，此D便是几何图形的维数，由于它是通过相似变换得来的，所以此维数一般称为相似维数。用D_S表示。但是大多数分形图形都不是严格自相似的，为此引入相似性维数，在欧式空间中，考虑一个D维的几何对象，把每个方向的尺寸缩小$\dfrac{1}{\varepsilon}$，就会得到N个与原来相似的几何图像，则对数比

$$D=\frac{\ln N}{\ln\left(\dfrac{1}{\varepsilon}\right)}$$

称为相似性维数。相似性维数只适用于严格自相似的集合，当描述分形的D不止一个，而是出现多个常数，则称为多标度分形和多重分形。可见，分形维数需要进行测定，常见方法有五种：(1)改变观察尺度求维数；(2)根据测度关系求维数；(3)根据相关函数求维数；(4)根据分布函数求维数；(5)根据波谱求维数。其中，(1)(4)(5)为改变尺度求维数，

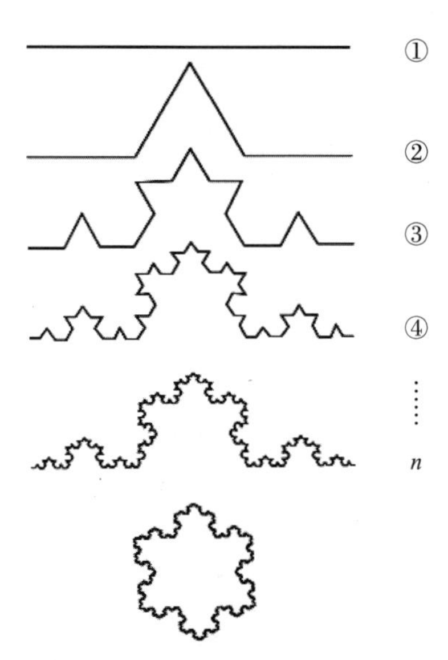

图2-6 科克雪花的分形结构

(图片来源：https://image.baidu.com/)

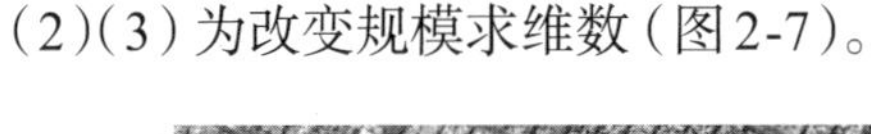

（2）（3）为改变规模求维数（图2-7）。

图2-7　墨西哥城的相似性住区结构

（图片来源：Google Earth）

城市形态的很多方面也具备分形特征，可应用分形理论解释城市内在结构特征。早期国外对分形理论的成功运用，也可表明此理论在研究城市形态方面，具备理论可行性与实践指导能力。城市中的用地结构具有类似嵌套的相似结构，例如生活圈的分级嵌套结构，5分钟生活圈、10分钟生活圈、15分钟生活圈的各种用地类型、空间组合关系等具有自相似性，体现了分形结构，形态上的自相似性更为明显。并且，城市中不同的分形结构是通过城市系统进行总体组织的，这些系统可以是开放空间系统、道路交通系统、绿地景观系统等。城市的系统组织自身也具有分形特征——城市系统的不同层级尺度相互嵌套，不同体系系统类型的相互耦合，共同形成了城市内在的结构特征，外在的形态表征。

城市总体形态的分形研究主要用来描述总体形态的不规则度和复杂度、用地形态的空间关系等。城市形态的不规则性正好契合了分形理论对复杂形态研究的优势性，针对城市土地利用的分维指数有边界维数、半径维数、网格维数、信息维数、关联维数等。例如，由巴提（Batty）和朗利（Longley）提出的城市形态的边界维数最初只是被用于测算城市的周界，后来被逐渐应用到城市空间结构的研究中。边界维数可以反映各类用地斑块边界的曲折性及其在空间上相互交错，相互渗透的复杂程度。边界维数表示如下：

$$D = 2\ln(P/4)/\ln(A)$$

式中，D为边界维数，A代表建成区面积，P代表建成区周长。分维值位于1～2之间，当D值越大时，城市的边界线就越复杂，稳定性就越差，城市形态的扩展以外部扩展为主。

分形模型适合于描述城市的空间形态与空间过程，分形方法有助于寻找多准则优化的空间结构。例如，赵辉等在研究沈阳城市形态与空间结构的分形特征中，提出了分形维数（边界维数、半径维数）优化形态功能布局的具体指导策略，如疏解城市人口和核心服务功能，提高城市新区的公共服务设施配备水平，培育次级城市公共服务中心区，提高公建用地的半径维数；引导城市沿交通走廊组团式拓展，提高城市总体形态的边界维数；通过建设道路绿化廊道等方式改善城市中心区的生态环境质量，减少绿化用地半径维数等。

在20世纪90年代，分形理论已运用于城市形态的研究。采用分形计算作为一种量化方法，可以描述城市的均衡度、离散度、形体度、三维特征值等评价。然而，单纯运用这一方法分析城市形态显得过于抽象和机械，且设计逻辑的形成与数理关系的相关性并不完全一致。因此，分形维数对于城市形态的研究可从数理关系上形成城市形态分级、分形及其自相似结构的解释性策略，结合城市形态的类型学研究提出设计原则、设计策略等。

2.3.3 统一规范下基质形态的疏密分布、立体增长

在现代通则式居住规范的影响下，作为城市基质形态的居住形态呈现出了规则相似、形态相近、疏密相间的空间特征。这种疏密相间的形态特征可用“疏密形态”一词来描述理解。在传统的空间概念中，人们通常使用“密度”一词来描述城市形态集聚紧凑或分散舒缓的空间关系。密度也可具体指人口密度、容量密度（容积率）、建筑密度等用地指标。然而，这些用地指标或以单一属性数值表示某一地块的形态特征，或以均值（人均、地均）的方式进行统一描述，但都无法动态地呈现城市整体空间关系及其差异变化。在对现代城市空间现象进行感性思考和数据分析的基础上，我们希望建立形态“疏密度”的概念，并以此形成对中微观片区形态的量化分析来描述区段空间的疏密关系。

“疏密度”概念借鉴了林业部门统计单位面积林分疏密度概念，用单位面积（一般为1hm^2）上林木实有的蓄积量，或胸高总断面积对在相同条件下的标准林分（或称模式林分）的每公顷蓄积量，或胸高总断面积的十分法表示。那么，现

代城市形态可否类比植物群落的生长形态——城市用地多样分异的使用强度及其与地形地貌相得益彰的空间关系使得空间形态表现出高低起伏的外在特征？在此我们将现代城市的这种或高或低、疏密有致的空间关系称为疏密形态。我们可以赋予形态疏密度一定的数学意义，即形态疏密度是在一定空间范围内城市高层建筑的用地斑块（以下简称高层斑块）与该空间范围用地面积的比，或高层斑块面积与多、高层建筑斑块用地面积和之比，可用十分法表示：

$$D_{\mathrm{S}}=\frac{\sum_{i=1}^{n}A_i}{S}(n=1,2,3\ldots)$$

其中：D_{S}是疏密度；A_i是第i块高层斑块用地面积；S是该空间范围地块的总面积。n为高层斑块个数。

城市疏密分布的状态在一定范围内体现的是要素的均衡分布。特别是现代城市的智慧演化削弱了城市内部功能在地理区位上的竞争性，网络城市有利于空间要素的分级分形、系统嵌套、均衡集聚，易于形成城市形态要素的多中心、网格化分布。例如，随着现代城市规模不断扩张，住区结构的相似性不断叠加，空间的趋同性不断强化，这导致作为城市的基质形态的居住形态越来越影响着城市的形态感知。似乎人们对现代城市的空间体验与形态识别进入了一个混沌状态，模糊与清晰、和谐与失序的城市空间在争议中快速变化着。由此我们更加清晰地意识到，如何提炼现代城市形态的秩序准则并实现空间的有效识别，进而实现有效的设计管控是现代城市设计的重要任务。

城市设计注重研究风貌特色、用地布局、空间模式、营建规则等形态构成相关的控制方法。从反向角度，我们也可以总结描述形态结果的现象特征作为制定形态控制准则的目标依据。双向共同作用，即通过整体的设计管控和微观的设计建构规则影响特定的形态目标。从某种意义上来说，微观设计规则的构建决定了城市的基质形态。城市不是一天建成的，而是慢慢演化形成的，中世纪的有机演化证明了这一点——遵守某些共同的规则从而实现城市的整体秩序。因此，微观设计规则的制定必须具有全局性的视角，这必然规定了城市设计基于宏观与微观的双向管控路径。

中世纪的城市空间是有机形成的。中世纪城市以自然经济为基础，规模小，经历几个世纪建设逐步形成。然而，在有机形态的背后仍然隐匿着整体秩序的规则，即城市结构的系统组织方式是生成城市形态的内在驱动因素，这里的城市结构也可称之为城市形态的基质结构。基质结构的稳固规定正是形成中世纪城市格局特色的基础。同理，基质结构也是现代城市形态的重要体现因素之一。例如，现代城市的自相似结构能够形成城市自身的整体韵律，但同时也是导致城市间“千城一面”的形态趋同性的原因之一。

在现代城市的营建规则下，城市分形结构的基质要素在空间上是趋于均衡分布的，例如，类型化空间形态的分布规律、生活圈单元的基本组织结构、相同用地功能单元的基本组合关系等，这都体现了现代城市的分形结构和自相似形态。这就需要更加积极的设计组织来创造现代城市空间形态的异质性、差异性、独特性。因此，可以说，现代城市设计应是对现代城市自相似形态的差异性设计组织，既是创造的设计也是规则的制度。现代城市特征的塑造途径主要由城市自身嵌套系统的布局组织方式、微观自相似形态的营建规则和自然山水格局的耦合作用等三方面作用共同组成。

现代城市相似性的网格结构在水平分布上均衡集聚，在三维空间上立体增长，呈现出疏密错落的城市形态，这可以说是现代城市空间形态现象的典型特征。以沈阳浑河南北两岸滨水空间建筑高度形态的聚集度分析为例，浑河南岸滨河用地，在建设时序、驱动因素、开发条件等方面较为接近。该片区居住用地占主体，辅以公共空间与公共建筑的局部组织。形态结果分析表明，即使在某一微观尺度内的高层建筑是集聚的，但是扩大到更大的网格尺度范围内高层建筑仍然趋向均衡分布。而浑河北岸滨河用地则是通过存量挖潜更新演替而形成的空间形态，不同用地的建设时间差异极大，其形态结果受城市更新规则和特定规划意图的影响较大。浑河北岸滨河用地体现出在城市的更新演化中，随着高层建筑数量的增加，城市肌理逐渐改变，尤其是高层建筑与老城并存的状态。由于城市更新过程中的增量替代，这一“并存状态”呈现出城市空间尺度、体量的强烈对比。在微观的滨河界面形态上，通过浑河两岸滨河用地高层建筑的空间聚集度对比分析，浑河南岸滨水界面呈现出了北高南低、疏密适中、界面连续、斑块间隔的界面形态特征。而浑河北岸滨河用地高层簇群与城市更新的机会直接相关，滨河界面呈现出明显的集中分布（图2-8 ～图2-10）。

我们将进行疏密形态分析的空间聚集度概念界定为建筑实体分布在三维空间中的密集程度。根据建筑实体高度与间距共同作用影响空间形态，利用不同高度层的高度作为权值对各高度层加权求和，计算空间聚集度。

$$D=\sum_{i=1}^{n}\left(\frac{1}{S_{\alpha i}}\right)H^{2}\quad(n=1,2,3\ldots)$$

图 2-8　疏密形态中高低斑块的形态体验（沈阳浑河两岸）

（图片来源：视觉中国）

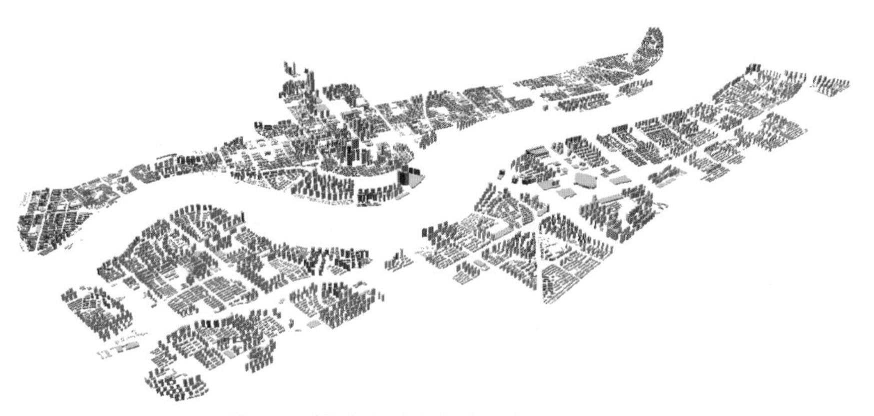

图 2-9　沈阳浑河南北岸滨河城市形态对比

（图片来源：本书作者）

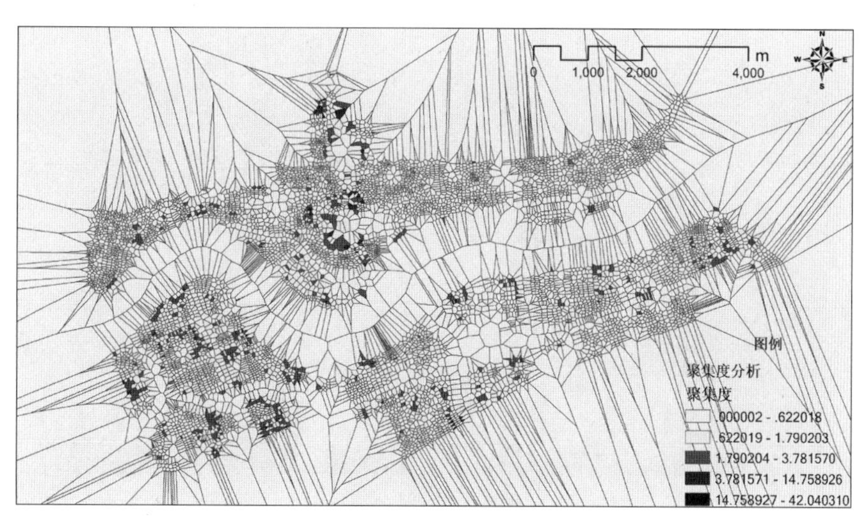

图 2-10　沈阳浑河两岸滨水空间聚集度对比分析

（图片来源：本书作者）

其中，D为空间聚集度，S为包围该点的Voronoi图元多边形面积，H表示建筑实体所在的高度层的高度。

2.3.4 现代城市中微观形态的空间分异、规模分级

在城市中的微观空间识别中，历史空间与现代建设的协调关系是城市设计管控的重要对象。历史空间的保护性管控与现代建设的补偿性开发容易形成“中央谷地”的空间特征，即在控制开发强度的同时保护历史遗产形成了中央低、四周高的典型空间关系（图2-11）。对这一类微观的设计控制通常需要通过限制历史街区协调区的建筑高度、建筑退线，以保留历史保护建筑群体的天空轮廓线，或通过对周边开发建筑的视线通廊和建筑形体对比的空间感知判断来实现（需要方案审查）。

图2-11　城市谷地

（图片来源：（美）约翰·伦德·寇耿. 城市营造：21世纪城市设计的九项原则[M]. 赵瑾，译. 南京：江苏人民出版社，2013.）

城市形态非常强烈地表现出中微观形态的空间分异特征，其中，“中央谷地”是城市疏密形态的代表性特征。在城市设计中，历史空间与现代建设的协调设计并没有绝对的解决方案，不同的用地条件、功能需求、开发强度、用地调整等多需要个案式的判例判断，需要结合人地关系、肌理关系、建筑风格、意象要素、社会形态，以及现状制约与规划意图等多因素的共同作用来综合判断，最后再将方案转译为城市设计的管控图则。

人地关系：所谓人地关系，就是在场性（在地性），由于历史因素所形成的建筑空间的场所、位置、尺度、形态关系，以及人们的情感联系等，这也是场所精神所指涉的空间内涵。

肌理关系：肌理关系是指区段单元内建筑形态的相似性、共性特征，其可通过图底关系、尺度关系和形态肌理等共同分析形成。因为现代城市的高层形态与传统城市的有机形态冲突极大，所以在历史街区保护中与之协调的现代建设需要充分尊重历史肌理和人本尺度，这一过程必须通过具体的空间设计加以判断。

建筑风格：建筑风格形成了地域环境下人们对于空间使用、文化认同、环境心理的建立过程，这也是空间场所中符号化语言的转化过程，是城市设计师创作能力的重要体现。建筑文化的场所性表达极为重要，关系到城市文化的生命力和地域价值。

意象要素：意象要素是传统城市设计理论有关城市环境认知的经典方式，城市的可意象性产生了传统城市空间系统的基本识别规则。

社会形态：社会形态是生活在城市中人们的生活方式、文化习俗和集体意识的统称，传统空间系统的使用人群与场所空间、建筑艺术、人文活动等共同构成了城市的特色文化基因。

形态分级：在建立形态疏密度来识别形态关系的时候应同时考虑城市的高度分级、分区的形态环境。荷兰代尔夫特理工大学梅塔·伯格豪斯·庞特（Meta Berghauser）的空间伴侣法（Spacemate），将容积率（FSI）、建筑覆盖率（建筑密度GSI）、开放空间率（OSR）、平均层数（L）等四种指标结合在一起建立了一种评价密度与城市形态之间关联的图表，这里我们借鉴使用这一关联图表，并将上述浑河两岸滨水空间微观用地的疏密度值形成指标分级的可视化图示（图2-12），容积率、建筑密度、平均层数形成对城市形态疏密度分级关系的解读。从图表中可以看出，疏密度指标与平均层数、容积率呈现总体的正相关，与建筑密度相关性不强。图中不同色彩（灰度）体现疏密度大小相对于容积率、建筑密度、平均

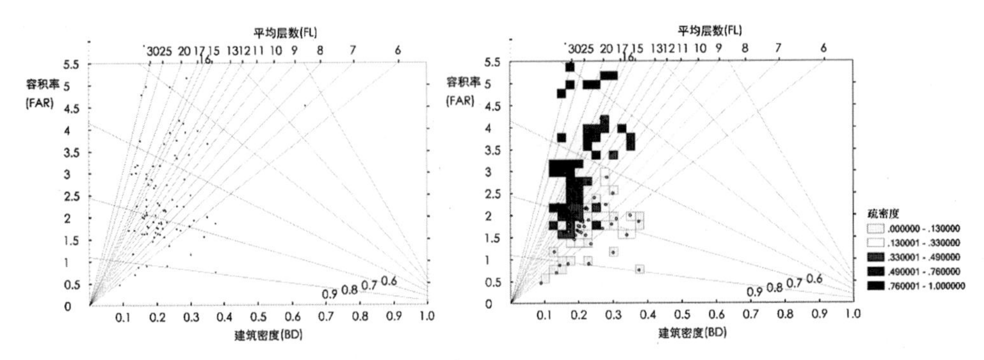

图2-12　Spacemate法关联图表中疏密度的分级分布

（图片来源：本书作者）

层数等的分级分布，由右下到左上可以看到平均层数的分级分布是最为明显的，样本片区大致分级为三级，即0～9、10～17、17～30。

事实上，城市的簇群形态和基质形态都是疏密形态的累加结果。借用形态疏密度概念我们可以对城市形态的识别形成一些典型的认识，用以解释城市空间现象与形态结果。特别是对城市基质的居住形态，可进行具体的量化分析，建立形态规模的分级管控路径，再应用到控规中具体的用地指标之中。城市设计一般针对城市公共开放空间、重点特色片区或特定意图区等进行设计，但对于城市中大量存在的居住形态却缺少有效的管控手段。在当下“千城一面”、特色迷失的困境下，居住形态失当已成为影响城市形态的主要问题之一。总之，不同规模城市的基质形态所表现出的建筑高度、平均层数、疏密关系也是截然不同的，我们可利用疏密度指标与平均层数、容积率呈现出的分级特征，对不同规模的城市形态或城市中不同强度片区进行识别与控制，以规避通则管控下不当空间形态的突然出现。

2.4 现代城市形态秩序的意象描述

2.4.1 整体有机秩序的空间形态

如果把一个城市当作一个整体，想提取出其中的结构模式并不容易，整体有机秩序的空间形态是最为友好的一种城市形态，意味着秩序和整体、自然生长的形态。整体有机秩序的城市形态是传统型空间要素的理想组合，具备合理的尺度、适宜的规模、有机的形态，以及整体的秩序。中世纪的城市是整体有机秩序形态的代表，它追求一种生长过程的互动，强调城市生成的过程是一种生活的演变，让城市中各种要素和其功能之间能够交错重叠、互存共生（图2-13）。现代城市设计也试图建立空间形式和空间秩序的完美耦合，并能够在现代的营建方式下，通过规划和控制生成城市的整体秩序。伊利尔·沙里宁对有机秩序进行了很好的总结，他提出了城市建设的“表现的原则”“相互协调原则”和“有机秩序原则”，即城市设计要反映城市的本质和内涵；城市和自然之间、城市各部分之间、城市建筑群之间要相互协调；要形成类似生物肌理的有机秩序。

图2-13 中世纪有机秩序城市的代表——佛罗伦萨

（图片来源：http://www.nipic.com/detail/huitu/20151109/012109444500.html）

整体秩序源于城市设计师的心理图示，这是某种反映原型心理的图示。原型可分为宇宙城市原型、机器城市原型、有机城市原型等。宇宙城市原型是人类把自己作为认识的中心而形成的对世界的独特理解，林奇认为，城市最初是作为礼仪中心，神圣宗教仪式的场面而兴起的。远古时代，城市不是作为市场和场所而是作为堡垒，是一种超自然的世界创造的理想。中国古代城市通过占卜来作邑，崇尚风水。机器城市原型将空间作为机器，可以迅速安排土地和资源，格网城市是其代表。如古罗马的营寨城。国际现代建筑协会（CIAM）的《雅典宪章》主张的“功能城市”是典型的机器模式。有机城市原型把城市看作有机体，可以新陈代谢、遗传变异和繁衍后代。

现代城市整体有机秩序的代表性案例是美国首都华盛顿规划（图2-14、图2-15）。华盛顿规划的设计者是法国军事工程师朗方，朗方的心理图示是源于宗教的，他将轴线的秩序和拉丁十字形结构结合构建了华盛顿的整体秩序，使整个

图2-14　华盛顿整体有机的形态秩序

（图片来源：https://plandc.dc.gov/node/636812）

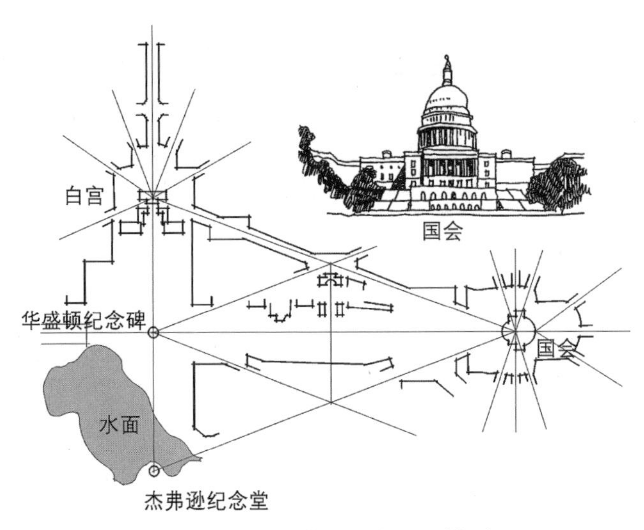

图2-15　华盛顿中心区空间设计概念

（图片来源：金广君.城市设计：如何在中国落地？[J].城市规划，2018，42（3）：41-49.）

设计带有强烈的巴洛克色彩。华盛顿的城市性质非常明确，作为国家的首都，它是美国政治中心并承担一些科技文化职能。在城市形态与自然形态的关系上，朗方合理利用了基地特定的地形、地貌、河流、方位、朝向等条件，将华盛顿规划成一个宏伟的方格网加放射性道路的城市格局。除方尖碑是制高点外，国会大厦高45m，为整个华盛顿市建筑高度定下了基调，所有建筑高度均不许超过它。在自然生态上，朗方的规划充分考虑了对自然生态要素的利用，合理利用了华盛顿地区特定的地形、地貌、河流、方位和朝向。在城市中心区两条主轴线之间预留了大面积开阔的草地和水池，将城市轴线的焦点定于波托马克河边，同时，将开阔的自然景色和绿化引入城市中心。在内涵表征方面，华盛顿的外在形态与其内在内涵是相统一的。其实，任何一座城市的各种特征，一定程度上都是由其城市的整体物质形态即显形形态表现出来的，只不过表现程度有所不同而已。

整体有机秩序的城市形态富有独特的魅力。城市与自然有着和谐的关系，城市自身能够遵守并形成统一、整体的秩序风格。城市共同的营建规则、建筑形式和风格特色对整体形态的建立有着重要的影响。一些历史形成的城市，特别是在乡土气息浓郁的边远地区，材料原始、接近自然的物质形态，大多能代表一个地域范围的地理特征。整体有机秩序的城市存在着一定的增长极限，突破某一极限或者某些营建规则，就会极大地破坏整体有机秩序。我们知道，建筑是独立的个体，现代的建筑不断地创造着独特个性。事实上，历史城市的建筑的独特性也是优先存在的，神圣的教堂，华丽的宫殿……不同的是世俗的建筑是与街区共存共生的。历史城市的街道空间是连续的，街区形态是整体的，但是现代城市完全改变了这样的形式规则，建筑彼此独立，空间宏大开放。再加上城市的多元化使用功能，巨大的城市规模，高强度的建设，可以说，在现代大城市的营建规则下是难以塑造城市的整体有机形态的。

整体有机形态逐渐成为现代城市的理想形态。历史上的很多“理想城市”证明，大部分理想化的城市形态控制方式很难真正地获得成功，因为城市的不同发展阶段、空间的竞争、规模的变化等都会影响到城市的空间形态。城市有时候并非越大越有效率，正像经济学家舒马赫（E.F. Shumacher）所呼吁的“小的是美好的”（Small is beautiful），他提倡旧的经济增长方式，并认为城市扩张逻辑造成了灾难性的后果。因此，整体有机形态需要在科学控制城市发展的合理规模下，探寻城市适宜的规模尺度和整体秩序，我们强调有机秩序更是强调每种形态都不相同，并能够反映形式所蕴含的含义，并具有比较完整的协调性。总之，整体有机秩序首先要求城市有着适宜的规模，并形成能够反映本质与内涵的整体形态——形态完整（图2-16）。

2.4.2 单中心单极核的空间形态

单中心城市直到20世纪前半期仍然是占主导地位的城市形式。这些城市形

图2-16　中国乡土特色小城镇的整体形态

（图片来源：http://www.tripvivid.com/articles/16713）

成与发展的历史主线是单一中心的，随着城市中心区产业形态的集聚演替，城市形态上呈现出单极核簇群的特点。我国很多中小城市也都是单中心的。现代城市中心集核的形成主要是商业、办公用地存在集聚经济，商业集聚是指大量密切关联的商业企业在空间位置上的集聚，从而形成一定区域内网点密度和专业化程度很高的商业经营场所。商业因其对用地区位的敏感性最强（对通勤成本和地租竞价反应最敏感），且具有规模经济、范围经济和外部经济等因素，集聚形成了整体规模。同时，不同的企业人员也集中在市中心进行交易，生产性服务部门行政办公、金融服务、信息服务等也集聚于市中心的优势区位，从而使空间呈现出整体集聚形态。

关于单中心城市形态的理论，比较著名的理论是伯吉斯的同心圆模式、霍伊特的扇形模式。美国芝加哥大学社会学教授伯吉斯（Burgess）于1925年最早提出同心圆模式，这一理论认为，城市以不同功能的用地围绕单一的核心，有规则地向外拓展形成同心圆结构。这一理论实质上将城市的地域结构划分为中央商务区、居住区和通勤区3个同心圆地带。美国土地经济学家霍伊特通过对142个北美城市进行研究，提出了扇形城市模式（Sector theory），即高地价地区位于城市一侧的一个或两个以上的扇形区域内，并且从市中心区向外呈放射状延伸在一定的扇形区域内，成楔状发展。也就是说城市地域的某一方向的性质一旦确定，随城市成长和扇形向外扩大后也不会发生很大变化。他认为，城市地域的这种拓展，与其说是同心圆，还不如说是扇形。

单中心城市的形态表征可以是整体秩序的，也可形成单集核簇群的形态。旧金山是单核簇群形态比较典型的城市（图2-17）。旧金山对城市设计的政策和指南的最佳时间贡献是在1971—1985年期间取得的。旧金山城市设计制定了严格的建筑高度管理规定，将高层建筑集中在主要交通干线和港口区域围合的东北部城市中心地段，外侧则呈圈层式逐层降低高度，从而突出了核心CBD区域的空间体量。旧金山的城市形态具有鲜明的单中心秩序性，符合功能要求和城市发展内涵的需求，同时，严格的区划政策也对旧金山城市形态的形成起到至关重要的作用。

图2-17　旧金山单一集核的城市形态

（图片来源：（美）约翰·伦德·寇耿．城市营造：21世纪城市设计的九项原则[M]．赵瑾，译．南京：江苏人民出版社，2013.）

簇群形态的形成类似美国区划控制的规划单元整体开发形式（简称PUD），或与簇群式区划（Cluster Zoning）概念十分相近，通常是指在指定区域范围内指定区划法规，开发商在不变更整体密度的情况下，可以采用局部较高密度的整体规划形式，以保留成片的原野，维持原有的地形地貌或创造较好的人工环境。现代城市集约紧凑的集约性是指城市最大限度地利用资源，其空间表征显现为集聚增长，簇群式区划控制通过特定意图区的设置，通过制定特殊的设计控制标准，实现整体密度的提升。中国和美国设计控制的最大不同就在于，中国是判例式，美国是通则式，所以中国和美国大城市形态呈现出很大差异，旧金山的城市形态在区划控制下形成了比较具有代表性的单核簇群形态，而我国的很多大城市形成的代表性城市形态是多中心簇群蔓延的城市形态。

2.4.3 多中心簇群化的空间形态

理解城市形态区域，最重要的是识别“形态单元”，这一认识不仅对传统城市具有意义，对于现代城市仍然具有重要的研究价值。城市形态分为内部形态和外部（总体）形态。巨型城市形态作为一个整体被识别是非常困难的，我们可将其分成不同内部形态的组成，城市的开放空间、街区空间、观景平台都是形态感知的重要媒介。城市内部形态的感知和体验是连续和动态的，并具有明显的区位和分区的识别特性——城市的不同功能要素占据不同的空间区位，形成不同的识别单元，具有不同的文化特征，这是城市形态是识别的基本内容。随着城市化进程的不断加快，现代城市“形态单元”的识别特征与传统城市大为不同，随着城市空间内的土地资源紧张态势不断加剧，高层建筑的发展开始不断刷新人们对城市形态的认知。同时，智慧城市将促使现代城市不断摆脱对空间区位和地面空间的过分依赖，多中心的簇群网格将不断出现，立体增长已成为现代城市空间特征的显著标志。现代形态单元显现为城市建筑的高度及密度的分布，其形成的凸状簇群形态成为影响现代城市形态的重要因素（图2-18）。我们需要对高层建筑的发展进行有序的控制，使城市形态与城市结构能够有机地结合起来，从而创造空间有序、错落有致、舒缓有度的空间秩序——城市发展内涵与内在生成机制和谐统一的空间形态。

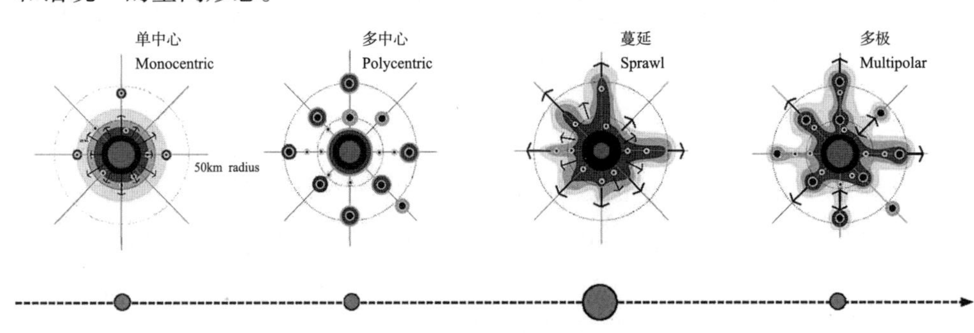

图2-18 多核心簇群结构图示

（图片来源：https：//wenku.baidu.com/browse/downloadrec?doc_id=dca3cd4683c4bb4cf7ecd187&wp=1&）

纵观世界城市发展，工业城市以来，城市规模形态逐渐失去控制，城市功能结构失衡的问题不断涌现。城市的这种状态是在没有统一规划的情况下形成的，城市日益严重的混乱拥挤状态成为城市的特征。面对大城市的危机，沙里宁做出了极其冷静、理智的分析，提出了有机生长的理论，他认为，解决城市的危机可以从树木的生长机理找到办法。一棵树木，它的大树枝从树干上生长出来时就会本能地预留出充分的空间，以便使较小的分枝和细枝将来能够生长；而这些分枝和细枝又本能地预留出空间供树叶和嫩枝的生长。这样，树木的生长就有了灵活性，同时树木中的每一部分都不致妨碍其他部分的生长。生长的灵活性可以防止出现相互干扰的拥挤状态，充分的空间又能使各个细部和整体在生长中都得到保护。

现代城市形态是通过不同规模的副中心或空间集群反映出来的，从整个城市到周边地区，由关键的经济功能组织起来。随着制造业搬离城市、人口的分散化以及交通方式的改善，经济结构的转型和经济政策的调整促使城市空间发生转型，城市原有的功能区由单中心型逐渐转向多中心型，单中心的城市形态逐渐消亡，城市空间结构向多中心发展。哈里斯·乌尔曼曾经提出了城市的多核心模式，指出城市由若干不连续的地域所构成，这些地域分别围绕不同的核心而形成和发展。城市地域中集聚和扩散两种力量相互作用的最后结果通常是形成多核心结构，越是大城市其核心就越多、越专门化。本书从空间感知的整体性出发，所感知的多中心特指作为集中整体形态的内部多中心结构，将卫星城或者分离的城市区域视为独立的形态进行单独认知，但在研究城市区域的总体形态时仍然应将分离形态作为形态整体的一部分。

形态多中心是多中心城市发展目标的基础模式。在多中心、簇群化的城市形态的演化过程中，城市的总体布局方式形成了不同的密度分布和强度分级，完成了不同城市分区的主体功能与专业化集聚，其演化过程受城市现状、交通条件、自然肌理、政策导向等多因素影响，城市形态的差异显著，很多研究集中于多中心结构下城市组织与绩效评价，例如，以建成区平均人口密度、密度剖面的梯度，以及日常出行模式等来反映空间形态的多中心程度。总体来说，城市形态用地集中连片，会有较大的规模效益，其优点是便于集中各项生活服务设施，并通过系统的分级嵌套组织用地单元空间。用地单元内各项配套设施紧凑布局，有利于提高出行效率，方便居民生活，节省建设投资等。在形态显现上，现代城市集中整体的多中心结构因为高层建筑的广泛分布而较难识别，但仍能呈现出中心集聚、集核分布、凸状簇群的形态显现。在构建整体形态体系时，城市设计通常借助边界与轴带的线性组织，自然基质与人工结构的穿插耦合，以形成不同形态分区的布局结构，并最终实现多中心、簇群化的形态识别与空间认知（图2-19）。

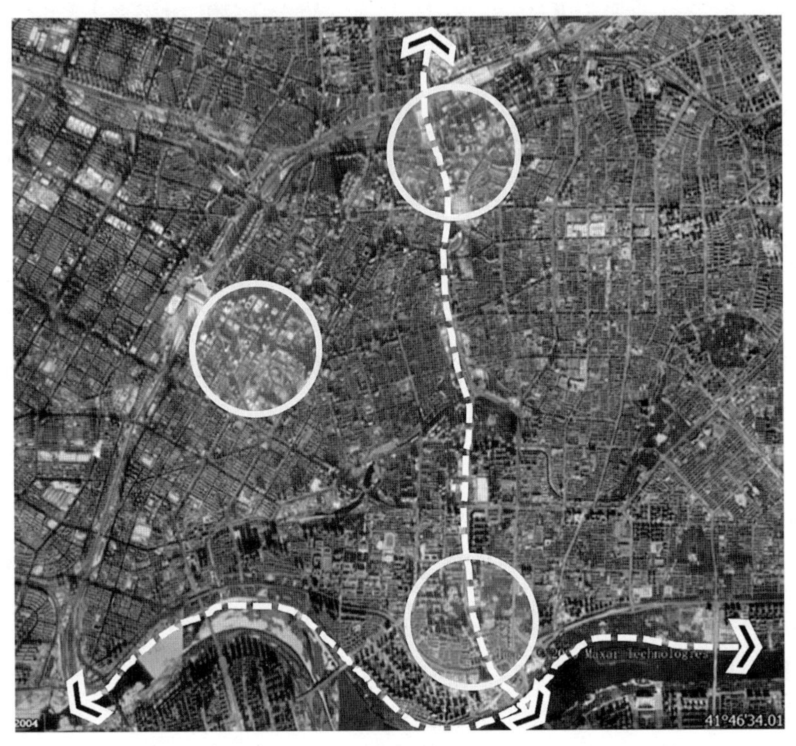

图2-19　沈阳多中心、集核簇群与线性组织的城市形态

（图片来源：Google Earth、本书作者）

总之，城市并不是不规则的碎片化区域，城市形态反映了统计学上的自相似性或群体的层次性。城市集聚的中心集核随距离的增加密度逐渐衰减，多中心的城市结构仍然能够呈现不同集核间相互扩散的衰减态势（图2-20）。自相似性的城市结构强化了空间要素的均衡集聚、三维增长的特性；系统嵌套的系统结构形成了现代城市的分级特征，多中心、簇群化是现代城市形态的总体特征描述。这里需要明确的是，现代大城市城区连片发展，但不同功能组团并不能认定是城市的组团形态，组团化的城市形态必须保持一定的形态离散、风貌协调、功能相对独立。

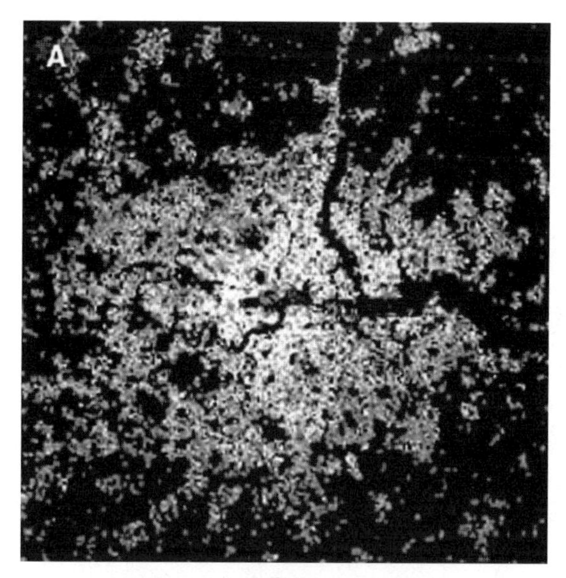

图2-20　伦敦的城市密度格局图

（图片来源：https://wenku.baidu.com/browse/downloadrec?doc_id=ad670e83c8d376eeaeaa31d4&wp=1&）

2.4.4 组团化多簇群的空间形态

组团化多簇群城市形态是指城市没有形成占据主导的主城区域，而是由不同分散的独立组团共同组成的整体形态，我们可简称之为组团型城市形态。格劳埃顿（E.Gloeden）提出分散形态模式，组成以1km为半径的城市基本单元，各自具有相当大的独立性，组团互不连接，之间以农业用地隔开，有交通线相联系。从某种意义上，组团型城市是多中心形态，但理想的组团型城市倾向于去主中心的多中心，形成组团自身职住平衡的有机组织。理查德·罗杰斯提出了多中心、紧凑型城市模式，地域内的城镇以组团的形式加入整体系统，由快速路形成快捷的联系并形成良好的间隔，每个组团都有适当的人口和空间规模，具有相对完整的功能，形成均衡发展、规模适宜和生态间隔的空间形态。

深圳是现代组团型城市形态的代表（图2-21）。《深圳经济特区总体规划（1986—2000）》就确定了以自然山川和规划绿带为隔离，形成带状组团城市的空间结构，组团式布局是深圳最大的特色。组团结构对城市发展起到引导和推动作用，快速发展的深圳在不断变化的定位中迅速地调整自身，组团式结构使其保持了城市本身的发展弹性、生长的自由空间。《深圳市城市设计标准与准则》中提出应延续深圳市城市总体规划确定的“多中心组团”城市空间结构，城市组团与

图2-21　深圳多中心、组团化、多簇群形态

（图片来源：视觉中国）

组团之间、城市建设用地与生态保护用地之间，应有明确的界限，保护生态用地的完整性，防止城市建设无序蔓延。深圳以特区中心组团向西、中、东三个方向发展，形成辐射状的城市基本骨架，将全市划分为9个功能组团和6个需控制建设规模的独立城镇，即形成了城市主中心、副中心、组团中心的三层级中心体系等15个不同层级的中心地区。以组团为基本单位进行产业布局，形成设施配套，促进职住平衡。组团间通过城市快速路系统进行连接，构建组团系统的结构关系。

条带型城市形态也可认为是一种特殊的组团型城市形态。条带型城市主要是在沿交通线发展的轴向力作用下形成的，也有的是在受到地形因素的影响或外部吸引力作用下形成的。由于具有超长的城市交通组织，条带型城市必然会演化出局部的团块功能，并通过自然地形和人工绿地的分割，形成组团化的条带型城市形态。深圳的城市结构，可描述为带状组团城市，深圳带形功能的团块分割较为明显。深圳城市设计在《深圳市城市规划条例》《深圳市城市规划标准与准则》的法规框架之下，坚持以组团结构为城市空间发展框架，以密度分区研究和立法作为城市设计法定化的基础，将公共空间作为设计引导和管控重点，并不断完善“管控多中心组团”的城市结构。

整体有机秩序的城市与组团结构相结合也可形成有机组团秩序。例如，云南省昌宁县是一定程度上能够体现整体有机秩序与组团结构的代表城市。昌宁县位于云南省西南部，地处大理、临沧、保山三州市结合部，隶属保山市辖区。《昌宁县城市总体规划修改（2012—2030）》提出全面体现示范性田园城市的先进理念，建设环境友好的山水田园城市。昌宁整体形态有机，建筑高度方面，建筑层高建议以多层为主，民居建筑不宜超过5层，以2～4层为主体，严格控制对老城区特色破坏较大的高层、超高层建筑建设，对于公共建筑的体量也应加以控制（建筑高度不超过11层），这为形成去主中心的组团结构奠定了形态基础。昌宁中心城区形成“两带、六组团、多核心”的空间布局结构。两带为规划依托现状水系与农田形成的“右甸河都市风光带”与“右甸河田园风光带”，构成各功能组团间的自然分隔，并为居民提供休闲活动的核心场所，强化现代田园城镇的自然生态与空间结构特色。六组团指规划形成的右甸组团、上达丙组团、下达丙组团、三甲组团、龙泉组团和七甲组团六大城市组团。多核心指规划形成的多层次的城镇功能核心。中心城区公共服务中心兼具有行政办公、商务商业、休闲娱乐、文化体育等综合功能，服务于整个中心城区；各功能组团拥有各自的组团商业中心，服务于周边区域；各级各类公园结合现状，绿化水系合理分布于城区当中，形成与商业中心相呼应的生态核心（图2-22、图2-23）。

图2-22　云南昌宁组团结构的有机形态

（图片来源：昌宁县旅游局）

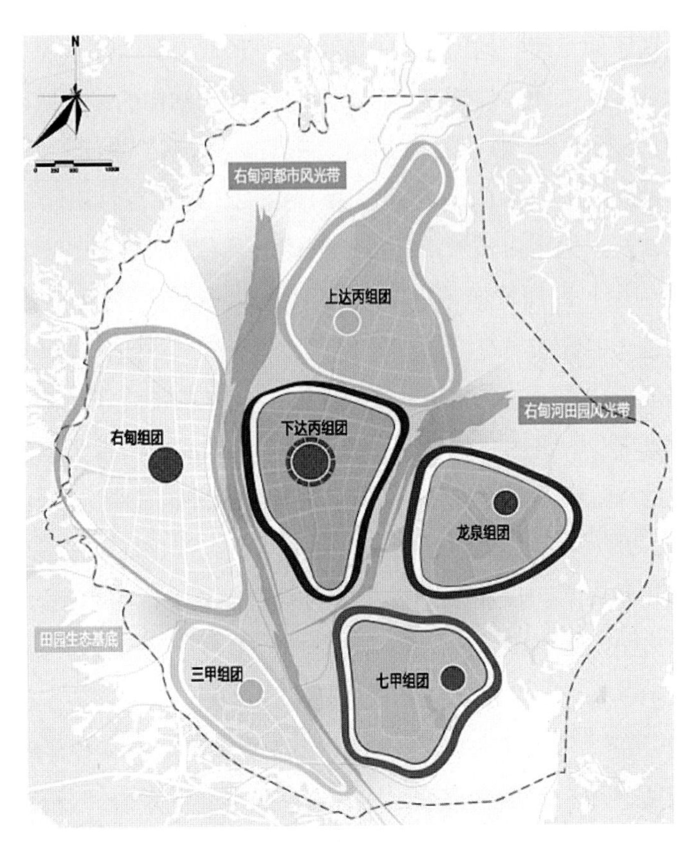

图2-23　昌宁规划的组团结构分析

（图片来源：昌宁县自然资源局）

2.4.5 整体复合秩序的空间形态

历史城市的现代演化形成了整体复合秩序的空间形态，历史城市的城市格局关系对现代建设有着重要的影响，现代建设尊重并不断协调这种内在的整体秩序。首先，古代城市都有一个仪典性的中心，是用来进行宗教仪式或是皇权仪式。帝王君权的崇拜造就了严格的等级划分，北京紫禁城将这种等级秩序发挥到了极致。紫禁城追求形制完美，突出皇权的神圣与尊贵，是具有宇宙原型形制思想的典型代表。古老的南北中轴线长达8000m，由城门、干道、形式大小不同的广场、建筑群、制高点等组成，突出了封建皇权的中心。可以说，北京是一个整体的“礼制城市”，通过北京的轴线将天坛、地坛、日坛、月坛等建筑与中心轴线相呼应。这种格局对城市道路系统的影响明显，所以北京老城区的道路形成典型的方正棋盘格局，这一格局深刻地影响着现代北京的城市结构与形态（图2-24）。

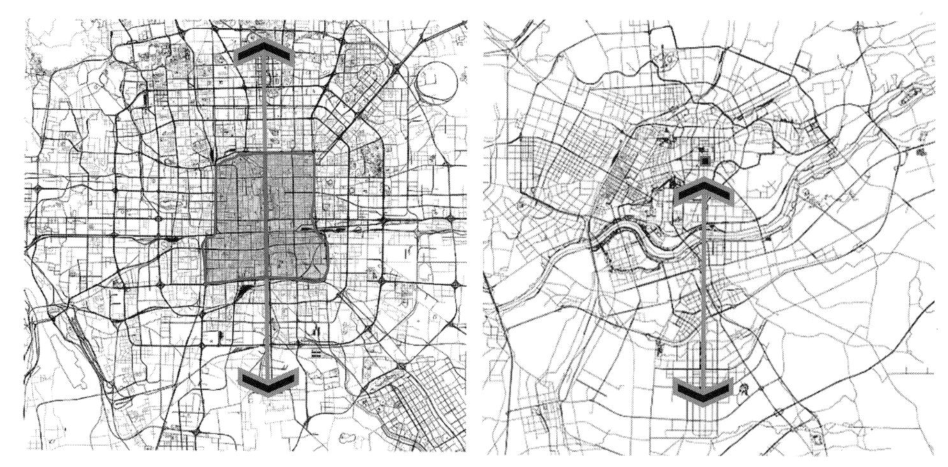

图2-24　北京、沈阳历史与现代的结构关系

（图片来源：http://www.360doc.com/content/17/0903/00/1769761_684241341.shtml）

有趣的是，沈阳浑南新城的中轴结构与方城历史结构也有着某种联系。明代早期，沈阳老城由夯土而围成一座方城，城内为十字形街，其中南北走向的就是通天街。到了清代，努尔哈赤迁都沈阳，皇太极改了原来的四城门设置为八城门，原本作为南北主干道的通天街，恰好被封死在其中。此后，城内大修皇宫，通天街也被截断，还成了皇家禁地，这条街慢慢消失在了人们的视野中。以2013年沈阳全运会为契机，沈阳开始规划浑南新城的蓝图。未来的大浑南将成为沈阳新的行政中心、科技中心、文化中心和交通枢纽。浑南新城很独特的一点在于，这个未来的沈阳新中心，恰好位于方城内沈阳故宫的中轴延长线上，从而构成"浑南新城"城市中心这一创造型城市的"脊骨"（图2-25）。

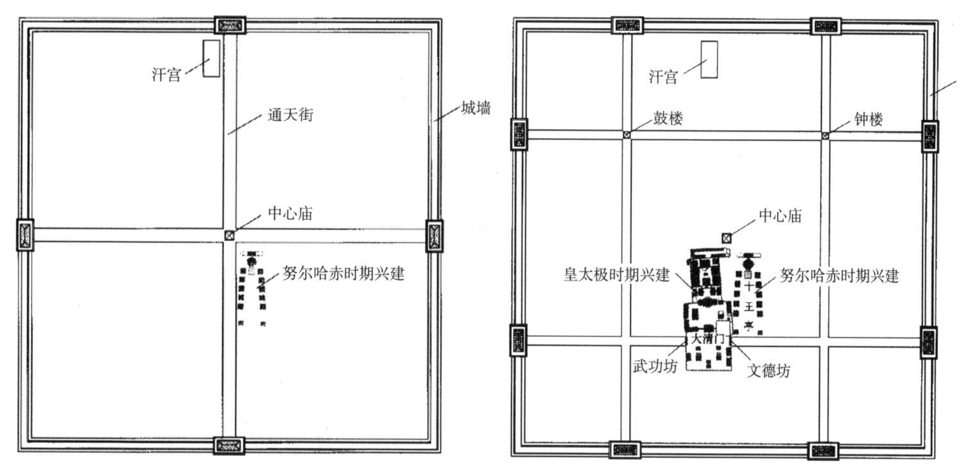

图2-25　努尔哈赤时期和皇太极时期的沈阳方城

（图片来源：孙鸿金．近代沈阳城市发展与社会变迁（1898—1945）[D]. 长春：东北师范大学，2012.）

与北京的现代城市结构相比，沈阳的现代城市结构并未形成整体复合秩序的空间形态。这是因为沈阳的现代城市结构并未形成历史结构的延续与演化，历史的空间肌理消失在现代建设的巨大尺度之中。浑南新城的中轴线规划也仅仅是简单的心理秩序建立和设计手法的借用，并未形成实际意义的“历史—现代”的空间秩序。沈阳应通过历史结构与现代城市的有机复合，尊重并提升城市历史区段的复合价值与空间活力。虽然在城市更新与历史保护中不宜对某一时期的历史风貌进行大面积恢复，但可以结合城市文化旅游最大限度地恢复历史建筑和历史结构的生存环境，置换文化设施并引导形成城市创意文化产业布局。在城市设计的手法上，可通过现代方式恢复记忆片段及进行景观视域的保护，形成有重点、有层次的整治更新，通过空间腾挪逐渐疏解方城地区人口，逐步动态完善城市特色结构等。

整体复合秩序的空间形态具备两个关键特征。整体即形态整体协调，城市中某一空间关系对于城市的整体建构能够产生持续、稳固的影响，并被视为城市形态塑造的重要的原则要素。复合是指城市形态中生产、生活、生态、文化的功能的有机结合、内外如一。例如，某空间单元既具备建筑的个体空间属性又具有城市的公共空间属性，那么这就可以称为空间的复合。复合形态是指由多种空间功能和属性共同构形成的形态，复合形态整合了多种空间类型，形成了新型城市形态的创新特征。历史城市的复合型城市形态融合了中国传统天人合一的生态哲学思想，通过探讨现代城市与历史文化协调的友好形态，将历史性格局与现代营建原则相结合，塑造现代城市健康有机、空间协调的整体秩序形态。

整体复合秩序的现代城市具有多元性，不再强调城市单一秩序的整体性，更多地着眼于城市的丰富性与复杂性。但并没有完全消解中心和等级，这些城市已经不再被看作是单一中心和连续整体。与之相比，整体复合秩序的城市形态是现代城市多元价值中较为独特的，复合性、多中心的城市形态服从于整体性的秩序规则。当然，这种整体性的规则是一种形态规则，总体来看，现代城市形态千差万别，但仍然具有内在的系统组织，组织方式的不同，显现的外在形态也是不同的。

思考题：

1.什么是城市形态学和城市类型学？

2.城市设计在形态学与类型学研究上的对象、范畴、内涵分别是什么？

3.在智慧城市演化下，现代城市空间的多元属性有哪些？

4.城市的疏密形态、簇群形态、基质形态等形态概念是什么？

5.分形城市及城市分形现象如何解释？

6.现代城市形态识别的意象结构及其形态表征是什么？

7.多中心、簇群化的城市空间形态特征有哪些？

本章参考文献：

[1] 段进，邱国潮.国外城市形态学概论[M].南京：东南大学出版社，2009.

[2] 李心峰.艺术类型学[M].上海：三联书店，2013.

[3]（美）彼得·博塞尔曼.城镇转型——解析城市设计与形态演替[M].闫晋波，李鸿，李凤禹，译.北京：中国建筑工业出版社，2017.

[4] 陈飞，谷凯.西方建筑类型学和城市形态学：整合与应用[J].建筑师，2009（2）：53-58.

[5] 郑可佳，马荣军. Manuel Castells与流空间理论[J]. 华中建筑，2009，27（12）：60-62.

[6] Bourdieu P., Wacquant L. An Invitation to Reflexive Sociology [M]. University of Chicago Press, 1992.

[7] 杨家文.信息时代城市结构变迁的思考[J].城市发展研究，1999（4）：15-18.

[8] 年福华，姚士谋.信息化与城市空间发展趋势[J].世界地理研究，2002，11（1）：72-76.

[9] Lindskog H. Smart communities initiatives[C]//Proceedings of the 3rd ISOneWorld Conference. 2004：14-16.

[10] 曼纽尔·卡斯特尔.网络社会的崛起[M].北京：社会科学文献出版社，2001.

[11] 邵丹华."互联网+"背景下智慧社区治理研究[D].上海：华东政法大学，2018.

[12] 刘生军，陈满光.城市更新与设计[M].中国建筑工业出版社，2019.

[13] 沈冠辰，朱显平.日本社区经济发展探析[J].现代日本经济，2017（3）：14-23.

[14] 阎耀军.城市网格化管理的特点和启示[J].城市问题，2006（2）：76-79.

[15] 王建国.城市设计[M].中国建筑工业出版社，2009.

[16] 黄亚平，冯艳，叶建伟.大城市都市区簇群式空间结构解析及思想渊源[J]. 华中建筑，2011，29（7）：14-16.

[17] 金鑫，潘爱丰，黄亚平.交通走廊导向的大城市簇群式空间成正模式优化研究[C]//2011年中国城市规划年会论文集.南京：东南大学出版社，2011.

[18] 李祎，吴缚龙，尼克·费尔普斯．中国特色的“边缘城市”发展：解析上海与北京市区域向多中心结构的转型[J]. 国际城市规划，2008，23(4)：2-6.
[19] Boyce R，Clark W. The concept of shape in geography[J]. The Geographical Review，1964，54(4)：561-572.
[20] 陈彦光．分形城市与城市规划[J]，城市规划，2005(2)：33-40，51.
[21] 冯艳，叶建伟，刘青．簇群城市多维分形空间结构模型及其特性研究[J]. 城市发展研究，2014(9)：31-38.
[22] 储金龙．城市空间形态定量分析研究[M]. 南京：东南大学出版社，2007.
[23] 赵辉，王东明，谭许伟．沈阳城市形态与空间结构的分形特征研究[J]. 规划师，2007(2)：81-83.
[24] 王建国，高源，胡明星．基于高层建筑管控的南京老城空间形态优化[J]. 城市规划，2005(1)：45-51.
[25]（美）约翰·伦德·寇耿．城市营造：21世纪城市设计的九项原则[M]. 赵瑾，译．南京：江苏人民出版社，2013.
[26] 徐苏宁．城市设计美学[M]. 北京：中国建筑工业出版社，2007.
[27]（英）约翰·彭特．美国城市设计指南——西海岸五城市的设计政策与指导[M]. 庞玥，译．北京：中国建筑工业出版社，2006.
[28] 范润生．中美城市开发控制机制的比较[C]// 中国城市规划学会2002年年会论文集．2002：453-459.
[29] 张亮，岳文泽，刘勇．多中心城市空间结构的多维识别研究——以杭州为例[J]，经济地理，2017，37(6)：67-75.
[30] 陈可石，杨瑞，刘冰冰．深圳组团式空间结构演变与发展研究[J]. 城市发展研究，2013，20(11)：22-24.
[31] 深圳市规划和国土资源委员会．转型规划引领城市转型：深圳市城市总体规划（2010—2020）[M]. 北京：中国建筑工业出版社，2011.
[32] 司马晓，孔祥伟，杜雁．深圳市城市设计历程回顾与思考[J]. 城市规划学刊，2016(2)：96-103.

第三章　规划管控的设计传导

3.1 隐性结构与显性形态

3.1.1 城市结构的内生逻辑

“结构”一词常用来描绘具有内在有机联系的事物。城市结构的形成是研究城市系统的核心问题。“结构”性事物具有层次性、系统性和持续性以及可以辨认性。并且，事物“结构”性的一个表现，在于其空间性与过程性，或者说，结构本身就意味着一种发展与变化的过程。结构是城市中的核心力量，而且“城市本体就存在于结构之中”。城市结构也是相对稳定且可以缓慢变化的，无论城市的表层发生多么强烈的变化，其深层结构都在顽固地抵抗着变化。城市某一局部或细节的改变都与规划师对城市结构的理解产生着关系，城市自身生长的“叙事性”决定了城市设计师并不是写入（Writing）某种特定的形式，而恰恰相反是解读（Reading）城市的固有形式。

我们对城市结构的理解基于以下五个属性，第一是空间的构成属性。具体来说空间由许多自然要素和人文要素所构成，任何一种要素在空间上的分布即构成了一种空间结构。如经济空间结构、社会空间结构、文化空间结构、居住空间结构等，城市空间结构就是城市功能结构的直接反映。第二是空间的尺度属性。包括空间距离尺度和时间距离尺度，也就是说各种城市要素不仅占据着城市空间的一定位置与范围，同时还随着时间的推移，其空间位置和空间布局形式等方面都产生了变化。尺度属性是城市结构的基本属性。第三是空间的主体性。城市空间的主体应该是城市中的人，城市的具体空间结构无论是生产方式结构、消费方式结构还是居住方式结构等，归根结底都反映出人与人之间、社会群体与社会群体之间的关系。例如，城市社会分层中居住形态是如何在特定空间中分布与构建的。第四是空间的类型属性。也就是各种要素在空间中布局与构成的具体形式。

第五是空间的过程属性。城市是动态的，其起源、发展与演化的历史过程是动态的，而这个过程又是与社会发展的过程紧密相连的。

城市特色结构理论关心和试图解决的主要问题有：在一个城市系统中，城市特色之间到底是一个什么样的存在关系？相同或不相同的城市特色能否共同存在？如何共同存在？共同存在的依据是什么？共同存在的属性和类型有哪些？从概念上讲，城市特色结构是指在一定时空范围（一定时间段及一定地域或等级的城市系统）内，能使多种城市特色共同存在的一种相互依托和制约且相对稳定的不同城市特色类型的构成关系和方式。也可简单表述为，城市特色结构是在一定时空范围内不同城市特色能够共同存在的关系和方式。从某种程度上讲，城市特色结构就是城市设计要研究并深化的核心内容。例如，王富海基于“二八定律”的思维方法，提出在城市设计工作中20%的重点空间决定了城市80%的特色与风貌，应该基于“结构法则”把握城市空间的大结构。

3.1.2 城市形态的外在表征

城市形态是城市结构的整体体现，是城市发展各种合力作用下的结果。意大利地理学家法里内利（F. Farinell）认为，城市形态有三种层次的理解：第一层次，城市形态作为城市现象的纯粹视觉外貌；第二层次，城市形态同样也作为城市视觉外貌，但是这里将外貌视作现象过程的物质产品；第三层次，城市形态从城市主体和城市客体之间的历史关系中产生，是观察者与被观察对象之间关系历史的全部结果。这一认识层次重点揭示了城市物质形态和非物质形态的关联性问题，城市的“逻辑”内涵及其“表象”共同构成了城市形态。对城市形态的研究可归纳为两个视角：从广义上，城市形态指的是在某一时间段内，在自然环境、历史、政治、经济、社会等因素影响下，城市发展所构成的总和，包括物质形态和非物质形态。这一研究视角通常将城市形态视为动态变化并不断演进的总体特征；从狭义上，城市形态指的是城市实体所表现出的具象的空间形态特征，城市形态由自然环境、历史、政治、经济、社会等因素作用下形成的不同用地类型、空间类型和人文环境所形成的三维形态特征。

从设计组织对城市形态的作用原理来看，城市设计主要从两个规模尺度上实施运作：其一，较大规模，涉及地域空间的城市系统，如城市超视域的分区形态和系统性公共空间网络；其二，较小规模，解决人的行走体验、街区视景、土地使用方式、用地功能组织等。鉴于此，考虑到不同城市空间尺度的变化，我们将城市设计的研究对象分为三个层次的形态组织方式：肌理形态、结构形态和体系形态。

1. 肌理形态

城市肌理是对城市空间形态和特征的描述，随时代、地域、城市性质的不同而有所不同。城市肌理的拼贴特征既表现为不同时期历史性的拼贴，也有同一时期不同肌理形态的拼贴。这些变化往往体现在城市建筑的密度、高度、体量、布局方式等多方面，可以使城市肌理有粗犷与细腻、均质与不均质之分。这种城市空间肌理具有明显的时代地域特征，与社会生产生活和技术相适应，其中，居住形态是影响肌理的重要因素。城市的肌理形态的识别主要依据性质相近、肌理相近的原则，有机的肌理实体和尺度相宜的空间虚体形成清晰、完整、网络化的空间组织，进而形成肌理空间的完整识别，不同的肌理组织呈现拼贴的状态，创造整体统一、和谐多样的城市形态环境。欧洲传统城市的肌理、密度、界面形成公共空间个性特色是肌理形态最完美的诠释与表达。

2. 结构形态

结构形态主要体现了城市空间的构成关系，即指城市要素之间的相互组合关系。这种结构形态是相对稳定的，富于“传统性”的，不同的结构部分呈现出不同的形态式样，呈现出各种肌理形态的结构组合关系。对结构形态的理解不仅包括城市的物质设施、土地利用、城市交通、空间形体等显性结构，同时还包括与之相辅相成的城市的社会（如人口、就业、社会组织等）、经济（如产业、地域开发、资源利用等）、文化（教育水平等）等隐性城市内在结构。结构形态体现了城市形态演化的内在机理，它是城市的隐形形态及其显性表达。在区段城市设计中，结构形态的构成关系体现得最为明显。

3. 体系形态

在时间的长流中，城市形成了按照自身空间结构的历史关系、位置文脉、形式规则、发展时序等形成的空间关系我们可以理解为结构形态。但是，当地域范围扩大到一定程度，城市形态超出了形式逻辑的构成规则，或者超出了人们对“观”与“景”分析尺度的时候，城市形态表现出的就是一种地域的体系关系，而结构自身的生长缺少了彼此强联系的必然性，体系之间相对独立。这也可以理解为城市系统是具有自相似性的现象和物理过程，体系间的关系源于城市功能要素集聚的边界递减效应。城市功能要素的相互作用力减弱，不再形成功能一体的结构关系，而是形成了不同时间、空间和等级关系的功能分区形态或城镇体系形态。例如，多中心、簇群化的形态结果就是这种体系形态的具体空间表征。

3.1.3 规模形态的管控逻辑

城市形态的管控逻辑可关注三个关键词：规模、形态与治理。城市的规模形态是否存在一个最佳的空间尺度？这是一个老生常谈的问题，城市规划师试图掌握不同尺度下社会经济发展的机制和城市增长的逻辑。随着国土空间规划体系框架的基本确立，城镇开发边界划定作为国土空间规划的核心内容之一，成为城市总体规划转向国土空间规划的桥梁。国土空间规划所确定的城市开发边界即对城市发展规模做出了重大的战略部署。在一定时期内，技术没有根本性的突变，城市的运营必然遵循一定的成本、效应变化规律，理论上存在最优的城镇规模。因此，城市规模应该控制在一个合理的状态，无序的膨胀必然造成城市的规模不经济，导致城市的收缩发展。在一个适度弹性的规模范围内，适度紧凑，城市的形态必然形成一定的规模尺度，不同的城市规模不同城市形态的尺度感与城市的整体秩序是不同的。

诚然，从历史的视角，大部分的理想城市模型很难为其居民提供预期的生活质量。他们对于城市发展过程、对空间的竞争、对同时代城市的特征以及城市的多样性和非均一化等方面的看法太过天真。但是，随着网络科技的发展，大容量轨道交通运输方式的改善，使得我们能够一定程度突破传统的物理空间距离，加强与主要城市体的经济和社会功能联系，从而维持在适宜尺度下各级城市的规模形态。同时，城市在自身形成的过程中已经形成了城市形态和自身发展密度、能源和成本消耗的关系，因此，尊重历史城市发展的总体形态关系，渐进式的形成空间增量，建立适宜的规模形态至关重要。这需要我们建立一个总体的框架，科学评估新规与旧约、老城与新城、历史与现代的博弈关系，从而建立符合城市发展逻辑的总体设计框架。

城市形态是一个缓慢演化的过程，是一个理性的过程，城市治理是城市形态演化的重要途径。城市形态的演化过程中需要提升城市的公众参与和多维合作，让城市真正成为人们能够表达交流，合作共治，共建与共享的现代生活共同体。现代城市已进入市场化、全球化、网络化、智能化日益融合的新形态，城市的构成要素、结构形态、功能体系、运行逻辑以及发展取向等正在发生系统性变化，同时城市中人的交往方式、物的流动方式、权力的流变方式也在发生革命性的变化。这些变化给城市治理带来了一系列新挑战，提出了许多新课题、新要求，需要不断探索城市治理的新形态。在智慧城市阶段，城市内涵建设更加要求城市能够由内而外地发展，形成新陈代谢式的高质量演化，通过城市设计整合多元因子，结合城市治理，创新性地塑造现代科技与传统形态共生的新型城市空间形态。

3.2 空间形态的控制原理

3.2.1 区划原理

1. 区划控制

区划控制是美国城市政府对土地进行开发控制管理的基本手段，也是规划体系的核心内容，区划包括区划图则与区划法律文本两部分。为了城市的整体利益，政府需要有管理城市土地的权利，美国规划先驱者马尔舒（Marsh）、奥尔姆斯特（Olmsted）和弗莱奥特（Freund）等将德国的分区管理方法引入美国，在小范围的不断使用中逐渐积累经验。

为保护公众“健康、安全、福利和道德”，1916年7月25日纽约市议会根据联邦宪法通过了《纽约市区划法决议》，第一次以法律形式将私有土地纳入了由城市规划控制的有序发展的轨道，被认为是“第一个全面分区（comprehensive zoning）控制法规”。

1924年，美国商务部发布第一部《标准土地分区管理授权法》，协助并统一各州政府授权地方政府建立土地分区管理法案。

1925年，美国300多个城镇制定区划法管理法案。

1926年，美国最高法院裁定，在未超越宪法的情况下，允许地方政府确定“管治权力”的范围，确定了土地分区管理法案的法律地位。

1930年末，1000多个地方政府制定了上述法案。

1960年，区划法开始对促进宜人空间的创造和保护特色区域加以关注。城市规划师越来越强烈地意识到，对社区特有意象和性格的保护与创造的重要性。

1961年，纽约市对区划法进行了全面的修改，增设了城市设计导引原则和设计标准等新的内容，增加了设计评审过程，使区划成为实施城市规划和设计的有力工具。

区划的原理是将辖区划分为若干个地块，然后对每个地块分别进行控制。许多区划法的意图是消除混合使用土地，这是为了改变19世纪工业城市恶劣的生活条件所形成的思想。

2. 区划中的设计控制

作为城市规划的工具，就实施管控的城市设计而言，在区划法的基础上演变出了奖励区划（Incentive Zoning）、导则（Guidance）等管理规定与方法，更加注重在规划的基础上，将规划设计的目标意图内容转化为城市设计引导原则和城市设计政策。

1961年区划中的设计标准包括：

（1）容积率（Floor Area Ratio）。这是对建筑体积的控制，规定建筑物的基底面积与高度关系，改变以往单纯控制建筑高度的做法。

（2）日照范围（天空曝光面）（Sky Exposure Plane）。曝光面是一个斜面，是在街道范围上空的某一特定高度以上按特定斜率所形成的控制面，这里的高度和斜率由一定时间内的日照条件来确定。

（3）空地率（Open Space Ratio）。鼓励在一定的容积率下多留空地，制定比较合理的容量。此外，为了克服单一的地块控制，还衍生了一系列的奖励政策。

美国城市开发控制的基本原则是依据法定财产权，对项目的开发控制提供确定而严格的答案，违背法规规定进行开发活动是非常困难的。区划法的缺点是欠缺灵活性，因此，美国的开发控制出现了依据行政裁量权的改良形式，其中最有代表性的是奖励区划：

（1）规划单元开发（Planned Unit Development）。在作为一个开发单元的地块内，土地开发强度和用途都可以不同，用地将作为一个整体进行审批。例如，商业区与居住区的混合可增强用地的活力，发挥设计师的创造力和想象力。由于可以优势互补，规划单元开发的方式在经济上具有明显的优势。

（2）奖励区划（Incentive Zoning）。通过允许额外的建筑面积鼓励办公建筑和高层公寓的开发商附建公共广场等开放空间，开发商获得了经济利益，市民获得更多的活动空间，城市环境也得到了改善。奖励的容积率也可以通过其他公益事业来实现。

（3）开发权转让（Development Right Transfer）。主要用于城市中需要保护的主要地段，如标志性建筑、历史建筑、独特的自然形态等，将这些资源上空未被开发的空间权转让到其他基地中（容积率转移），得到开发权的开发商将被批准在容积率控制之外增加一定的建筑面积，这种补偿符合开发商追求最大面积的要求。

美国区划用地分区的核心是对地块的控制，确定用地性质、土地容量、环境容量等。诸如建筑体量，建筑覆盖率、空地率，建筑退线、退界距离，停车数量规定，其他一些特殊的居住、商业或制造业分区的活动要求，包括各种广告、标识牌的大小和位置等。

3.2.2 经济控制

之所以对城市开发进行公共干预，是因为开发作为一种市场经济行为存在着外部效益的不经济和忽视公共利益等缺陷。在市场经济的条件下，城市形态既是财富集聚形式的反映，也是城市土地经济价值的体现，城市开发首先遵循经济学规律。城市形态的形成与城市土地价值、土地利用方式、空间区位、设施完善程度、交通可达性等方面的综合影响高度相关。可以说，城市的经济形态影响着空间生产、空间控制以及空间关系的转变。为了经济地使用空间资源，城市空间的容量是规划的基础，要整合城市功能，根据人口规模和产业发展经济使用土地。城市容量是指城市空间在一定时间内，在特定的自然、社会、经济条件下所形成的对城市人口、物质实体和城市各种活动的容纳能力。土地容量表现为各种用地指标，在用地面积相同的情况下，土地容量的大小取决于对城市空间需求量的多少。城市设计也可以主动探索适应外部环境的有效运作机制，更好地发挥其公共干预价值。

城市形态的经济控制包括税收补贴、财政补贴等方式。世界上大多数城市都有关于土地利用的控制政策，通过分区规划限定开发行为的区位选择。分区的基本思想是将不协调的土地分开利用，现代土地分区制最早于1870年出现在德国，美国1916年也执行了分区制。1933年的《雅典宪章》使城市功能分区的思想更为明确。推动分区的另一个因素是确保家庭和企业能够产生足够的财政剩余，当土地的使用者支付的税收超过了公共服务的成本时，就会产生财政剩余，一般而言，低收入社区要频繁的在环境质量和财政收益之间做出权衡。又如，曾将大块土地划分为开放空间，那么只有当开放空间的边际收益超过其边际成本时，该开放空间才能得以保留。一般城市会制定大量的政策来限制土地开发数量和人口数量，以进行城市的增长控制，例如，限制城市人口的另一种方式是对新建住宅征收开发费，增收开发费也能为地方公共产品融资。

城市设计典型的经济控制手段是将城市设计作为空间利益的平衡工具，利用经济激励手段促进公共空间的开发建设。例如在区划原理中的容积率奖励、空中开发权转移，以及连带开发（在出让开发用地的同时要求开发商连带建设城市公共产品）等经济利益的转让原理，这一控制方法能够有效平衡私人开发和公共利益、历史文化保护和城市开发等博弈关系。政府通过提高开发商的经济回报以附加条件的方式要求开发建设带有私营权益的城市公共产品，我们可称之为公共空间产品的“混合供给”。虽然此种方式能够有效激活城市建设的驱动力，但是仍需要政府实施有效监管，以确保公共利益得以实现，例如防止出现容积率奖励的门槛设置过低，公共产品供给的要求过于模糊等问题。因此，城市设计需要深入到具体的使用和管理措施，设定公益性设施的捆绑改造责任，以及获取奖励空间的发展权益等制度来激励开发主体，实现公共利益维护。

相关城市设计经济控制手段包括奖励机制和关联条件等。奖励机制（bonus system），鼓励开发者提供公共设施和公共空间，提出奖励性引导，而非强制性规定；关联条件（linkage requirement），根据开发项目的建设或者投资规模，要求开发者提供或者资助相应的公共设施或公共空间。

此外，美国分区条例设计的初衷是考虑到在任何情况下，场所的每个方面都会涉及公共健康、安全和福利等一系列公共利益。区划在实践中逐渐成为一套完善的保护管理地价的法律机制，通过对土地经济利益的严格控制达到“保护公众卫生、健康和福利”的立法目的。例如，包含性分区（Inclusionary Zoning）是对应排斥分区而产生的。一些居住用地限制高强度开发，会对低收入家庭进入社区形成一种排斥。为解决这一问题，政府和开发商进行谈判，让其为低收入家庭修建住宅，以低于建造成本的价格销售给低收入家庭，政府在其他方面给予开发商一定的利益补偿。

3.2.3 规划控制（开发控制）

传统规划的运作体系包括规划编制和开发控制两个方面，也可分为战略性和实施性两个层面，其中实施性规划作为开发控制的法定依据，又称为“法定规划”。我们可以从国土空间规划的“五级三类”体系认识规划控制的作用机制，国土空间规划是国家空间发展的指南、可持续发展的空间蓝图，是各类开发保护建设活动空间管控的基本依据。国土空间规划关注的核心从传统城乡规划的“关注怎么通过行动来应对问题的问题导向”，转向以“红线”限定问题的“底线”管控思维。国土空间规划的规划目标、坐标、指标的“三标传导”通过各级规划实现控制落实，规划内容分为五级三类，其中“三类”是总体规划、详细规划、专项规划。国土空间总体规划实现“多规合一”下的空间资源合理配置和动态引导控制，控制性详细规划的单元规划分解落实指标，单独的城市设计成果属于专门实现设计传导的专项规划。各级各类的规划干预是实行城市开发公共干预的主要手段，相对于采用税收和财政补贴的方式对开发加以外部调控的经济干预手段而言，规划干预手段更为直接且灵活有效。

开发控制体系作为我国规划体系中的重要内容受到越来越广泛的重视。城市规划管理部门进行"一书两证"的开发项目审批，主要依据就是控制性详细规划。控制性详细规划的控制方式直接应对城市开发管理，控制内容包括指标量化、条文规定、图则标定、城市设计引导等，具体内容解释为：

（1）指标量化。通过一系列控制指标对建设用地进行定量控制，如容积率、建筑密度、建筑高度、绿地率等。

（2）条文规定。通过一系列控制要素和实施细则对建设用地进行定性控制，对规划地块需作使用性质规定或提出其他特殊要求时采用。

（3）图则标定。用一系列控制线和控制点对用地和设施进行定位控制，当需要对规划地块的划分和建筑的布置做出标示时采用。

（4）城市设计引导。通过一系列指导性综合设计要求和建议，为开发控制提供管理准则和设计架构。

总结起来，规划控制（开发控制）属于法定规划内容，可分为指标控制和要素控制两类，即有具体的可以量化的测度、有明确的条文强制规定和有清晰的界限标定等。规划的控制还要考虑空间的问题、环境的问题、能源的问题、公平与效率问题等。例如，我国通常以万人占有空间数量为衡量指标，或根据不同气候区划以人均居住用地面积作为衡量指标。但是由于我国地域范围广阔，城市的规模尺度差异巨大，我们始终找不到一个很好的指标，去进行一致适用的形态控制。因此，规划控制具有地方性，要根据不同地域的历史文化与经济发展提出不同的规划控制要求。

3.2.4 设计控制

城市设计通过三维的形态准则跨越时间和空间对城市空间或开发项目加以控制，我们称之为设计控制。城市设计控制缘起于城市规划和建筑设计在具体实施方面的连接需求，"城市设计控制的核心是城市空间秩序"。设计控制具有特殊的传导方式，设计控制遵循底线原则，即是控制最基本的要求而非最高的期望。亚历山大·R·卡斯伯特（Alexander R. Cuthbert）指出城市设计师不只是孕育和生育出一件城市设计作品，还要考虑其成长和发展。设计控制的具体内容涉及尺度原则、关系原则、保护原则等。亚历克斯·克里格认为，城市设计作为城市研究的方法，可以涉及建筑在城市中的尺度及建筑与城市之间的关系，还可以涉及历史保护与城市发展的关系。

城市设计本应形成一套控制准则，通过建立城市空间的尺度关系与协调关系，实现对建筑群体和空间环境的秩序构建。城市设计的传导是通过对要素、元素的控制来实现的。城市设计要素是设计领域中具体实在的对象，建筑、地段、广场、公园、环境设施、公共艺术、街道小品、植物配置等都是具体的考虑对象。城市设计控制可分为质的控制和量的控制两方面，质的控制是对城市功能品质的控制，量的控制是城市发展强度与形态指标等具体要素的控制。

城市设计作为一种协调关系，是城乡规划和建筑设计的中间环节，应建立与建筑设计对话的交流平台。城市设计注重区域各层级尺度的系统性，从城市整体逻辑和公共需求出发，强调群体秩序的建立；而建筑设计则注重近人尺度的视觉形态，从个体区位和自身需求出发，强调个体功能和形态个性。因此，城市设计实施传导的有效传导关键在于搭建适宜的城市空间结构和基础秩序，控制要求稳定明确而又不失弹性，为建筑设计提供规划条件与设计引导，在此基础之上给建筑设计以发挥空间和对话机制。

城市设计是一种过程控制。传统城市设计是指蓝图式的“产品”特征的城市设计，注重设计方案与模型表达来描述未来的城市空间形态。现代城市设计呈现的是“过程”的特征，是社会经济过程与城市形态之间复杂的互动机制，这一认识是人们对“形体决定论”的反思，同时，人们开始关注城市设计的精神品质和人文内涵。进而，人们开始将现代城市设计作为公共政策，关注城市社会、经济、文化、环境的综合效益。随着人们对城市设计的认识不断完善，城市设计需要通过“确定”的控制与不确定的“引导”双重作用，呈现出“产品”与“过程”双重特征。城市设计更多的作为空间利益的平衡手段，成为空间开发的设计杠杆，强调弹性与刚性的平衡使用。城市设计应对不同关系主体的设计实施过程，并基于多层级的空间层次管理，从“一张蓝图”走向了同一目标下的“分解设计”，并通过良好的过程管理，从而实现城市设计的实施效果。

城市设计的要素控制需要配合指标的控制，要素控制通过强制性与引导性相结合的方式，而城市设计的元素控制并不涉及指标控制，是通过引导性来实现的。要素控制的具体内容包括土地使用、实体形态、开放空间、特色街区、慢行系统、历史保护、景观与环境、文化与艺术、标识系统和行为活动等的设置，例如实体形态中重要节点标志的位置、建筑的高度控制和街道的界面控制；景观与环境中重要景观廊道、景观视域、景观节点的控制等。要素的控制需要借助图则的方式表达，以形成设计控制的管理文件，在转译管理文件的过程中，引导性内容成为配合强制性内容的弹性要求。在实际的操作手段中，城市设计控制博弈体现其核心价值，反映了保护权与发展权的矛盾问题，因此，可以说城市设计的关键手段是局部与整体、局部与局部之间的协调艺术与整合方式。

城市（既有）形态是形成城市整体逻辑的秩序，是构筑城市整体格局特色的基础，也是城市空间系统生长演化的基础。如何实现规划管控中的设计传导一直是专业研究的焦点问题。城市设计作为一种设计创造思维，属于一种发现式的思维方式。从方法论上来讲，无论个体的建筑设计还是局部的城市设计都属于一种"意义融入的物化创造"，其设计的根本任务都是改善人居环境品质，满足人们物质文化生活需要。新的设计创造需要对城市既有形态进行充分的解读，形成对城市文本的深刻理解，进而完成新形式的意义融入。诸如城市形态学、城市类型学的研究都是确立城市设计原则的逻辑基础。因此，城市设计控制需要形成某种原则性的理解框架，以促进形成设计逻辑的生成环境，进而通过物化创造出新的空间形式的设计语言。

3.2.5 美学控制

在城市设计的设计控制中，美学控制是体现城市设计最本质属性的方面，城市形态秩序的设计都源于人们的审美偏好。城市不应只是功能性的，其美学特征具有重要的意义。城市设计主要以城市空间为研究及控制对象，美学是其中一个不可回避的重要目标。城市设计的美学方面主要考虑到建筑艺术、环境艺术、人文艺术等方面，城市清晰而独特的美学形态会使人们产生强烈的审美情趣。城市设计美学的范畴包括，审美知觉、审美意象、审美判断与城市形态的关系以及城市形态美学的审美问题。如何实施必要的美学控制始终是城市设计法理问题中最令人困扰，也是实践中争议最多的问题。

城市设计美学控制的内容体现了城市设计作为城市规划与建筑设计的中间环节，美学控制作用于城市设计的实施环境和管控对象，为城市整体的形态秩序和下一步的建筑设计形成设计引导。在总体形态层面，城市设计的美学控制体现在对城市风貌、建筑风格、形态规则等城市形态的总体性要素、元素进行政策引导从而实现控制；在详细形态层面，主要是对具体空间建构的要素、元素的详细控制引导，包括形式组织、城市广告、标识系统、装饰艺术、街道家具等方面。此一层次的控制不同于总体设计阶段的政策性、策略性管控，而是趋向空间的具体建构的详细设计指引。详细控制层面的引导涉及具体的建筑空间环境与环境艺术感知，虽然并不一定决定下一阶段的建筑设计与环境设计的实际样式，但是创意性的意象指引能够直观地传达空间价值，引导建筑师对于城市空间进行指向性、创新性建构。

城市设计美学控制方法是以意象性体验为主，通过“情”“景”相生的产物而产生创造，并且，城市设计的美学控制以文化的实用性转化为目标，注重最低限度的干预。意象是一种经体验而认识的外部现实的心智内化，我们可以通过心理意象的方式传达美学控制内容。如戈登·库伦（Gordon Cullen）从美学出发的视觉秩序分析（Visual Order）方法，凯文·林奇的城市意象理论等都在传统的城市设计中得到了广泛运用。美学控制最具代表性的设计对象是城市历史文化环境的更新保护及其环境协调的设计控制，城市设计在这方面的控制方法体现了其作为环境品质营造的基本手段。此外，美学控制需要环境意象的实用性指引，控制的程度是为了避免“二次设计”中过多的主观性自由裁量，需要对基本的协调框架进行设计控制。美学控制的可操作性主要基于合理性，也是以实施最低限度的干预为主，也就是说在监控城市空间中公共价值领域的形成过程中，为保证公共的环境品质作最关键性的控制，不在于获得最好的设计，而在于避免最坏以及不良的设计。美学控制要以文化实用性为目标，是实现从美学到空间营造的实用性转化，要注重对城市环境品质的经济、社会、文化功能的综合实现。

3.3 工具手段的实现维度

乔纳森·巴莱特（Jonathan Barnett）认为城市设计不存在“价值中立”（value free），因为“保护公共利益”是城市设计的核心。统筹管控的方式是城市设计控制城市形态主要手段，也是城市设计的核心技术。城市设计将相互交叠的维度进行设计整合，将空间维度和设计语境相结合，从而形成统筹管控的技术文件。这些维度包括了形态维度、认知维度、社会维度、视觉维度、功能维度、时间维度等。

3.3.1 规划管控的空间维度

城市形态的影响因素是多尺度、多元化的，这也表明了城市形态研究的不同角度与立场。将城市视为整体，城市形态研究通过观察和研究城市的有机生长机制，将形态学的方法用来分析城市的社会与物质环境，城市的“逻辑”内涵及其“表象”共同构成了城市形态。城市形态研究最初仅以城镇平面图作为研究主题，经历了二战前后城市形态学理论更新，最终发展成不同的形态学流派。在大量的形态理论研究中，由建筑师与城市设计师发展出的一系列方法为理解城市形态提供了独特的视角，例如类型学的方法、文脉研究的方法等。1875年和1890年英国的住宅改善法（Dwelling Improvement Act）是第一部由政府出台的法律，为了保障日照间距，街道规定了最小宽度限制，对住宅的层数、高度、使用斜坡屋顶等都做了规定。这是由政府对城市公共环境进行干预的初步尝试，这也是由建筑学方法（architectural approaches）进行形态控制的尝试。

我国现行的法定规划体系是借鉴国外的开发控制体系，通过分级分类的管控手段来实现对城市形态的管控目标的。规划管控保障了城市未来发展的空间构架，并保持了城市发展的整体性和连续性。虽然各级各类规划也都有自身的技术标准与管控方式，但是单纯的二维规划却很难形成对城市空间的全面思考，单纯的二维规划方法容易造成城市空间表达的失当（图3-1）。城市设计所活跃的空间

图3-1　居住空间形态失当

（图片来源：本书作者、https://www.skypixel.com/videos/88562498-5db3-4de7-b157-83464e2c394a）

领域就在于“街道—地块—建筑”这一层次，它需借助于规划的控制作用来实现空间的生成，弥补了规划手段的不足，形成了对于空间的全面认识。城市设计依托于融入各级规划形成了自身设计逻辑的不同传导，城市设计导则的技术性控制框架是其实现设计传导的重要方式。

形态的管控需要弹性的空间，也需要借助经济的杠杆。城市设计对建筑形态控制的调整规划管控是实现经济弹性的主要手段。例如，美国的城市“开发权转让计划”不是一项孤立的计划，它是与“区划法”和城市综合规划密切配合的。“开发权转让计划”是在区划的基础上，以市场—经济为基础，以激励为机制的主动影响开发活动的计划，它以系统化的开发权转让计划取代个别的容积率奖励方法[即城市的“开发权转让计划”（TDR programs）]，这个计划的实施催生了一个容积交易市场，“容积银行”（TDR Bank）就是这个市场中承担运作和管理容积交易的机构。

统筹管控思想是对城市建成环境的全局性思考，随着城市存量阶段的到来，土地刚性约束使城市化必须借助于城市更新，同时，城市的社会矛盾与公平效率问题，使城市更新成为促进城市发展的重要途径。城市更新能够在推动城市土地集约利用、保障城市发展空间、提升城市综合等级等方面发挥重要作用。城市设计师坚守的形态秩序往往在城市更新的过程中起到主导的作用，“以形定量”是城市更新设计落地的重要参照。同时，服从于政治意愿或资本压力，城市更新的过程中往往会出现有悖形态准则的现象，这也是城市更新不能回避的形态控制问题。统筹管控的思路将会使城市设计师整合更多空间资源，综合运用空间杠杆，实现空间方案的最优解。

3.3.2 城市治理的政策维度

与城市规划一样，城市设计也是城市政府对城市空间的公共干预。城市设计的运作过程，不只是设计方案的构思立意和设计成果的编制过程，更是一个由设计成果转换成包括公共政策等多种实施工具，对城市环境的逐步形成进行控制和指导的动态过程。城市设计在方式演进上逐渐从“设计控制”迈向“设计治理”，在作用途径上从倡导“公共政策”走向重视“产品设计”，在行动转换上从“设计活动”转向“社会动员”，在机制建设上需要“顶层设计”结合“基层创建”的力量推动。例如，受全球性政治运动和参与式规划理论的影响，传统的空间规划被赋予了更多的社会意义，而在地方治理的权力重构当中，社区规划师被认为是社区发展与治理的重要角色，而社区规划师制度也被视为一种治理的工具。由上所述，城市设计控制包含两种方式：规章的（regulatory measures）（规则约定、公共政策属性）和形态的（physical measures）（设计控制、蓝图设计属性）。规章的设计控制是制定针对公共领域的控制规则，形态的设计控制是针对具体空间的形态设计引导。

在我国过去30年的城市设计实践中，增量的城市设计体现了较为鲜明的为"增长联盟"（growth coalition）服务的特征，即主要帮助政治精英与资本精英"共谋城市大开发"，而相对忽略乃至排斥社会与市民力量的有机介入。同时，城市设计也是一种高度经济化的制度性工具，它帮助实现空间的资本化，通过预设"空间规范"来规训潜在的社会反抗以保证资本的"平滑流动"。然而，在存量规划阶段，城市设计应对的更多是城市的已建成环境，城市更新设计需通过沟通的技巧、博弈的手段、运营的规则、资本的运作等途径实现空间的设计战略和治理目标。城市设计更非单纯的空间设计，它是与再开发、运营、治理相结合的综合性设计。因此，通常认为城市设计从两个方面影响着我们的城市空间，其一，城市设计被当成是一种政策工具，基于公平正义的公共领域价值的评判，通过制定公共政策，保证公共产品的优化；其二，作为空间生产的工具，城市设计服务于"权力与资本"，是一种高度经济化的工具手段，此时城市设计更多地被当成是"产品设计"。这两方面作用方式的认识与城市设计的两种控制方式是相互匹配的。

从"设计控制"迈向"设计治理"，城市设计从技术蓝图走向综合的政策属性。面对我国多年粗放扩张所带来的生态基底破坏，城市文脉断裂，空间秩序失当等一系列问题，城市设计的更新治理作用将更加凸显。因为，建成环境中的空间已经私有化了，增量设计的工具手段已部分失效，社会共识与政策分析成为有利于治理目标实现的最优化选择。同时，无论是增量设计的"增长联盟"，还是合作治理的"政商联盟"，城市设计不能依附于资本却又离不开资本杠杆，因而城市设计被作为一种综合治理的手段，其主要抓手就是作为多方利益的平衡机制。需要指出的是，目前大多数城市设计制度的完善仍停留在对编制内容的探讨上，对城市设计如何向公共政策转变仍缺乏系统的思考。同时，对公共政策与法律的区别也缺乏深刻认识——只有经过长期实践检验的，具有高度规范性、稳定性并为社会所认可的公共政策才能转化为法律。

城市设计控制作为一项公共政策，必须建立在社会共识的政治基础之上，在城市设计的各个阶段，必须包含广泛的公众参与。在广泛公众参与的基础上，城市设计在面对解决公共问题、维护公共利益过程中，遵从社会公正等基本价值取向，并以城市设计特有的技术手段引导，约束相关利益主体的行为，兼顾和协调不同利益诉求，从而有效配置城市公共资源、协调空间利益、均等化公共服务等，以确保市民共同分享城市发展的整体成果。在具体流程中，城市设计通过现状调研、方案比选、纲要讨论、成果编制、公众参与、规划修订体现公共政策的要求，以维护公众利益和社会公平的价值秩序。总之，城市设计的公共政策属性是通过空间这一载体来实现的，制定的主体是城市政府，通过制定一致的准则、指南、策略等引导协调各方利益，形成一致的治理目标，包括完成城市宏观共识、中观管控、微观实施成果，形成城市发展纲领等。

3.3.3 城市运营的经济维度

城市资产商品化、经营活动资本化、经营手段市场化、经营目的效益化，这直接关系到城市资产的配置与城市空间运行机制的建立。面向城市经营或业态运营的城市设计思维逻辑需要考虑城市运营链来实现城市实体要素布局与空间关系组织。具体的理解为，首先是城市资产商品化。对城市资产的认识，不能停留在实物形态上，而应看作是可流动、可增值、并能带来效益的商品，城市资产应实行有偿使用。其次是经营活动资本化。经营城市活动的实质是剥离城市资产的使用权与经营权，将资产的经营权看作是带来价值和剩余价值的资本，进行资本运营。再次是经营手段市场化。经营城市的一切活动都要通过市场进行，用市场效率机制配置资源。最后是经营目的的效益化。让政府的投入有回报，能增值，能在创造社会效益的同时增加政府的经营收益；在价值导向方面，城市设计用于提升城市的政治绩效及经济利益的同时，应对生态与社会维度进行多元建构，构建城市设计的公共价值伦理。

1. 自上而下的城市设计

自上而下的城市设计通常是按照某种主导权力的意志，一次性的确定城市的结构模式。以市长为代表的政府决策机构，以经营、行销城市为目标，在市场机制的调节作用下，通过城市设计运作机制，实现城市空间发展意图，因势利导资本流向，组织空间关系，激活城市活力，塑造城市特色。此类城市设计通常是在已有规划基础上强调城市设计的概念研究，城市设计成果突出对规划的定位、概念的创新、要素的盘活等。自上而下的城市设计是一种控制机制下的整合方式，是运用跨学科的途径，对包括人、自然和社会因素在内的城市形体空间和环境对象的综合设计和安排，可使城市各种设施功能相互协调和整合，使空间形式和谐统一，并力求取得最优的综合效益。

2.自下而上的城市设计

历史上的自下而上的城市设计是指有机生长的城市特征。在现代社会，城市设计与城市规划最大的一个不同点在于，城市规划是一个自上而下的过程，而城市设计是一个“自上而下”与“自下而上”相衔接的过程。自下而上体现在多方利益的参与，城市设计会逐渐成为一个多方协作的平台。城市设计的真正实现过程中，自下而上的城市设计难以真正满足开发项目的实际需求。并且，对利润的追求是城市设计运营商的根本目标，自下而上的城市设计以项目需求为目标通过整合资源与政府形成某种商业模式，例如，片区开发中的土地一级开发包含大量的基础设施和公共设施建设内容，通过土地出让、税收、特许经营等方式能够产生可预期的稳定的现金流，是理想的PPP模式运行领域。这种城市设计模式通过整体开发，对整个区域进行整体规划，实现公益性与经营性项目的统筹平衡。

3.3.4 智慧演化的技术维度

万物互联、智慧感知是智慧城市的发展目标，也是未来城市发展的新形态，形成一个全面感知、交叉互联、智能判断、及时响应、融合应用的城市运行新模式，实现物理分散与虚拟集中的有机结合，优化城市空间结构、降低资源消耗水平，提高城市运行效率。通过智慧化的城市建设实现公共基础设施的“智慧配置”，合理优化城市服务功能；同时，传统城市空间场所也向着“景观化、可参与、可互动、可运营、重服务”的智慧空间演化；智慧城市可实现智慧社区、智慧移动、智慧服务，创造智慧生活方式。例如，构建城市高科技的立体安防，打造安全稳定的健康城市环境；应用智能感知技术为市民提供便捷的信息空间服务；利用高度集成的城市大数据提升高效的城市管理水平；结合智能化、可穿戴、居家型智慧服务产品，创造人性化、个性化、定制化的生活服务体验等。

智慧城市虽然不会根本改变传统规划设计的基本原理，但是却通过集中—分散的智慧运行强化了传统要素的分级配置，极大地优化了现代城市空间的运行效率。智慧城市通过高效的空间优化配置，动态感知城市要素分布及其变化状态，促进了多中心的大城市空间格局的优化，科学引导城市体系的分级配置和适宜规模。总结起来，智慧城市在城市设计方面突出表现出外在的智慧形态和内在的智慧运行、智慧管理等三个方面。

智慧形态：城市的智慧应用必然逐渐演化出智慧城市的形态规则——城市运行的精细化、信息化、便利化水平明显提高，应急体系更加完善，城市服务保障能力显著增强，智慧城市的空间结构呈现分布网格化、分级扁平化的特征。

智慧运行：智慧城市通过充分运用物联网、云计算、大数据、空间地理信息集成等新一代信息技术，构建城市规划、建设、管理和服务的智慧化体系，实现城市化与信息化高度融合的更高级城市形态。总之，智慧城市的演化必然形成城市发展的新理念、新模式、新方式和新机制。

智慧管理：借助数字化的智慧管理以提升城市治理能力。如哥本哈根结合污水实时数据和对降水量的预测，确定污水排放管网及污水处理等设施环节的最佳设置，以智能化技术解决污水溢流问题；丹麦地理信息数据供应和效率署（简称SDFE）向所有公众免费开放地形图、高程模型等地理信息数据，实现数据的高效利用和价值最大化。

3.4 层级类型的设计传导

3.4.1 风貌引导的城市设计

风貌引导的城市设计也可理解为概念性城市设计。城市风貌是通过自然景观、人造景观和人文景观而体现出来的城市发展过程中形成的城市传统、文化和城市生活的环境特征。可见城市风貌的表述既包含了城市景观的外在形象特征，又包含了社会人文的文化精神方面。“风”是内涵，“貌”是显现。风貌引导的城市设计多在总体城市设计阶段，或成为独立的项目类型。尊重并延续城市景观的自然特征是创造城市特色的重要部分。“城市形态应尊重并保留自然特征，而不是改变它们以适应发展”。城市设计是落实城市规划、指导建筑设计、塑造城市特色风貌的有效手段。总体城市设计通过保护、创造优美的物质空间形态并协调城市形态与自然山水的特征关系形成对城市形态的总体控制。总体城市设计主要通过对城市风貌控制、总体空间格局、整体景观体系、共同空间体系等进行协同设计，并通过风貌的分区导控实现对总体城市设计的目标和结构的设计传导。

城市风貌的塑造目标是形成城市特色。城市特色就是指一座城市在内容和形式上明显区别于其他城市的个性特征。从城市设计的“表现原则”中我们知道，城市设计要反映城市的本质和内涵，这也是城市设计学科所追求的核心目标。因此，美学的素养往往是城市设计专业培养的基础，城市风貌的研究侧重审美主体对于城市意义的感受与体验，审美对象需要空间载体表达与显现。相对于城市风貌其他专业视角而言，城市设计的研究偏重城市形态与自然山水的协调，以及城市本体自身人文气质和形体艺术的耦合表达。

在总体城市设计阶段，城市的风貌规划是对城市特色的宏观把握，规划方法易于通则式的分区引导，并进行重点控制，总体协调。首先，需要对城市的特色风貌特征进行识别和提取；其次，对城市的特色主题进行确定，以概念引领，使城市的后续建设能够融合进风貌定位与设计理念之中；最后，结合空间结构特征通过城市设计导则，落实到风貌要素的载体系统进行设计指引，引导各级、各类型规划的编制与管理。例如，《深圳市城市设计标准与准则》提出，深圳城市总体风貌由城市组团风貌组成，应维护城市轴带组团结构，强化组团分区，保护组团隔离，以塑造拥山滨海的城市特色。全市划分为核心、西部、中部、东部和东部生态5个城市组团，每个城市组团包括若干分组团。各组团建设应注重保护独有的自然资源和历史文化遗产，明确空间发展模式，强化组团中心，形成组团的地方风貌特征。

风貌引导的城市设计强调顶层设计，其营造特色的设计理念贯穿于规划的始终，是强化城市特质的系统性解决方案。正因为城市形态和景观具有公共价值属性，因而有必要从顶层设计的层面控制开发活动可能产生的负面影响。风貌引导的城市设计作为控制开发的顶层设计，通过框定宏观原则，以设计标准或形态准则的方式提出空间发展的公共政策来保障城市形态的合理控制。尽管各个国家和地区城市设计控制的策略范畴不太一致，但一项完整的城市设计策略往往包括目标（objective）、达到目标所遵循的原则（principles）和导则（guidelines）指引作为构成元素。风貌引导的城市设计的实现路径是通过设置“目标—原则—导则”来统筹城市建筑布局，协调城市空间景观，体现城市地域特征、民族特色和时代风貌的。

以美国华盛顿为例，城市设计框架基于城市设计要素提出目标和政策。华盛顿城市设计框架指出，良好的城市设计能增强城市的活力、宜居性和美感，强调华盛顿作为具有自然、城市和象征性国家首都的作用。在城市设计框架的指导下，首都综合规划由地区要素和联邦要素两部分组成。地区的综合规划构成了地区要素，国家首都规划委员会开发联邦要素。区域要素包含13个全市要素，为影响整个城市的土地利用问题（如交通、环境、公园和开放空间、艺术和文化）

提供目标和政策。还有10个区域要素，它们提供了城市委员会特定地理区域的目标和政策。

华盛顿城市设计原则如下：

（1）加强国家首都作为自然美景环保城市的特征。

（2）确保城市和地区的联邦开发和土地符合高质量设计标准。

（3）培育符合国家首都的独特游客体验。

（4）加强定义国家物业资产形态和特征的品质，并将其与其他美国城市区分开来。

（5）保留城市内最重要的城市建筑物/构筑物的物理突出和视觉层次，包括白宫、美国国会大厦和华盛顿纪念碑。

（6）在纪念性核心区内培育街景、公园和开放空间的公共品质，激发人们的灵感，促进永恒感和尊严感。在这些城市空间中融入其他有吸引力且适应性强的建筑活动元素。

（7）支持重要、舒适且可进入的公共领域，这是作为良好的行人体验和美国公民生活重要组成部分的标志。

（8）位于关键位置，具有重大的象征意义、空间意义或自然意义的现场主要公民机构、纪念馆、文化地标和其他标志性城市建筑物。

3.4.2 控制开发的城市设计

控制开发的城市设计是一种自上而下的城市设计，它将城市设计作为一种管制手段，城市设计导则视为公共领域的价值评判准则，用来制定和实施城市形态和景观的控制规则。控制开发的城市设计的编制主要在片区城市设计阶段，涉及具体的用地功能、形态准则、指标体系等。控制开发的方式可分为三个层次：原则控制、规则控制和标准控制。原则控制是指城市设计对项目开发在一定的框架内进行约束。原则控制是一种定性控制，主要以"应该"或"不应该"等导则性条文约束项目开发行为。规则控制是指城市设计对项目开发在一定程序下的约束。与原则控制相比，规则控制有更加明确的界限，控制与开发之间有着对应变化关系，即通过设定一定的程序规则，城市设计控制开发的空间变化便被限定在这个规则产生的界限之下。例如，通过奖励区划制定一定的规则，鼓励开发商在项目中多提供公共开放空间，作为激励补偿，开发商可得到高于原来规定的建筑面积以促进开发。标准控制是城市设计对项目开发在一定指标下的约束。标准控制是一种定量控制，这个标准通常是最高限制或最低限制，是项目开发不能逾越的临界点。例如，深圳市在其最新版的《城市规划标准与准则》中就将建筑建造指标完全纳入到了“城市设计控制”中。

控制开发的城市设计强调控制性，制定设计规则，偏重规划编制。控制开发的城市设计可分为片区的总体控制和地块的分图则控制两个层次。总体控制关注的是片区的功能合理性，通常会涉及土地用途、开发强度、交通组织、设施配置和环境标准等控制要求；分图则控制可以根据要求对一块或多块用地进行分幅控制，主要是对地块形态的控制，包括土地利用、建筑形式、环境容量、设施配置等内容。金广君认为，城市设计的形象思维应该“提前介入”，由城市设计取代“控制性详细规划”，纳入法定的中国城市规划编制体系之中，成为有法定地位的设计类型。在当前阶段，控制开发的城市设计是通过法定规划的图则附加或专项城市设计的融合转译来实现设计控制法定化的（此部分内容详见“第五章　城市设计的成果构成”）。总之，控制开发的城市设计在分图则控制层面偏于产品导向型的形态设计，需要借助分图则的控制条文明确总体控制中具体地块的形态准则和设计要求。

例如，在重庆渝中半岛城市形象设计中，重庆市人民政府采取国际公开邀标的方式，征集渝中半岛城市形象设计方案。重庆市人民政府于2003年颁布《重庆渝中半岛城市形象设计规划控制管理规定》，该规定提出朝天门半岛之门以高层建筑为标志，突出旅游、交通枢纽功能。对朝天门地块的控制要求是：（1）规划建设必须体现半岛之门要素；（2）地块中标志性建筑要与朝天门的历史传统风貌相结合；（3）其他相关规定和要求按照文本中相应导则的规定执行。但是，控制开发的城市设计原则化导控方式的实效性是较低的，朝天门地块最终采用的方案从城市设计的实施结果来看，并未实现与历史风貌相结合的控制要求，使规模庞大的重庆来福士广场彻底改变了朝天门的传统景观，也改变了山城重庆的天际线。正因为这一改变，从它轮廓初成，该项目就在山城引起争议。

3.4.3 面向实施的城市设计

面向实施的城市设计是一种自下而上的城市设计，代表着以项目运营为目的的基本空间诉求，也可称为实施型城市设计。实施型城市设计是在尊重开发控制的前提下，注重项目实际实施的可操作性，其空间形态的生成主要应建设主体的需求而产生。实施型城市设计的设计创造意图更加明确，同时，各项目主体的个性化需求与公共利益之间的矛盾冲突也会更加突出，所以实施型城市设计是集规划、协调、沟通、监督于一体的多方参与的工程平台，并且这个平台贯穿于城市开发建设的全过程。在这一过程中，重点项目的实施引领是关键，城市设计控制管理文件的制定以项目实施为导向；同时，城市设计师需要做好城市设计辅导工作，这些工作包括：与规划部门、开发部门、设计人员等的沟通、协调，向开发部门及建筑设计人员解释城市设计要点，提供设计指导建议等。

实施型城市设计要形成策划与规划、规划和设计、设计和工程之间良好的衔接目标，确保设计方案与具体实施之间良好的一致性。城市设计与具体实施之间存在着建筑落实的重要过程，而城市设计的预先管控也必然会存在“理想和现实”的巨大差异，因此，城市设计应管控什么，什么是重要的原则，应如何妥协，建筑设计应如何落实等，需要在具体工程实施的情况下进行城市设计的整合与修正。城市设计能否付诸实施，很大程度上取决于实施者们是否能够正确应对城市设计背后的复杂利益格局和多元价值观念。因此，项目实施性的多元参与也是多元沟通的过程，城市设计担负着项目运行的动态控制过程并实现设计价值整合的重要任务。例如，台州高铁新区实施性城市设计延续上位规划提出“综合交通枢纽，对外开放门户”的功能定位，以“未来山水城，中央活力区”为城市设计愿景，统筹交通、商业策划等专业团队，以产品开发为导向，对原控规的用地布局、建设强度、景观风貌、道路交通、地下空间、业态运营等进行优化。

与控制开发型城市设计规避性的公共干预不同，实施型城市设计追求空间的最优解决方案，这个最优方案是符合多方利益的，能够明确生成利益关系的。在未有明确利益主体的阶段，实施型城市设计通常通过概念性城市设计方案征集来探讨未来实施意向，“设计创造”特性在实施型城市设计中体现得非常明显，好的设计方案对城市空间的价值取向具有明确的引导性。但是，一些项目在具体实施的过程中容易受领导意志和价值异化的影响，一些充满争议的实施项目不断出现，这一现象也说明了控制开发与面向实施的城市设计不同的价值取向。属于设计创造的自由裁量从不缺乏冲突与调和，这一价值判断也伴随着社会的进步和公民意识的觉醒而形成了公众的舆论评价。

例如，深圳22、23—1街坊城市设计进行了六次研究，最后于1996年经过城市设计方案中选后才编制法定图则，城市设计为编制法定图则进行了必要的前期准备。1998年美国SOM建筑设计事务所主持22、23—1街坊城市设计，在13家业主已经获得土地开发权的前提下，SOM对该城市设计原方案进行调整。新方案调整了原规划方案公共绿地的布局，落实公共空间，街道界面、街墙退线、塔楼裙房的位置、形式、高度，通过图则等管理文件进行明确，并采用详细城市设计实施导则的方式定性、定量指引实施。该项目是深圳当时实施度最高的城市设计，对后续城市设计的实施管理有重大的借鉴意义。

面向实施的城市设计强调设计的创造性和实施的可操作性。针对城市设计是创作还是编制的争论透视出当下的城市设计价值的迷失。艺术属性是设计创作的基本属性，设计本身又是对社会生活的外在反映，并需要一定的经济基础来实现。随着我们的城市越来越规模化、越来越多元化，城市的艺术魅力在逐渐消失，而城市的趋同性却在逐渐增强。然而，城市设计的基本技艺与研究对象从未改变——城市设计的关键点是研究城市空间形态的建构机理和场所营造。同时，城市设计的对象范围、工作内容、设计方法、指导思想的新发展，不仅仅是空间的艺术与美学的体现，更是对“人—社会—环境”的复合评价，构建综合人文、生态、历史、文化在内的多维复合空间。在很多情况下，城市设计充当了为增量规划描绘形象蓝图、落实待建项目的配属角色，而缺少站在专业立场上进行理性的价值思考。同时，房地产开发式的空间生产提供了无差别的设计产品，空间趋同性的问题就更加严重了。总之，面向实施的城市设计视城市形态为艺术的表现形式，城市内在的结构模式是对城市形式艺术的根本限定。正如上文所提及的，城市设计是城市人文气质和形体艺术的耦合表达，在存量规划的阶段，城市需要精细化的设计，反映一定的社会经济过程，并强调空间的具体情境，体现设计个性与文化价值。

3.4.4 综合治理的城市设计

城市综合治理包括生态环境治理、市容环境治理、社会环境治理等。城市治理强调多元主体的对话、协商和合作，以此来促成环境改善和城市建设项目的实施，最终实现城市的发展目标，这个过程也可称为协商共治的城市设计。综合治理的城市设计有着非常强烈的问题导向，重点在于解决实际问题，解决问题的方法可能涉及宏观、中观甚至微观的层次，大到城市的结构、格局，小到居民个体，都有可能成为城市设计研究与控制的对象。此类城市设计项目通常面临着复杂的城市、社会和环境的问题，其本质并非设计自身的问题，但是需要城市设计作为抓手进行环境改造，从而实现有效的综合治理，解决城市的复杂问题。综合治理的城市设计包含了基础研究、治理修复、保护建设、利用开发等基本逻辑和过程。例如，2015年，住建部将三亚列为“城市修补、生态修复（双修）”首个试点城市，开启了全国范围内的城市“双修”活动，希望能以此来治理解决“城市病”，保障并改善城市民生问题（图3-2）。

图3-2　三亚红树林生态公园生态治理与城市设计

（图片来源：http://www.landscape.cn/article/66473.html）

城市的治理体系分为三个层次。第一层次是规划治理，它是对城市最长远的目标、战略、框架、结构做一个大的建构，城市规划的战略框架不同，城市之下的发展治理和运行治理就完全不同。第二层次是发展治理，发展治理是在规划治理的框架下，制定产业发展目标、人口发展目标，发展治理服从于规划治理。第三层次是运行治理，也就是当前城市市政管理所应对的问题，是具体空间层面的问题显现，这也是城市设计面向的领域。当代城市发展面临严峻的结构变迁问题，例如城市转型、收缩城市等，需要发展治理和运行治理形成解决方案，探讨如何激活社会和市场的再生能力，达成城市空间的综合效益才是关键。综合治理的城市设计反映了社会、环境和管理的三大核心要素的技术路径——通过治理获得城市环境的外部性正效应，进而借助城市设计的要素统筹获得城市运营的正效益。城市综合治理必须考虑到社会发展的需要，只有与社会合作、协同、协商去做的规划，才可以实施。

综合治理的城市设计强调社会性与综合效益。应对治理“城市病”，城市设计必须加强问题导向，更好地应对治理的复杂性，并提高公众介入城市治理的参与度，建立多元共赢的治理协商平台。城市的建成环境需要不断优化，城市需要人力资本的积累和高品质的空间。城市设计应不断加强治理互动成为协调多元主体的重要工具，基于综合协调和多主体利益平衡提出解决方案。卡莫纳（Carmona）在《设计治理：CABE的实验》中提出了“设计治理”的概念，即“通过重塑国家许可前提下多元主体介入设计控制的方式和过程，使建成环境符合公众利益”。

综合治理的城市设计是不同于“城市美化运动”的装饰性规划运动的。1893年芝加哥举办的世界哥伦比亚博览会的规划设计，试图恢复城市中失去的视觉秩序和和谐之美，采用古典主义加巴洛克手法设计城市，修建了古典式建筑、奢华的游憩绿地和广场，结果大获成功，史称“城市美化运动”，后影响全美及世界各地。一时间，城市景观美化成为美国政客宣传政治纲领、宣扬政绩的方式之一。城市美化运动作为美国现代城市规划的先导之一，具有积极的意义。许多美国城市在这个运动影响下建立了城市公共中心。但是城市美化运动具有很大的局限性，正如沙里宁当年所指出的：这项工作对解决城市的要害问题帮助不大，这种装饰性的规划大多是为了满足城市的虚荣心……并未给予城市整体以良好的居住和工作环境。

现代城市综合治理的城市设计是一个综合博弈的结果，在复杂的社会、经济、生态环境中，治理策略的选择是取决于治理对象的路径选择，所有参与治理的主体与对象都在因循对方的利弊关系而做出自己利害选择。所以，城市设计由“设计导向”转向“管控导向”再由“设计管控”转向“设计治理”，城市设计是空间治理的最后落实，是所有政策目标的空间载体，因此，城市设计不仅仅是空间的问题、设计的问题，而应被认为是一个治理城市综合问题的空间杠杆。然而，在这个“设计治理”的过程中，博弈的结果往往不一定是最优结果，而是次优结果。所以，综合治理的过程政府的角色至关重要，如何在治理博弈中获得最优选项也就是最优结果，需要城市政府建立参与主体与自然、参与主体之间的信任关系，以平衡博弈，获得最优的解决方案。

思考题：

1. 简述城市形态与城市结构的概念及其关系。
2. 说明区划原理及区划中的城市设计控制内容。

3. 什么是城市设计控制的管控原理？

4. 什么是城市形态管控的弹性手段？

5. 论述城市设计的不同层级类型及其设计传导。

6. 什么是“设计治理”及其基本方式？

本章参考文献：

[1] 刘生军.城市设计诠释论[M].北京：中国建筑工业出版社，2012.

[2] 王富海.二八定律与理性规划[M]// 中国城市规划学会学术工作委员会.理性规划.北京：中国建筑工业出版社，2017.

[3] 张毅.城市形态的几何表征及量化方法研究[D].西安：西安建筑科技大学，2016.

[4] 邱国潮.国外城市形态学研究——学派、发展与启示[D].南京：东南大学，2009.

[5] 杨昔，杨静，何灵聪.城镇开发边界的划定逻辑：规模、形态与治理——兼谈国土空间规划改革技术基础[J].规划师，2019，35（17）：63-68.

[6] 邓卫.探索适合国情的城市化道路——城市规模问题的再认识[J].城市规划，2000，24（3）：51-53.

[7] 黄雯.美国的城市设计控制政策——以波特兰、西雅图、旧金山为例[J].规划师，2005，21（8）：91-94.

[8] 金广君.城市设计落地的管控工具介绍——加拿大城市设计概要[J].国际城市规划，2021，36（1）：76-82.

[9] 范润生.中美城市开发控制机制的比较[C]// 中国城市规划学会2002年年会论文集，2002：453-459.

[10] 杨俊宴，史宜.总体城市设计中的高度形态控制方法与途径[J].城市规划学刊，2015（6）：90-98.

[11] 苏平.地方公共经济影响下的城市设计研究[D].广州：华南理工大学，2015.

[12] 赖志敏.开发控制——城市设计作为操作手段的再认识[J].规划师，2005，21（11）：98-100.

[13]（澳）亚历山大·R.卡斯伯特.城市形态——政治经济学与城市设计[M].北京：中国建筑工业出版社，2011.

[14]（美）亚历克斯·克里格，威廉·S.桑德斯.城市设计[M].王伟强，王启泓，译.上海：同济大学出版社，2016.

[15] 孔孝云.总体城市设计导则编制方法研究[D].东南大学，2007.

[16] 扈万泰，郭恩章.论总体城市设计[J].哈尔滨建筑大学学报，1998（6）：99-104.

[17] 王世福，薛颖.城市设计中的美学控制[J].新建筑，2004（3）：50-53.

[18] 徐苏宁.城市设计美学[M].北京：中国建筑工业出版社，2007.

[19] Barnett J. An introduction to urban design[M]. New York：Harper and Row，1982.

[20]（英）卡莫纳. 城市设计的维度[M]. 南京：江苏科技出版社，2005.

[21] 姜杰，贾莎莎，于永川. 论城市更新的管理[J]. 城市发展研究，2009，16(4)：56-62.

[22] 庄宇. 城市设计的运作[M]. 上海：同济大学出版社，2004.

[23] 唐艳. 精细化治理时代的城市设计运作——基于二元思辨[J]. 城市规划，2020，44(2)：20-26.

[24] 杨震，朱丹妮. 精细化城市设计：作为公共政策的内涵解读及利益分析[J]. 西部人居环境学刊，2018，33(2)：1-6.

[25] 杨震. 范式、困境、方向：迈向新常态的城市设计[J]. 建筑学报，2016(2)：101-106.

[26] 费移山. 从古希腊城市谈城市设计的两种传统[J]. 建筑师，2013(6)：69-75.

[27] 余凌云，王伟强. 经营城市——浅析当代城市设计的内涵[J]. 城市规划汇刊，2001(1)：46-49.

[28] 蔡晓丰. 城市风貌解析与控制[D]. 上海：同济大学，2005.

[29] 王承慧，姜若磐，蒋瑾涵，吴晓. 总体城市设计风貌分区导则编制的问题与应对——以武夷山市中心城区为例[J]. 城市规划，2019，43(4)：53-62.

[30] 蔡晓丰. 城市风貌解析与控制[D]. 上海：同济大学，2005.

[31] 赖志敏. 从三个层次把握城市设计对开发的控制体系[J]. 规划师，2006，22(1)：9-11.

[32] 金广君. 城市设计：如何在中国落地？[J]. 城市规划，2018，42(3)：41-49.

[33] 徐桢敏，何蕾，邹润涛. 实施性城市设计控导要素与实施方式研究——以武汉市古田二路沿线实施性城市设计为例[J]. 中外建筑，2017(9)：89-92.

[34] 范嗣斌，邓东，刘继华. 侧重于实施性的城市设计实践——以三亚"阳光海岸"城市设计为例[C] //城市规划面对面——2005城市规划年会论文集（下），2005：1032-1040.

[35] 罗江帆. 从设计空间到设计机制——由城市设计实施评价看城市设计运行机制改革[J]. 城市规划，2009(11)：79-82.

[36] 叶伟华. 深圳城市设计运作机制研究[M]. 北京：中国建筑工业出版社，2012.

[37] 司马晓，孔祥伟，杜雁. 深圳城市设计历程回顾与思考[J]. 城市规划学刊，2016(2)：96-103.

第四章　城市设计的要素、元素与原则

在城市设计领域中，“城市中一切看到的东西，都是要素”。城市设计的设计对象是一个综合的系统整体，这个系统整体又分为不同子系统及其系统的多个层次。因此，组成城市形态的一切对象我们都可视为要素，例如土地、建筑、广场、城市雕塑、绿色植物等，都可作为城市设计的物质对象。雪瓦尼把城市设计要素分为八种形式和功能要素，即土地使用（Land use）、建筑形式和体量（Building form and massing）、交通与停车（Circulation and parking）、开放空间（Open space）、步行系统（Pedestrian ways）、鼓励空间的公共活动（Activity support）、标志（Signage）、保护（Preservation）。凯文·林奇提出心理要素可分为通道（Paths）、边缘（Edges）、地域（Districts）、节点（Nodes）、地标（Land mark）等城市意象要素。

在此，为方便我们对城市设计对象的理解与设计，我们对城市设计的要素、元素与原则进行如下界定。

城市设计要素是指通过城市设计对城市要素进行设计组织的特定对象集。参考国内学者的研究，这里将城市设计要素系统分为土地使用、实体形态、开放空间、特色街区、慢行系统、历史保护、景观环境、标识系统、行为活动等。城市设计的元素系统是指能够体现城市设计要素主要特征的属性内容，包括城市风貌、城市色彩、城市广告、夜景观、声景观、文化与艺术等。

城市设计元素是指不能独立于要素存在，也不局限于某一特定要素存在，或无法具体形塑的元素，但它对城市形态的感知有着重要影响。不能独立存在的元素包括城市风貌、城市色彩、城市广告、夜景观和声景观等，以及无法具体形塑的元素，例如文化与艺术等。同时，城市设计的要素与元素必须是广大公众认可的公共价值范畴。

城市设计的要素与元素是城市设计的研究对象，对要素与元素的设计组织方式是形成设计逻辑的基本路径。城市设计的原则是形成设计逻辑的观念意识，或是对待设计的基本态度，决定了城市设计的设计理念与设计伦理。

4.1 城市设计的要素

城市设计要素的设计遵循形态完整、空间有序的原则，对要素的设计原则、建造要求、空间组织等内容进行设计引导。城市设计要素是城市设计最直接的作用对象，各要素均可形成独立组织的设计内容。城市设计要素包括土地使用、道路交通、实体形态、开放空间、特色街区、慢行系统、历史文化、景观环境、标识系统、行为活动，以及其他目标型要素等。

城市设计空间组织的目标是，通过设计要素组织实现空间形态格局。关于空间格局的概念，陈友华等认为城市空间格局是反映城市规划思想的构筑群布局形式；李德华认为城市空间格局一方面是受自然环境制约的结果，另一方面也反映出城市社会文化与历史发展进程方面的差异和特点；阳建强认为城市空间格局是城市物质空间构成的总体宏观体现，也是城市风貌特色在宏观整体上的反映，其中包括城市平面轮廓、功能布局、空间形态、道路骨架自然特色等。

4.1.1 土地使用

土地使用是城市设计中的一个重要因素，土地使用功能布局是否合理，对空间环境品质、交通流线组织、城市景观环境、城市运行效率都有直接的影响。城市设计需要依据上位土地利用规划对设计地段进行土地使用的优化与细分研究。一般情况下，城市设计应遵循总体规划土地使用的结构性要求，并不涉及土地利用方式或空间形式结构的重大调整。首先，总体规划阶段的总体城市设计应作为总体规划的专题研究，是对总体规划空间形态进行多方案比较的依据，这期间城市设计的思维贯穿总体规划方案形成的全过程；其次，独立编制的总体城市设计原则上仅进行设计目标传导、设计标准研究或进行风貌形态总体—分区目标指引，不涉及具体的微观土地使用与规划结构的调整变更；最后，控制性详细规划阶段的城市设计应结合控规的工作内容要求，按照规划目标进行土地使用的结构优化与用地细化，可结合街坊内道路形式的设置调整土地使用要求。控制性详细规划与城市设计宜融合编制，形成合二为一的法定成果。城市设计宜作为控规编制的前期方案研究，控规编制也是城市设计的综合落实与法定化。

城市设计通常借助某些模式化的思维方式来进行空间组织，即借助某些特定的空间使用关系（如HOPSCA的空间模式界定）辅助进行空间布局研究。所谓空间模式是指遵循特定类型空间关系的内在组织机制及其在二维布局或三维空间上的使用特征。空间模式的概念缘起于英国市政中心建设的兴起[①]，从市政厅、市政中心、行政管理和文化功能结合，人们认识到市政厅的建设宜与必要的市政服务和文化设施（如艺术中心、图书馆、博物馆、美术馆等）共同建设，这就形成了一种行政中心特定的空间模式，从而被广泛借鉴。通过空间模式的方式可以预留功能，长期规划，分期实现，更能够合理安排土地的使用功能。同时，亦能根据资源条件和现实需求调整空间模式的内容构成，保持其多样性与创新性。因此，城市设计需要深入研究土地使用的具体内容，以及意向项目的空间使用需求，并协同考虑土地使用的空间组织关系，与用地特有要素有机结合，进而形成具有创造力和独特性的设计要素组织。

城市中心区的土地开发模式提倡土地高强度开发、集约式利用，引导形成土地混合使用关系，并创建密集交通网络，构建空间系统和建设步行街区等。可以说，土地使用模式引导空间结构调整，同时影响空间要素聚集。例如CBD的空间形态模式，CBD如此强烈的视觉形态是与其功能密切联系的。以伦敦金丝雀码头金融商务区为例，1981年伦敦码头开发有限公司历时17年将22km^{2}的旧码头区改造成为伦敦的一个全新的金融、商业、商务区。金丝雀码头的设计利用原有船坞水体进行填埋和开挖，通过城市设计使水系与空间有机地融为一体。金丝雀商务区采用立体的空间开发方式释放了用地空间，并利用大容量轨道交通解决交通运输的问题，同时，辅以步行、汽车等不同标高的交通、功能的分层组织。金丝雀码头金融商务区主要为金融服务公司、专业服务公司（如咨询公司、会计师事务所、律师事务所、新闻媒体）等，形成了以高档豪华办公楼为主的金融商务区。同时，一些历史文化要素得以保留并与宜人的滨水空间共同创造了空间特色。金丝雀码头的城市设计是特定空间模式引导城市设计的典型代表（图4-1、图4-2）。

可以说，土地的混合使用方式是城市设计塑造空间模式的基本策略。在局部的城市空间环境中形成某种土地类型的综合利用，积极创造结构紧凑的空间关系。

① 20世纪70年代末80年代初，英国首相撒切尔夫人上台后，为改变传统的官僚体制带来的各种弊端，将企业管理模式引入政府管理，于是“一站式”服务中心在英国诞生。

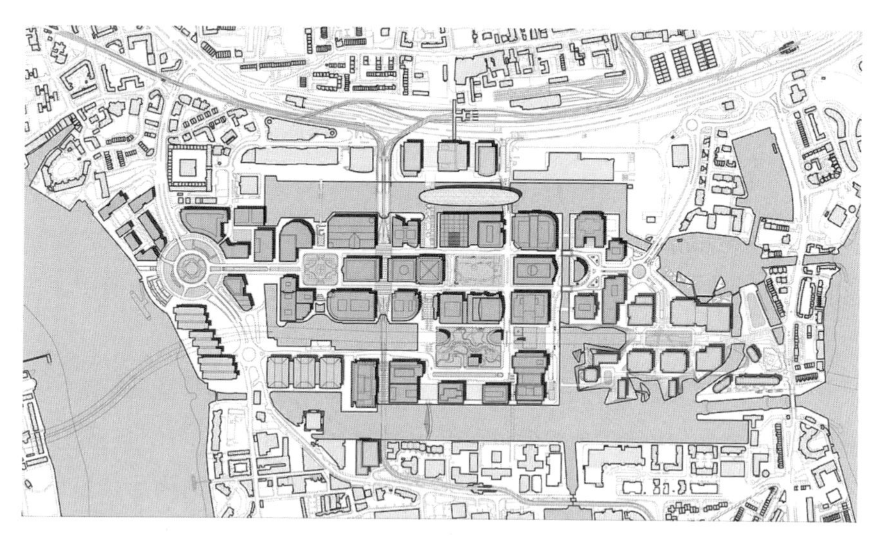

图4-1　伦敦金丝雀码头土地使用内容

（图片来源：https://www.soujianzhu.cn/news/display.aspx?id=3612）

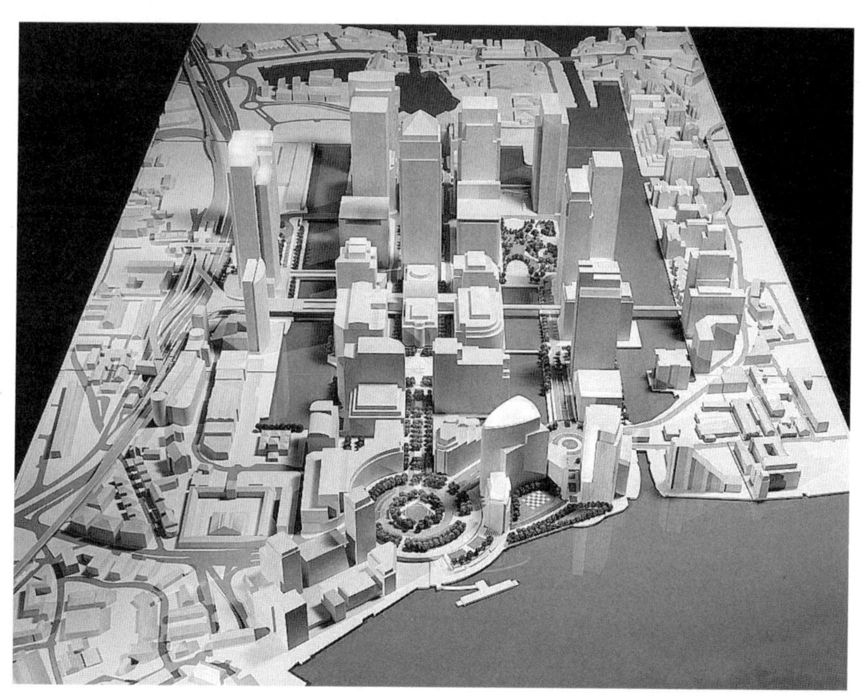

图4-2　伦敦金丝雀码头城市设计模型

（图片来源：https://www.soujianzhu.cn/news/display.aspx?id=3612）

空间模式的塑造能够形成活力触媒，营造空间的多样性与复杂性。用地形态模式的塑造，要注重空间形式的规模与尺度的一致性，与土地的混合使用保持和谐性与平衡性，加强地块大小、建筑尺度、空间体量、形态组合等空间关系的塑造。

4.1.2 道路交通

城市设计的道路交通方面不仅关注形式创造空间的道路交通结构、道路密度与空间形式，更强调在机动车时代道路交通人性化的设计应对。城市设计目标是创造适宜绿色出行、促进提升积极健康生活方式的紧凑城市结构。城市设计的道路交通研究方法侧重定性研究，确立一种设计模式或通过设计要点指引，决定交通与停车的具体规划设计问题。

城市设计中涉及道路结构形式的控制内容。首先要考虑的是城市道路与详细用地规划的结合，其次是用地的空间使用与道路组织的关系，最后是具体的街区空间环境营造和街区活力等问题。城市道路作为一种具体的结构形式是城市空间的基本骨架，决定着街区空间组织的形态特征。在区段尺度上，城市上位规划所确定的城市级道路结构作为片区设计的基本规划条件应得到依法落实。城市设计中如对街坊道路形式及其相关用地调整的，一经确认须在片区单元的法定层面完成规划调整。城市设计中道路结构形式设计需要重点研究用地的空间使用与支路系统（街坊道路）的组织关系，并进一步确定城市设计要素的控制内容与控制要求。对于街区的环境营造与活力塑造可通过引导性条文进行。

城市道路密度形式也反映出空间形态的形式结构。城市道路系统是城市形态的结构性要素，道路网格的密度与形式限定了城市形态的尺度结构与形式结构。在形式结构上，城市可形成方格网式道路网、环形放射式道路网、自由式道路网，以及混合式道路网等；在街区尺度上，道路网格的密度和形式与城市用地的功能形态直接相关，道路断面的控制与设计是街区形态设计的重要内容。例如，城市中心区功能以商务商业为主体，中心区道路形式应有高度的空间组织性，路网密集有利于商业流线的邻近产生，街区步行化是商业街区重要的设计原则；居住用地的小街区模式有利于形成街区巷道系统，组织街道生活。通过小街区街巷“微循环”的建构，让城市慢行系统有机串联社区、公园、绿地、交通场站和公共服务设施，畅通织密城市“毛细血管”（图4-3）。

城市设计倡导公交优先，提倡绿色低碳出行。公共交通对于解决跨区就业，促进职住平衡具有重要意义，公交优先、低碳出行是指引城市设计的重要设计原则。片区层面的城市设计主张创建适合步行可达的生活服务单元，进行生活圈慢行系统的组织。街道网络的连接要具体到从住宅到生活目的地，倡导容纳街道生活的密路网、小街区，主张到达设施的安全性、连通性，实现与城市公共交通、

图4-3　城市设计中的道路结构设计

（图片来源:《天津于家堡金融区起步区城市设计导则》）

公共活动中心、教育服务设施等生活圈层可达。

TOD模式是典型的交通主导型城市形态模式。TOD模式通过优化城市公交网络站点结构，形成交通节点网格，交通节点处配置完善的商业、文化、教育、居住功能，地下地上功能多维整合，居住密度形态紧凑集聚。同时，TOD开发地区必须提供密集的慢行网络，细而密的路网不但有利于优化交通流，还为步行提供了更直接的线路选择，且提高了步行过街的安全性（图4-4）。

交通与停车的设计优化是城市设计涉及的主要交通设计问题。例如，城市稳静化交通（traffic calming）理念最早起源于20世纪60年代荷兰的第一个温奈尔弗（Woonerf）计划，即将街道空间回归人行使用。经过30年的发展，美国交通工程师学会在1997年出版的《ITE交通稳静化定义》(ITE Traffic Calming Definition）一书中将交通稳静化以定义的形式给出。稳静化交通的设计目标是在社区街道中，机动车辆只能以接近自行车的速度行驶，通过流量管制和速度控制技术提倡出行安全替代交通效率的设计导向，例如道路交叉口和路段的窄缩技术、路面隆起和纹理化的减速技术或交叉口分流和道路关闭的管控技术等。交通稳静化措施是一种通过设计方式实现的，非人员参与的、非处罚式的交通管制措施。对城市

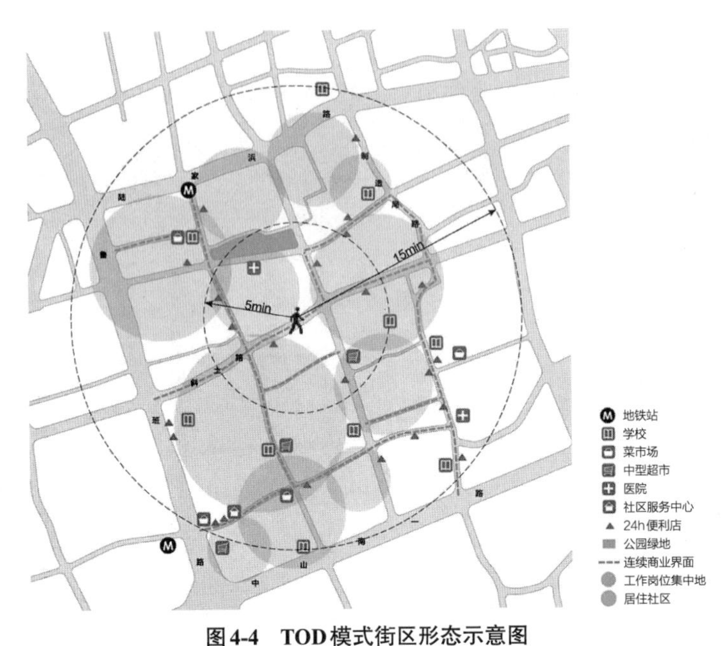

图4-4　TOD模式街区形态示意图

（图片来源：https://www.sohu.com/a/249850594_691610）

设计而言，可以通过城市的街道空间设计、居住街坊的交通稳静化措施等，增强道路空间的人性化、适宜性（图4-5）。

图4-5　道路隆起和窄缩的交通稳静化措施

（图片来源：http://ghj.nanjing.gov.cn/ghbz/cssj/201802/P020181025424100085932.pdf）

4.1.3 实体形态

城市的实体形态是城市空间最重要的决定因素之一。“我们必须强调，城市设计最基本的特征是将不同的物体联合，使之成为一个新的设计，设计者不仅要考虑物体本身的设计，而且要考虑一个物体与其他物体之间的关系”。

广义的城市形态将城市作为一种复杂的经济、文化现象和社会过程，是在特定的地理环境中形成的人类社会与自然因素的综合作用结果。狭义的城市形态是指一个城市的实体形态与空间环境形成的空间关系。城市形态基于城市形式的研究体现出人们对城市风貌、和谐形态、优美景观和地方特色的偏好追求，这也体现了城市设计的核心价值取向。梳理城市设计的历史，从古希腊希波丹姆米利都城的理性与格网秩序美学，到古罗马宏大叙事的规整广场与纪念性建筑的轴线秩序美学，人们不断追求着城市形态中数与美的和谐、形式与秩序的统一。进入中世纪，空间尺度恢复到人的尺度，中世纪城市呈现出整体形态、特色鲜明、形式自由、富于变化的有机秩序。随着中世纪提倡的自然主义思想的退却，14～16世纪文艺复兴时期的“人文主义”数与美的规律决定了城市存在的理想状态。在阿尔伯蒂思想的影响下，欧洲出现了一系列将城市与要塞结合到一起的理想城市设计（图4-6）。巴洛克时期，巴洛克城市设计将人们对实体秩序的追求发挥到了极致——巴洛克城市首次被看成一个空间的系统，有明确的设计目标和规划体系，轴线系统，放射道路，强烈的秩序感和恢宏的气势制造了空间运动感和序列景观。

图4-6　理想城市——威尼斯帕尔马诺瓦

（图片来源：https://image.baidu.com/）

在传统城市设计的研究中，空间的形式理论力求从建筑学视角的城市美学和艺术方面解决城市实体秩序的设计组织。这一方面也是城市设计专业必须具备的形式创造能力之一。“视觉有序”是城市设计师一直追求的理想形态，体现在很多历史城市的设计之中，反映了人们对城市空间实体与虚体空间的关系及形式美的规律创造进行的不断探索。例如，德国城市卡尔斯鲁厄的城市设计使用共济会代表性标志的图案寻找美学秩序。这个由方矩和圆规组成的象征符号（寓意画）是共济会最基本的代表性徽章，方矩和圆规都是石工测绘使用的工具，在共济会思想中它们代表着会员完善自身所使用的道具。设计由卡尔斯鲁厄宫发散出的32条射线，有9条道路向城南延伸，构成了市区的骨干街道。在城市中，不管走哪条道路，只要向北前进，总能到达王宫。王宫广场前面的市政厅、“金字塔”、剧院等建筑，有的带有浓厚的古典主义风格（图4-7、图4-8）。

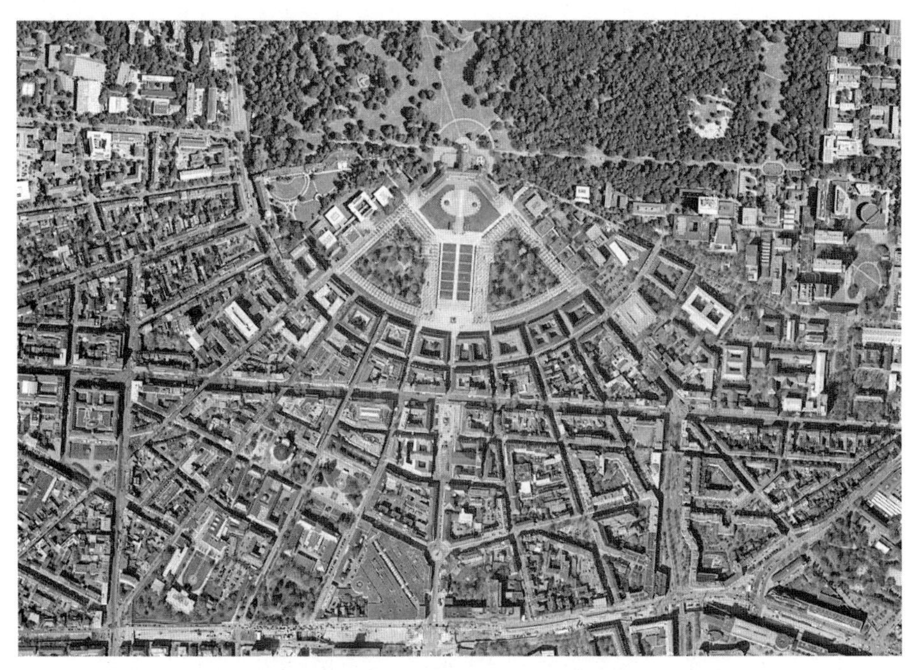

图4-7　德国城市卡尔斯鲁厄的总平面设计

（图片来源：https://map.51240.com/kaersilue_map/）

传统城市形态与现代城市特征是具有巨大的冲突性的，因此，传统与现代的形态协调也是现代城市设计不断探索的重要实践议题。这一形态冲突在巴黎的蒙帕纳斯大厦上体现得尤为明显。大厦建于1972年，共59层，高209m，是巴黎市区除埃菲尔铁塔外最高的建筑，也是市区唯一的一座摩天大楼。但其相对于巴黎

图4-8　德国城市卡尔斯鲁厄的实体秩序

（图片来源：https://baijiahao.baidu.com/s?id=1664450037885916290&wfr=spider&for=pc）

老城显得非常突兀，被人们称为“巴黎的伤疤”。2016年马岩松率领的MAD建筑事务所在法国巴黎的蒙帕纳斯大厦（Tour Montparnasse）的高层改造竞赛方案“都市蜃楼”，从建筑视角探讨这一形态冲突的设计探索。MAD的设计使这栋巴黎市中心的巨大黑色方盒子大楼，用镜像“倒挂”了巴黎城市，成为与天空“融为一体”的光的艺术。MAD的改造方案，根据光学凹镜原理，将建筑立面的每一片玻璃设定到特定角度，使得整个大楼成为一个城市尺度的凹面镜。在这种光学效应下，楼体所反射的周边景色被上下翻转，巴黎城市的街区、道路以及周边建筑的屋顶被反射，并倒挂在空中；地平线以上的天空却反射在楼体的下半部分，与背景天空完全相融，海市蜃楼般飘浮在空中的“倒挂巴黎城”就这样形成。如果从埃菲尔铁塔望向大楼，更会看到大楼建筑立面上出现另一座上下翻转的铁塔（图4-9、图4-10）。

梳理城市设计不同时期的设计理论——空间形式理论、场所文脉理论、城市意象理论、社会人文理论、自然生态理论、过程性设计理论、整体性设计理论等，我们可以从多方面解读城市秩序的多维建构和城市设计的方法原理。例如，凯文·林奇（Kevin Lynch）经典的城市意象五要素是通过心理要素对形式与功能

图4-9　蒙帕纳斯大厦

（图片来源：http://www.camcard.com/info/l59ca8f35f149bc24c959008b）

图4-10　“都市蜃楼”改造方案

（图片来源：https://kuaibao.qq.com/s/20190419A0MLFE00）

要素进行识别与意象的典型方式。又如，乔纳森·巴奈特的过程性理论指出，城市发展是一个历时性的过程，城市设计也是在一连串每天都在进行的决策的制定过程中产生的。城市设计的结果应该是“提供好的场所，而不是堆放一组美丽的建筑”。巴奈特探讨了城市设计的重要性及方法，重点是区划（zoning）、图则

（Mapping）和城市更新（Urban Renewal）三种手段。再如，特兰西克的整体性理论指出，现代城市设计需要一个整体性的设计方法，在进行城市空间设计时必须综合应用图底理论（Figure-Ground Theory）、连接理论（Linkage Theory）和场所理论（Place Theory）等。这些理论所形成的设计逻辑已成为城市设计组织空间关系的主要手段。

现代城市形态所体现的公共空间的扩散化、社会服务的网络化、社会组织的网格化、单元管理的孤岛化等特性使得现代城市空间形成了远比传统城市更为复杂的多维度结构。依托现代城市高效的交通组织，以TOD交通为导向的空间复合、集约紧凑的高强度城市模式不断出现，城市的功能空间形成了立体化网络体系，并向着信息共享、社群互联的智慧城市网络体系逐步发展。然而，现代城市形态紧凑集聚的同时也需要解决城市空间拥挤、交通拥堵、环境污染、综合防灾等一系列的“城市病”问题，尤其是现代城市频繁的拆迁改造抹去了历史进程中形成的空间特征，城市空间同质化和文化弱化的现象越来越突出，城市的独特性受到严重挑战。因此，面对现代高层建筑集聚的立体城市形态，其实体秩序的组织需要使用全新的方法进行空间识别与空间设计。

在宏观整体形态上，我们可以建立形态疏密度概念的空间识别，现代城市立体化、规模化、多中心化的超视域增长，不同高层集聚的簇群在空间上进行分布，形成了高层斑块与低层斑块疏密相间的形态（图4-11）。我们可以简单的赋予形态疏密度一定的数学意义，即形态疏密度是在一定空间范围内城市高层建筑的用地斑块（以下简称高层斑块）与该空间范围用地地块面积的比，用十分法表示：

$$D_{\mathrm{S}}=\frac{\sum_{i=1}^{n}A_i}{S}(n=1,2,3\ldots)$$

其中：D_{S}是疏密度；A_i是第i块高层斑块用地面积；S是该空间范围地块的总面积；n为高层斑块个数。

对形态疏密度的理解要结合分形的城市结构。城市中的用地结构具有类似嵌套的结构特点，例如生活圈的分级嵌套结构，5分钟生活圈、10分钟生活圈、15分钟生活圈的各种用地类型、空间组合关系等具有自相似性，而三维形态上的自相似性更为明显。由于城市的自相似结构，相似性网格结构必然呈现出空间要素的均衡集聚、三维增长的特征。现代城市的空间形态不仅与形态疏密度指标相关，还与斑块的分布形态，例如斑块数量、斑块面积、斑块形状、斑块距离、高度差异等相关。所以，在建立形态疏密度关系的时候应同时考虑城市的高度分级

图4-11　广州珠江新城的现代城市形态

（图片来源：https：//www.zcool.com.cn/work/ZMjUwMDk2NjQ=.html
https：//www.zcool.com.cn/work/ZMjUwMDk2NjQ=.html）

分区的使用环境，同时增加其他因子如高度标准差、斑块形体系数等，并与传统指标如建筑密度、建筑高度、容积率等共同描述。在进行现代集聚性空间的具体设计组织的时候，轴线关系、界面关系、垂直秩序等就变得非常重要。可以说，现代城市特征的塑造主要由城市自身分形特征、系统嵌套的布局组织结构，微观自相似性形态营建规则的建立和自然山水格局的耦合关联作用等三方面共同作用所组成。

在中、微观的城市形态中，城市空间的特征由建筑的平面布局和风格体现出来，反映在建筑体量（高低、大小、形状）和建筑形式（风格、色彩、材料、质感）上，这些特点同时也需要建筑及其根据地形布局和景观形态来表现。建筑是城市中的实体，不同的形式语言和不同的组合方式，构成了城市不同的空间形态表达。建筑创造人们能生活其中的空间，反映的是城市组织结构的连续性。城市设计的实体秩序创造的是整体性的空间，而不是孤立的建筑。对城市三维形态的理解必须通过实体形态表达，实体形态自身的功能组合关系、空间形式语言、社会组织方式、文化外在表现等是构成具体城市空间的重要方面。城市形态并非空间要素的简单映射，城市的生成要通过自组织和他组织两种过程，不同的组织过程也形成了城市多样的空间形态、文化内涵和社会关系，城市设计的过程就是了解城市生成的内在机理，为创造不同的功能活力营建形式规则。

4.1.4 开放空间

我国一些学者认为："开放空间是指城市公共外部空间，包括自然风景、广场、道路、公共绿地和休憩空间等。"具有现代意义的城市开放空间概念出现在1877年，英国伦敦制定了都市开放空间法。城市开放空间及其体系是人们从外部认知，体验城市空间，呈现城市生活环境品质的主要领域。公共空间既包括室内空间，也包括室外空间，是指以满足公共活动需求为目的的面向公众开放的城市空间，因此也可称为城市公共开放空间。

开放空间具有开放性、可达性和功能性。开放性，服务对象是大众，而非少数；可达性，人们可以方便进入到达；功能性，供休憩和日常使用。城市开放空间可分为单一功能体系和多功能体系。单一功能体系是以一种类别的形体和自然特征为基础形成的功能体系。多功能体系是各类建筑、街道、广场、公园、水域可共存于其中的体系。公共空间与开放空间概念具有相近性，根据不同的分析层面产生，有时又是通用的，开放空间强调空间的物质属性，公共空间强调空间的社会属性。空间的私密性导致社交的最小化，而空间的开放性是鼓励社交的公共性。

开放空间在现代城市形态的建构中具有极强的空间组织性，城市公共活动空间的组织均紧密结合开放空间系统。现代城市的增量空间结构都借助于开放空间进行形态组织。现代城市开放空间系统具有多层次的结构性，需要根据城市的自然、历史、人文和城市形态的肌理特点进行宏观、中观、微观的体系构建。此外，在城市更新中，我们也经常借助低效空间的用地整理从而释放空间潜力，努力增加空间公共价值属性，并将城市原有要素进行有效重组，使城市提高空间品质，增强空间活力，促进空间连接与空间修复，积极创造空间价值的外部性效益。

城市设计要充分考虑开放空间的基本功能特征：提供公共活动场所提高生活环境的品质；维护人与自然环境的协调，维护和改善生态环境；有机组织城市空间和人的行为，体现文化、教育、游憩的职能；改善交通，提高城市的防灾功能等。城市设计构建空间秩序的手法在某种意义上是在城市环境中寻求景观上的轴线关系、流线关系、系统关系，并与城市的功能组织有机结合。城市设计运用轴线的引导、转折、延伸和交织等手段，建立空间秩序系统，进而规划安排城市物质资产的区位形态。在确定布局形态的基础上，结合城市实体秩序的构建规则，在开放空间重要节点通过提供视域条件，如视点、视角、视廊等，形成对景、借景、空间流动的艺术效果（图4-12、图4-13）。

图4-12　传统城市广场空间

（图片来源：本书作者）

图4-13　现代城市广场与轴线空间

（图片来源：本书作者）

可以说，现代城市公共空间系统的构成呈现了多元扩散的特点。公共空间已不局限于室外空间和传统功能，随着建筑规模的增大和建筑使用性质的综合，建筑中庭和室内步行街已成为城市公共空间的新类型（图4-14）。城市公共空间集合了枢纽集聚、立体使用、功能复合、信息共享的新特征。不同空间分级组成了一个复杂的网络，如街区空间呈现出信息化、专门化、定制化的特点。伴生的公共服务也不局限于传统方式，传统的公共服务部门提供的是初始化、大众化和无差异的公共服务，随着市场和社会力量的参与，公共服务必将向层次化、个性化、定制化方向发展。共享单车的出现就是市场化力量下，城市交通服务功能的层次化延伸，共享单车借助大数据的智慧服务改善了慢行系统的运行效能，成为

图4-14　现代城市公共空间的多元表达

（图片来源：本书作者）

城市公共交通的有益补充。总之，这些公共空间和公共服务的新特征对于现代城市公共开放空间的属性定义和设计组织提出了新的要求。

公共空间和公共服务的新特征促进了空间类型的新生。首先是信息化的体验场景空间。卡斯特尔认为，除了原来意义上的地域空间外，网络的出现使信息在流动空间内横跨全球并将空间彼此相连。现实空间成为能够连接网络社会的服务节点，信息化空间不同于传统的社会服务空间，传统服务空间努力占据优势空间区位以获得空间竞租的优势，信息化空间却可以支持更加自由的空间寻租能力，而传统公共空间则更多地成为信息化场景体验的媒介空间，不同类型的信息空间应用场景不断丰富。其次是社群化、专门性的街区集聚空间。网络社群的互动性使空间的参与者以数字的形态存在，区别于现实空间中面对面的，强调参与主体的主次关系的社交；而网络空间的秩序建构是扁平化的、多中心性的，展现了社会关系的平等性与自主性。网络社会关系基本上是一种弱关系，但是建立在这种弱关系之上的强动员力更加显著。公共空间应对网络社群行为的多元化，现实空间形成的聚集性特征更为明显，公共空间易形成专门化、集体性、事件性的聚集。例如，公共空间的“快闪店”，作为一种特殊的公共空间交互装置，将社交网络或社群文化的虚拟影响作用于城市的现实环境，成为人们参与实践与交互体验的空间场所，容纳多种行为的发生。最后是复合功能的新型交往空间。城市的空间，需要独处，也需要更多人与人的连接。人们在公共空间寻求的不仅是社交的场域，更有可能是独处的空间，工作、社交、发呆、停歇、娱乐，公共空间承担的功能变得更加复合。所谓家与工作场所之外的第三空间，与前二者之间的边界变得非常模糊，它既是家的延展，也可能是工作场所的延展，是工作、生活、休闲三种功能的融合。独处的行为是因为自我意识的炫耀性、功利性，但仍追求社会性。因此，城市公共空间形态需要更好地应对人的行为需求，多元特征的公共交往领域将不断出现。

现代城市既强调开放空间系统的整体性构建，也强调公共空间的个性化、体验性、交往性构建。但是，组织城市形态构成的开放空间与强调社会交往的公共空间的尺度需求是不同的。城市公共活动空间尺度应适宜，功能系统应分级，强调步行可达；公共空间需要有相应的公共活动场所形成社群集聚性活动空间，这一场所空间不一定是传统的节点空间、广场空间；社区层面的空间格局是混合型的，以便满足居民的购物、娱乐、学习、交往、接受公共服务等多方面的需要。开放空间系统应串联城市新型公共空间领域，在现代信息化存在方式下，城市开放空间体系将成为共享经济的重要载体，形成城市物质资本、人力资本和自然资本的共享共存的方式，5G、AI等前沿技术融合交汇更加促进城市治理和智慧空间的复合建设。例如，借助“3D虚拟”的移动端应用软件，可以通过个体空间体验与全景式虚拟空间的结合，增强公共空间信息的共享与传达。所以，城市公共空间设计应从智慧设施、智慧出行、智慧使用和智慧管理等方面注重开放创新的空间塑造，以优化城市服务、提升城市功能，塑造现代活力。

4.1.5 特色街区

街区是四周由街道所围绕而形成的最小区块，是城市结构的基本组成单位。街区表现为各类建筑与环境组成的聚落形态，人文特征和街区经济是聚落形态的重要构成要素。开放式街区是现代街区形态组织的重要方式，开放式街区的概念最早来源于美国，即居住和商业的集中融合的公共街区。街区形态的组织可分为街区整体形态的组织和用地地块内部形态的组织。整体形态组织包括街区结构、用地布局、形式尺度等。街区的形式尺度与街区的开发目标是紧密结合的。尺度适宜、紧凑开发、布局合理的街区组织有利于街区开发，同时也有利于机动车与慢行系统的混合使用。我国现行《城市居住区规划设计标准》GB 50180—2018中提出15分钟、10分钟、5分钟生活圈的设置是以步行、自行车和公共交通作为出行方式的形态单元，满足人们上学、购物、休闲、娱乐、社交等居住生活功能需求。同时，提倡“密路网、小街区”的街区模式，鼓励积极创造紧凑型、小尺度、高密度、步行友好的街区空间。

对城市街区而言，“抛弃经济和社会方面的封闭性，这其实是很自然的”，街区经济已成为城市经济的重要组成部分。20世纪60～70年代，美国的商业步行街区成为应对旧城中心衰落的主要手段，200多条商业步行街为城市带来了新的繁荣。街区经济是城市商贸服务业的主要存在形态，是典型的聚集效应的空间形态。城市经济的内生性增长，尤其是内需、消费的增长有赖于城市街区、人群及诸多社会经济用途、功能之间的“交错”“关联”和“相互支持”。并且，街区经济的集群内企业间通过分工与专业化机制所实现的规模效益递增经济是单个企业所无法比拟的。规模化经营同时降低了边际成本[①]，所以街区经济容易形成专门性的业态集聚，例如，餐饮一条街，不同餐饮企业相互竞争降低了平均利润率，但吸引来更多消费者却提高了利润总量。街区经济具有明显区位特征，并对城市空间活力具有较强的极化作用，街区经济的活跃形成了城市空间活力的极化触媒。同时，街区经济具有地域边际收益递减效应，形成了一定的临界规模。边际是增量的意思，比较明显的是城市中心区的商业价值较高，围绕主要商业街的收益最高，其收益变化随着边际范围的增加而减少，所以城市商业街区有着长度和范围的限制。例如美国大部分城市的步行区在任何方向上的长度一般不超过500m，我国城市商业街长度通常在300～1000m。

商业街区服务于城市或片区中心、社区中心，并且随着空间属性的多元化，一些城市交通枢纽、换乘中心、旅游服务中心、历史文化街区等都可能形成特色商业街区。商业街区的设计受制于内涵特色、业态选择、空间形式、运营模式和行为活动。内涵特色决定着商业街区的主题表达，它是形成街区特色的重要特质；用地性质和业态选择影响着街区的功能和消费的选择，适宜的业态选择能够强化街区的价值内涵；空间形式是商业街区特色的实体要素，包含建筑设计、环境艺术、街区形态等方面，适宜的空间形式能够创造新的场所空间与风格特色；运营模式与商业街区的商业策划与整体实现相关，对于保持商业街区的持续活力至关重要；行为活动主要是指商业街区内营销策划与文化传达的场所活动，并创造以场所体验为主的行为秩序，行为活动能够激发商业街区的活力并提升街区的文化价值。

街道空间。从街道空间角度看，街道两旁一般有沿街界面比较连续的建筑围

① 边际成本是指额外多生产一单位产品，需要付出的成本。

合，这些建筑与其所在的街区及人行空间成为一个不可分割的整体。芦原义信的外部空间理论提出了街道尺度的空间分析，通过对建筑高度（H）与相邻建筑之间的距离（D）关系的观察，确定以D/H=1为界线，D/H＞1，即成远离之感；D/H＜1，则成近迫之感；当D/H=1时建筑高度与间距之间有某种均衡存在，产生平衡的美感。例如，在都灵等地，巴洛克建筑的D/H值为2/3，平行的建筑物立面之间产生了强大的力场，强化了视觉秩序和街道形态。又如，奥斯曼所规划的巴黎城市街道的D/H值为1或1.5，在奥斯曼肌理中，9%的巴黎街道宽为20m，4%宽为30m，建筑平均高度为21m。

广场空间。芦原义信认为，外部空间可采用内部空间8～10倍的尺度，故称为“十分之一理论”（One-tenth theory）。内部空间的尺度是指日本房间一般为4.5块榻榻米（每一块榻榻米是1.8m × 0.9m=1.62m^2）的大小，相当于边长为2.7m的正方形。同时，外部空间可采用20～25m为模数，称为“外部模数理论”。芦原义信使用21m的广场模块，将外部空间构建为1～5个21m长的模块，并认为超过8～10个模块尺度，外部空间便失去了一致性。这一空间理论尺度正好可对应最大的欧洲广场（72m × 144m）。比较街道空间理论D/H的比例关系，当建筑立面高度为距离的1/4时（D/H=1∶4，约4倍模块，平面尺度84m），水平视线与看屋檐的视线夹角约为14°，空间的容积特性便有些消失了。

相对于现代大尺度的街区形态而言，街区的围合关系可分成低层界面与高层垂直界面，我们可通过规定一级建筑控制线（24m以下）和二级建筑控制线（24m以上）分别进行形态控制。若要形成秩序化的街道空间，街墙空间的建筑界面必须贴近道路红线建设，并应整体连续形成统一的街道界面（图4-15）。城市设计中街道界面通常用建筑高度、街道高宽比（D/H）和贴线率来协调控制。“人类识别距离”中可以看清对方脸部的尺度为21～24m，可以用作步行街的适宜宽度。结合19世纪德国建筑师梅尔斯坦用的实验方法证明，当处于45°角时是观赏建筑细部的最佳视角。视角为27°时既能

图4-15 现代街区的两级街墙形态

（图片来源：本书作者）

观察对象的整体又能感受细节。18°～45°是理想的观感区域，当视角为27°时，相当于街道形态的D/H=1。而作为均衡尺度，并为节约用地，一般城市内高层建筑的外部空间1＜D/H＜2之间较为适当。当D/H＜1时，受塔楼形态秩序影响形成垂直生长、高度错落、整体均衡的垂直线性阵列秩序。高层界面处理不当则会造成高度封闭的压迫感，特别是超高层建筑临街布置不当会造成视域的严重失衡（图4-16）。

图4-16　街墙界面的尺度失调

（图片来源：本书作者）

贴线率是指建筑物贴建筑控制线的界面长度与建筑控制线长度的比值：

贴线率（P）=街墙立面线长度（B）/建筑控制线长度（L）×100%

这个比值越高，沿街面看上去越齐整。现代城市街道界面贴线可分为低层界面贴线和垂直界面贴线（也称为一级建筑贴线和二级建筑贴线，24m及以下称为一级建筑贴线、24m以上为二级建筑贴线）。低层界面（一级界面）形成街道商业环境和行为连续性，与街道空间形成良好的互动关系；垂直界面（二级界面）强调的是街道的高度秩序，控制形成高层空间秩序。城市街区低层临街界面贴线率至少为75%才能形成比较连续的低层街区界面。传统城市的临街界面贴线率甚至做到100%，例如巴洛克的城市街区通过连续一致的建筑界面形成轴线放射的街道景观。现代城市中，如深圳市中心区22、23—1街坊，美国SOM公司为其进行城市概念设计并提出了一套完整的设计导则，对于街道界面，SOM的设计导则规定主街的建筑后退让必须平齐，所有建筑必须沿退让红线进行建造，并且由多个建筑的外界面所构成的街墙至少应该跨及所在街区的90%长度（即贴线率为90%)。其中,街墙高度在40～45m之间的必须保证贴线率要求,超出45m高度以上的建筑部位必须逐渐后退街墙控制线,后退程度控制在1.5～3m之间。街墙充分保证了街道、广场等公共空间的场所感与宜人尺度。

4.1.6 慢行系统

慢行系统是城市交通系统的重要组成部分,是居民实现日常活动需求的出行方式,也是一个城市品质的象征。慢行系统不仅是居民休闲、购物、锻炼的重要方式,也是居民短距离出行的主要方式,是中、长距离出行中与公共交通接驳不可或缺的交通方式。以出行产生点、出行吸引点、公共交通换乘站点等为中心的慢行圈的高品质建设是保障慢行系统权利、提高慢行系统品质、引导城市交通出行方式结构合理化的重要环节。因此,城市应不断促进慢行系统与轨道交通及公共交通相结合,以公交枢纽为节点,城市支路及次干路系统为主体,结合特色步行街区,形成相对完善的慢行交通系统。

同时,慢行系统不仅仅是一种交通出行方式,它更是城市活动系统的重要组成部分。慢行系统是实现人与人面对面身心交流、城市紧张生活压力释放、城市精彩生活感受的最基本且不可或缺的活动载体。通过营造环境优美、尺度宜人、高度人性化的慢行环境,可以增进市民之间的情感交流、保护市民的生活安全、促进城市居民创造力的发挥,并可直接支持城市休闲购物、旅游观光、文化创意产业发展的提升(图4-17)。

图4-17 城市慢行设施

(图片来源:本书作者)

构建慢行系统是城市设计的重要内容。慢行系统是以步行和自行车为主体、以低速环保型助动车为过渡性补充的非机动交通系统，具有以下四个特点：①慢行系统发生于城市公共空间的每个角落，满足市民出行、购物、休憩等需求。②慢行系统是一种低速但非低效的出行方式，在短距离中具有机动交通不可比拟的时空优势，在大城市的拥挤时段、路段尤其如此，是机动交通出行开始和结束不可缺少的组成部分。③绿色环保健康，无环境污染，也是健身锻炼活动的空间载体。④慢行系统在交通安全中处于弱势地位。

慢行系统构建的具体功能有：①交通功能。是短距离出行的主要方式，提供与各种机动化交通方式之间的接驳。②活动功能。主要是各类公共活动、人流聚集，如广场。③锻炼与健身功能。如林间步道、山地自行车道、绿地步道。④休闲及观光功能。如风景区、公园、绿地。⑤商业功能。如商业步行街、商业建筑体的联络等。⑥避难功能。灾难发生时的避难场所常与绿地步道结合。

慢行系统的交通出行的主要特征包括慢行交通出行结构、慢行交通出行时耗、慢行交通出行距离、慢行交通出行目的等。例如，在贵州某地级市居民全日出行目的结构调查中，通勤出行（上班、上学）所占的比例最高，为66.10%；弹性出行（主要是购物和文化娱乐）所占的比例次之，为21.40%。由此可知，该城市通勤出行、生活购物、文化娱乐共同构成了慢行交通出行的主体。调查结果反映了特定城市的慢行特征，然而在研究慢行交通系统时，不能简单地以解决通勤出行问题为首要目标，必须充分考虑慢行交通系统在生活购物和文娱体育中担当的重要角色。我们要能够发现城市慢行系统建设的主要问题，慢行交通的规划、运营和管理必须为促进商业活动的繁荣和居民生活氛围的营造提供良好的设施基础。

最后，慢行系统的构建需要与城市的历史文化要素、山水生态景观、现代城市风貌相匹配，和居民近距离慢行出行、休憩与公交换乘的需求相适应。慢行系统的具体建设，要综合考虑建构通畅的特色慢行廊道，设置多样化慢行空间。自行车道用彩色沥青做标记，形成独特的城市道路景观；倡导“步行+公交”和“自行车+公交”的出行模式，设立与慢行交通相适应的交通换乘区；营造舒适宜人的慢行设施与环境等，如路边打气处、夜行照明灯、专门的过街蓝色标记等，从而建设安全、人性、富有活力的慢行交通系统。城市慢行系统规划包括如下内容：①构建舒适、安全、便捷、连续的慢行交通系统。②制定适合城市的慢行交通策略，优化慢行空间布局，引导市民的慢行出行。③塑造富有特色的慢行环境，营造良好城市氛围，为市民休闲生活提供优质场所。④制定交通政策措施，解决快慢交通冲突、慢行与停车的空间交织、行路难等问题，建立良好交通秩序。⑤制定慢行交通系统规划设计指引，为城市慢行交通具体实施提供科学指导。

4.1.7 历史文化

历史文化是城市的灵魂，城市是历史文化的载体。城市设计历史文化要素的主要载体是历史建筑、历史街区、历史场所和历史性结构等，这些内容都成为历史文化的要素表现形式。城市历史文化遗产是城市发展的独特资源，城市设计需要将历史文化保护纳入现代城市整体发展的脉络之中。1997年，英国将文化创意产业列为国家的重要政策，2003年，伦敦发展局公布了《伦敦创新战略与行动纲要（2003—2006）》。伦敦的创意产业高度发达，处处可以看到城市更新中体现文化艺术的创意设计。现代艺术的表达并不影响伦敦这样一个具有深厚历史积淀的国际大都市的文化魅力，恰恰相反，多层的文化沉积让伦敦展现出了一种超现实的拼贴场景，艺术创意让富于历史文化的伦敦更具精彩魅力（图4-18）。总之，

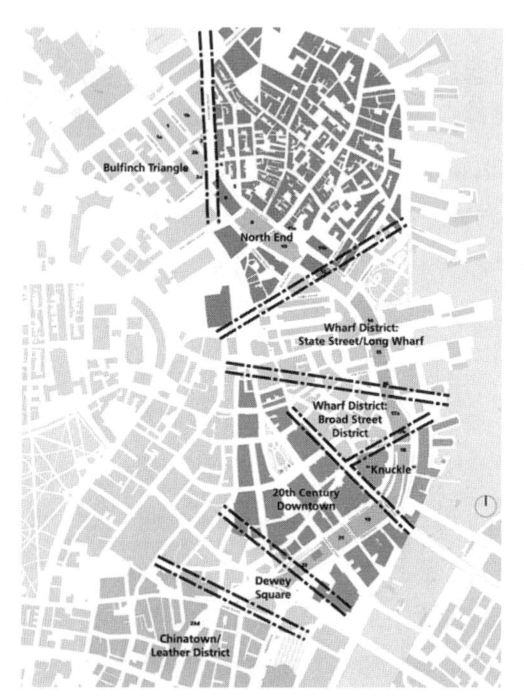

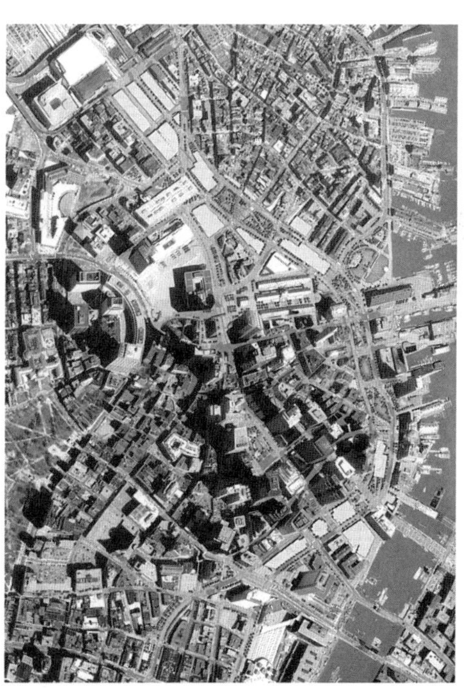

图4-18　波士顿中心区街区肌理形态

（图片来源：（美）理查德·马歇尔. 美国城市设计案例[M]. 北京：中国建筑工业出版社，2004.）

保护、修复、传承、协调和创新是城市设计应对历史保护的主要思维路径，历史文化保护是保持文物建筑的可读性和真实性，城市设计要重点管控的是与之相协调的新建部分。

城市设计需要借助策略性手段对具有历史文化价值的对象进行设计管控，寻找适合当地历史地段更新与发展的模式。历史文化要素的发展模式研究也是情境式的，直接面对现象、事物、行为，形成研究视域，提出解决策略。因此，在设计策略的指导下，需要根据具体的场所情境，发现、分析、总结和提炼问题，形成针对性研究方法。例如，培育创意文化产业需要结合现有产业发展条件，打造特定历史文化空间定位需要结合具体的投资意向，并应与地方性的历史、文化、经济、社会特点及旅游开发计划相结合。

城市设计要在复杂的历史文化存在环境中，在创造历史识别性的同时协调新的发展需求，在控制开发强度的同时保护历史文化遗产，做到复兴街区形态和保护建筑类型并举。例如，德国波茨坦广场的设计在历史街区与现代城市的更新兼容环境中，能够尊重城市不规则几何形状的街道，通过多元化和自由流动的城市肌理，来实现与周围区域特征的和谐平衡（图4-19）。波茨坦广场在历史上曾是德国社会文化生活的中心，受二战破坏成为一片荒地。德国波茨坦广场的设计向我们展示了城市设计对城市历史文化的尊重。它是欧洲大陆几十年罕见的多功能城市再开发工程，试图找回欧洲传统的紧凑而丰富的城市空间形式，按确立的城市规划和建筑原则修建起来的。1990年柏林市政府精心编制了重建规划及法规体系，进行了波茨坦广场城市设计总体方案的国际招标。德国政府于2000年迁都柏林之后重建规划启动。来自慕尼黑的设计师希尔默与萨特勒的方案中标，规划希望从18世纪的柏林城中汲取城市特征，新的规划采用欧洲城市传统的街坊式布局，通过街道轴线、广场节点的联络，将历史性的格局与新建建筑群体的结构有机结合，满足“人们总是试图从眼下的社会与空间脉络中梳理对过去的纪念”。在建筑的层面上，对于城市学者布赖恩·莱德（Brian Ladd）来说，似乎更趋向于迪士尼式的消费与品牌文化，而远非属于柏林人昔日的文化记忆。在资本运营的驱动下，波茨坦广场的重建融合了高度混合的现代功能，同时也成为城市旅游的中心，其每年创下的经济收入占柏林经济的74%，其中旅游创收高达23%，每天可以吸引7万人次游览。波茨坦广场的重建，为我们塑造了一个城市更新的全球样板。不论是其规划开发模式还是城市激活手段以及休闲空间的设计都值得我们借鉴学习。

图4-19　波茨坦广场的历史结构与现代建设

（图片来源：Google earth）

4.1.8 景观环境

景观环境，是指由各类自然景观资源和人文景观资源所组成，具有观赏价值、人文价值和生态价值的空间关系。城市设计所涉及的景观环境，从主客关系来看主要包括郊野景观环境、城市景观环境、社区景观环境等；从客体维度来看，可分为固定景观环境和瞬时景观环境。固定景观环境要考虑景观视域、景观廊道、景观载体等，瞬时景观环境要同时考虑景观的时间维度，例如，季节性景观——冰雪景观、金秋红叶等；时间性景观——黄昏时分日落苍穹、暖冬时节的冰晶树挂等。

城市景观环境是特指与城市关联的各种景观要素空间关系的总和，包括自然要素和人文要素两种景观要素类型。城市景观环境是人类聚居环境和自然基底共同作用形成的空间景观，能够带给人们愉悦感和舒适感，能够形成特定的环境情感。城市景观环境的营建对象可以相对独立，作为独立的景观项目或景观设计。不能说所有城市的景象都是景观环境，景观环境要针对特定的景观资源、用地条件和环境目标进行独立组织。因为城市设计和景观环境设计的着重点并不一致，景观环境可以作为城市设计中的要素，在城市设计的总体架构下形成景观环境的布局结构（图4-20）。

图4-20　街道环境

（图片来源：本书作者）

景观环境与城市形态的塑造紧密相关，城市设计应当充分考虑城市景观环境的结构状况、形态格局、历史特征和文脉关系，使景观环境成为城市结构的特征要素，共同形成空间形态。首先，自然形态和景观要素的利用常常是城市特色结构之所在，河流、湖泊、海湾、湿地、山体、岸线等重要景观资源都可成为城市形态的构成要素。其次，城市景观系统的布局结构通常成为有机组织不同形态模式的系统要素，形成一定的空间格局。再次，不同的中观、微观景观形态构成了不同城市的空间识别特征，能够对具体的视觉形态产生影响。例如，道路景观、公园绿地景观、重要开放空间节点景观等。最后，景观环境中的设施、建筑小品与景观绿化一起成为景观特质与城市形象表达的重要媒介，影响着人们对于城市感知、景观环境的意象与体验。

4.1.9 标识系统

标识（Sign）就是“符号”“信号”“记号”等，就是把想要传达的事情用记号来表示的形式和做法。在城市景观环境中，城市的标识系统作为一种城市公用设施，可以成为独立的设计对象和内容体系。一方面，视觉化的标识引导人们对具体的对象、空间位置、环境对象进行有效的识别，如对于对象功能、地点名称、入口节点等进行标识导视；另一方面，作为一种文化性的符号存在，向人们传达一种内在的文化脉络和风格特色的符号。

城市标识系统是城市环境中不可或缺的重要组成部分，它的布局也应该是城市整体的一部分，是城市环境建设的后续部分。城市的标识系统是一项巨大的规划设计系统工程，每个城市的经营者绝不能忽视这个系统工程的作用，一个与城市环境和谐共存、持续发展的标识系统能够使城市良性有序、效率提高。城市标识系统应考虑与城市建成环境的关系，标识系统的形式、内容、力学、人体工程学、放置位置等应与城市规划、城市景观、公共环境相协调。城市标识系统也可以看成是城市公共艺术的一部分，要融合城市地域审美文化与城市环境的内涵（图4-21、图4-22）。

图4-21　布里斯班多语言旅游导视系统

（图片来源：https://egda.com/wayfinding/city/brisbane.html）

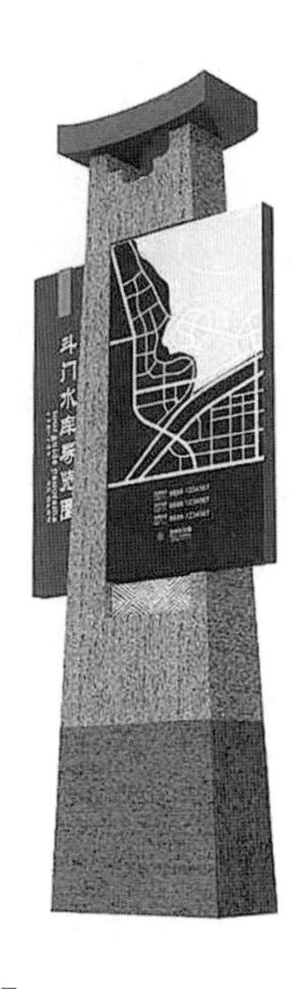

图4-22　宽窄巷子和昆明池标识

（图片来源：www.baidu.com）

城市标识系统可由城市“门景”和城市导视系统等组成。城市门景是指入城地段的“城市大门”，从景观所处的空间性质来讲，城市门景属于城市交通性空间的景观。从景观类型来说，城市门景的构成要素和城市其他地段景观构成没有区别，包括建筑景观、构筑物景观、植物景观、环境小品景观以及由景观划分或围合的空间。城市导视系统是指在城市中能够明确表示内容、位置、方向、原则等功能的，以文字、图形、符号的形式构成的视觉图像系统。从功能角度可分为三类：

（1）定位系统，提供场所的识别信息。如建筑名称标识、街道路牌、门牌、候车厅、收费处、卫生间的名称或符号标牌等。

（2）指引系统，指引方位和路线，引导人流动线。如地铁站出入口方向导视、商场的电梯方向导视等。

（3）提示系统，作为各类信息发布的载体。如公共场合的禁止吸烟标识、公共设施的使用说明以及各类宣传栏、公告栏等。

标识系统是城市的视觉艺术，城市标识系统设计应体现历史背景和文化轨迹，反映空间背景的环境特征、空间尺度、内容表达和载体设计。按用途和使用环境的不同，可分为交通环境指示、商业环境指示、展示环境指示、园林景观标识、公共环境标识等。标识系统可独立设计也可结合空间载体整合设计，主要是以文字、图形、记号、符号、形态等构成的视觉图像系统的设计。城市设计需要对城市标识系统作为系统、整体的公共环境元素加以规划设计，使标识系统融入城市个性和地方特色，让城市的品质得以充分展现。

4.1.10 行为活动

雅各布斯认为，城市最基本的特征是人的活动。人的行为方式受到环境的制约，同时，环境也会受到人们行为的影响。人在滨水区要求最大限度的亲水，在商务办公区希望有人性化的供人们交往、休闲、具有安全感的城市步行空间。金广君认为，城市设计的内容包括四个方面：人的行为、空间形态、开发平台和管理框架。其中人的行为设计既包括对个体行为的考虑，也包括对群体性需求的适应。环境心理学在建筑学和城市设计领域的应用，产生了环境行为学这一交叉学科，其主要研究内容是空间环境中的行为类型和规律，以及不同环境刺激对行为的影响。环境行为学就是探索人的行为与环境之间关系的学科领域。社会心理学是研究人与人之间相互作用的所有领域，包括与社会现象直接相关的各种行为。环境行为属于行为科学、社会学、心理学与建筑学、城乡规划学的交叉。

城市空间与人的行为的相互依存构成了城市设计的重要因素之一。刘易斯·芒福德认为，城市在其发展初期是“先具备磁体功能，尔后才具备容器功能的”。城市设计要创造空间的吸引力，支持人们的各种活动，才能成为一个富于魅力的城市。城市设计的环境行为研究均和真实环境有关，更加注重应用性的行为场所。行为场所指的是一个场所，物质环境与重复的行为模式在这一场所中始终保持着密切的关系。行为场所分析是分析人工环境中环境——行为关系的基本单元，它具有以下几个特点：

（1）固定的行为模式，或者经常重复发生的行为模式。

（2）行为模式的发生或是有目的的，或是受社交习惯支配的。

（3）特定的环境一定会产生比较固定的、重复的行为模式；反之，比较固定的、重复发生的行为模式一定伴随有不可分割的特定环境。

（4）这些行为模式的发生在时间上具有规律性。

（5）行为场所具有从小到大一系列不同的尺度。

场所结构理论认为，现代城市设计思想首先应强调一种以人为核心的人际结合和聚落生态学的必要性。设计必须以人的行动方式为基础，城市形态必须从生活本身结构发展而来。

4.1.11 其他目标型要素

要素整合是城市设计的基本方法，城市设计根据价值取向和设计目标的不同而形成不同的设计类型，整合不同要素。诸如儿童友好型城市、老年友好型城市等的不同界定。例如，布伦丹·格利森和尼尔·西普两人合作编辑的《创建儿童友好型城市》在城市规划、环境设计、社会政策、交通和住房领域提炼出对儿童有重要影响的方面，以此来呈现城市发展和变迁过程中城市政策的优点和缺陷。构建相应的设计目标就要组织相关的设计要素进行整体构建，因此，目标要素的组织与整合构成了特定城市设计的对象要素。

4.2 城市设计的元素

城市设计元素的设计遵循视觉匹配（Visual competitive）的原则，对元素的配置、形式、质感（材料、属性等）、数量、规格等进行设计引导。城市设计的元素包括城市风貌元素、城市色彩元素、城市广告元素、夜景观元素、声景观元素、文化与艺术元素等。

4.2.1 城市风貌

城市风貌是由自然和人工环境共同反映出的城市视觉特征。城市风貌规划注重从自然山水格局角度对城市的风貌元素的文化表征、载体系统进行设计指引。总体城市设计注重从空间要素管控角度对城市物质形态的“功能结构、空间层次”进行设计指引。将城市风貌界定为城市设计元素是因为风貌载体的多元化和复杂性，很难明确某个特定的对象为城市风貌，所以将其视为风貌元素研究风貌载体。城市风貌可分为保护性风貌和控制性风貌两种。保护性城市风貌通过对城市政治、经济、空间政策的制定保护城市的自然风貌和历史文化传统；控制性风貌通过塑造现代城市形态与自然山水格局，提出控制目标和设计指引，以对未来城市空间形态和城市风貌特色形成空间愿景和规划意象。

城市风貌规划着眼于城市特质的提炼，是对城市整体风貌元素特征的高度概括。由于规划目标偏于理想化和长期化的特点，城市风貌的研究对象宏观整体，控制要素复杂多样，风貌规划的成果偏于描述性与意象性。因此，城市风貌规划的成果更宜作为政策引导文件，指导各层次规划的编制与执行，不适于直接作为行动计划而实施落地。在风貌规划之后的城市设计导则和设计准则等不同设计层级的研究则能够体现对城市风貌管控的逐级深化。例如，美国城市的城市风貌管控就是经过了区划、城市设计导则、控制性导则+设计准则的逐级深化管控，既保证了地块及建筑的风貌质量，又留有弹性创作的余地。

城市风貌特色要表达出城市的空间景观格局，以及控制空间格局的具体措施。住房和城乡建设部发布的《城市设计管理办法》指出城市设计需贯穿于城市规划建设管理全过程，城市的风貌特色需要通过城市设计，从整体平面和立体空间上统筹城市建筑布局、协调城市景观风貌，体现地域特征、民族特色和时代风貌。对于城市风貌与空间格局的认识，陈友华等认为城市空间格局是反映城市规划思想的构筑群布局形式；李德华认为城市空间格局一方面是受自然环境制约的结果，另一方面也反映出城市社会文化与历史发展进程方面的差异和特点；阳建强认为城市空间格局是城市物质空间构成的总体宏观体现，也是城市风貌特色在宏观整体上的反映，其中包括城市平面轮廓、功能布局、空间形态、道路骨架自然特色等。需要保护城市地形和天际线的美观和特色，保证城市公共开放空间有合理的日照和良好的视觉感受，保护历史建筑的景观条件与周围建筑物的协调关系，保护建筑物之间的文脉关系及空间比例等。因此，城市风貌的研究是城市与自然格局的整体性、综合性研究，是城市设计的核心工作之一。

4.2.2 第五立面

第五立面是指从空中俯瞰到的城市建筑、构筑物、树木等整体景象。城市中比较特殊的风貌元素是城市的第五立面，是以城市建筑等空间要素的顶视面作为一种城市肌理形态的特殊元素。正是城市人工形态构建与城市环境景观共同构成了城市形态的肌理表达。第五立面的形成是自然、历史、文化、社会、经济、科技的多方面综合作用的结果，其空间构成的整体秩序是城市文化和城市特色的重要传达载体，形成了城市风貌形态的特征符号。现代城市的第五立面除了为建筑提供适宜的屋顶形式，也包含了建筑的功能要素，例如屋顶花园、太阳能板等。与历史城市相比，现代城市由于建筑高度的不断突破，城市第五立面呈现出高层建筑斑块与低层建筑斑块相间分布的、高低错落的下垫面形态，成为现代城市景观的重要特征。

以哈尔滨第五立面为例，由于历史原因哈尔滨的艺术风貌非常多元化，包括古典建筑、折衷主义、新艺术运动、巴洛克风格、俄式建筑等在内的近20种风貌。从近代历史来看哈尔滨屋顶的造型风格，拜占庭式的穹顶、哥特式的尖顶、法国的孟莎式屋顶、俄罗斯的洋葱顶、中国的大屋顶等各种风格的建筑屋顶在哈尔滨近代建筑造型上均有所体现。这为哈尔滨提供了各种风格下富于变化的屋顶形态，同时也使得这些屋顶形态之间存在着许多方面的共性要素。有趣的是，哈尔滨的现代高层建筑也竞相复制古典建筑的屋顶造型，特别是高层住宅建筑多追求细致的线脚和屋顶的形式，形成了哈尔滨较为独特的城市第五立面特征。哈尔滨城市第五立面是比较特殊的形态特征，主要源自欧洲文化的多元化屋顶形式（图4-23、图4-24）。具有中国文化基因城市的第五立面特征则截然不同，中国历史城市的等级空间是水平生长的，历史建筑的屋顶形式也展现出水平向的张力形式。中国古代建筑通过对屋顶进行种种组合，又使建筑物的体形和轮廓线变得愈加丰富，从高空俯视，屋顶水平舒展，与环境融为一体，别具风格，也就是说中国建筑的“第五立面”是最具魅力的。这一特性决定了中国文化基因城市中现代建设与历史文化街区的协调方式与欧洲的城市更新设计截然不同。

图4-23　哈尔滨老城区历史建筑第五立面

（图片来源：http：//sdskb.lvyouquan.cn/lixim/Product/ProductDetailNew/21a24396440043aaa915328b85895d53）

图4-24　哈尔滨新城区现代建筑第五立面

（图片来源：http://forum.china.com.cn/forum.php?mod=viewthread&tid=993355&highlight=&page=2）

4.2.3 城市色彩

“城市色彩”是指城市实体环境中通过人的视觉所反映出来的所有色彩要素所共同形成的相对综合的群体的面貌。色彩环境是城市发展过程的一个综合结果，受到多种因素的影响和制约，例如自然条件、地理位置、不同时期的建造技术、审美意识、可使用的建筑材料、城市规划引导等。城市色彩构成主要由建筑群的色彩混合而成，反映了城市或某个城市片区的基调色彩。不同城市在长期的发展过程中，受到各种条件的影响和制约而形成的独特基调色彩，是城市文化和城市风貌的重要组成部分。城市色彩规划依据色彩地理学的理念方法，通过电子测色仪或色彩量化分析技术对景观视觉要素进行色彩提取，确定城市色彩色谱和色调用于建筑色彩的规划设计，以实现对城市色彩的规范和引导。

色彩构成（Interaction of Color）是色彩的相互作用，也是新色彩效果的再创造过程。常识性的色彩认识如补色、间色。一种原色与另两种原色调配的间色互称为补色，如红与绿。补色的特点是把它们放在一起，能最大限度地突出对方的鲜艳。如果混合，就会出现灰黑色。间色是由两种原色调配而成的颜色，又叫二次色，橙、绿、紫为三种间色。自然界的物体具有五花八门、变化万千的物体色彩，虽然它们本身大多不会发光，但都具有选择性地吸收、反射、透射色光的特性。城市色彩以色彩原理为色彩管理的出发点，一般采用国际上广泛采用的色彩分类与标定体系，如蒙塞尔（Munsell）色彩体系，对色相、明度、彩度进行准确的标定，同时参考中国建筑标准色卡色值和CYMK色值。城市建筑色彩一般分为主调色、辅调色、点缀色和屋顶色等。

哈尔滨的城市色彩规划是国内比较有代表性的案例之一。哈尔滨受西方建筑文化影响，城市的历史建筑色彩尤以米黄色和黄白相间的暖色调为多。哈尔滨城市色彩规划传承了这一历史文脉，城市总体色彩以暖色系为主基调，米黄和黄白为城市建筑代表色（严格控制在历史保护街区城区和历史商贸区当中），在此基础上，城市色彩规划提出调整色彩、明度、饱和度，让哈尔滨形成色彩丰富、统一和谐的城市建筑色调。因为哈尔滨的城市建筑风格和东欧建筑文化一脉相承，在城市色彩规划的具体落实措施上，可以借鉴欧洲城市严格的色彩管理制度。以巴黎为例，在经受无数岁月洗礼的城市色彩基调上，巴黎选择了奶酪色系与深灰色系，这一色系成功演化成为巴黎的标志色彩。巴黎城市色彩管理制度规定，各个临街店面只能将一层作为其施展商家色彩魅力的区域，而一层以上建筑部位是不能随意设立广告或公司标牌等的。我们在巴黎很少看到风格突兀的建筑色彩或城市广告，整体基调色彩协调统一、城市空间系统严谨而有序。可以说，一个城市好的色彩规划能够融入城市整体的风格之中，融入城市的艺术气质之中（图4-25）。

图4-25　巴黎街区临街店面底层色彩

（图片来源：本书作者）

4.2.4 城市广告

城市广告作为一种广泛使用的大众媒体，具有历史文化性、地域差异性、人工可塑性等景观特征，特别是现代信息科技的城市应用场景不断出现，城市广告的价值进一步提升。城市空间本身就是巨大的信息流通平台，城市空间成为广告投放的平台媒介，城市广告成为一种特殊的城市资源。城市广告是展示城市文化的重要载体，户外广告更成为感受城市形态的重要设施媒介。因此，城市广告成为城市设计的元素，一方面，城市广告在宣传企业、宣传产品、宣传政策、弘扬地方文化和社会主流意识方面具有重要意义；另一方面，户外广告作为城市景观的构成要素，对构建城市整体风貌具有不可低估的作用。特别是在智慧城市的空间应用中，实时互动的传播媒介为城市广告的互动性、体验性设置提供了广阔的平台，传统的空间活动场所同时转变成为信息化的空间应用场景。可见，城市广告能够展现城市魅力，促进城市经济效益、社会效益、文化效益和环境效益的共同发展，并成为现代城市智慧空间的重要互动要素之一。

城市户外广告是为利用户外场所、空间、设施等发布的广告，是指通过有关媒介，利用一定形式直接或间接介绍自己所生产、销售的商品或所提供的服务以及要求社会公众知晓的在户外设置的广告。户外广告已成为城市文化的一部分，一座城市文化个性鲜明，能使市民产生文化认同感和归属感，进而产生幸福感，这是城市的文化凝聚力，也是市民生活的高级形态。户外广告的设置、设计与城市文化发展是相匹配的，户外广告既要注重视觉形象的设计，也要注重文化内涵的塑造，充分体现民族文化和地域文化。同时，城市广告要避免视觉与审美的对立与冲突，影响交通出行与城市生活。城市设计可通过协调控制户外广告构建和谐的城市生活空间，更好地提升城市形象，服务城市生活，增强城市文化的认同感和归属感。

每一种广告媒体都具有其特殊的视觉语言，并通过视觉语句的直观表达和语境间接衬托实现信息的传播。城市户外广告因其独特的环境和瞬间接触的媒体特性决定了视觉语言的独特性，其中视觉语句包括文字、图形、色彩、造型和照明等视觉要素，而语境则包括承载户外广告的载体之间的关系和空间环境关系。户外广告的城市语境和户外广告的语义设计是城市设计研究与管控的重要方面。

城市户外广告按经营性质分为商业性和公益性；按设置的期限可分为长期户外广告（有效期2年）、临时户外广告（有效期2年以下）；按户外广告的尺寸可分为大型户外广告、中型户外广告和小型户外广告；按设置的位置可以分为独立式广告、附属式广告等。独立式广告对城市开放景观会产生重要影响，附属式广告成为城市视觉形象的重要组成要素，对丰富城市空间活力，展现城市文化符号有着不可替代的作用（图4-26）。

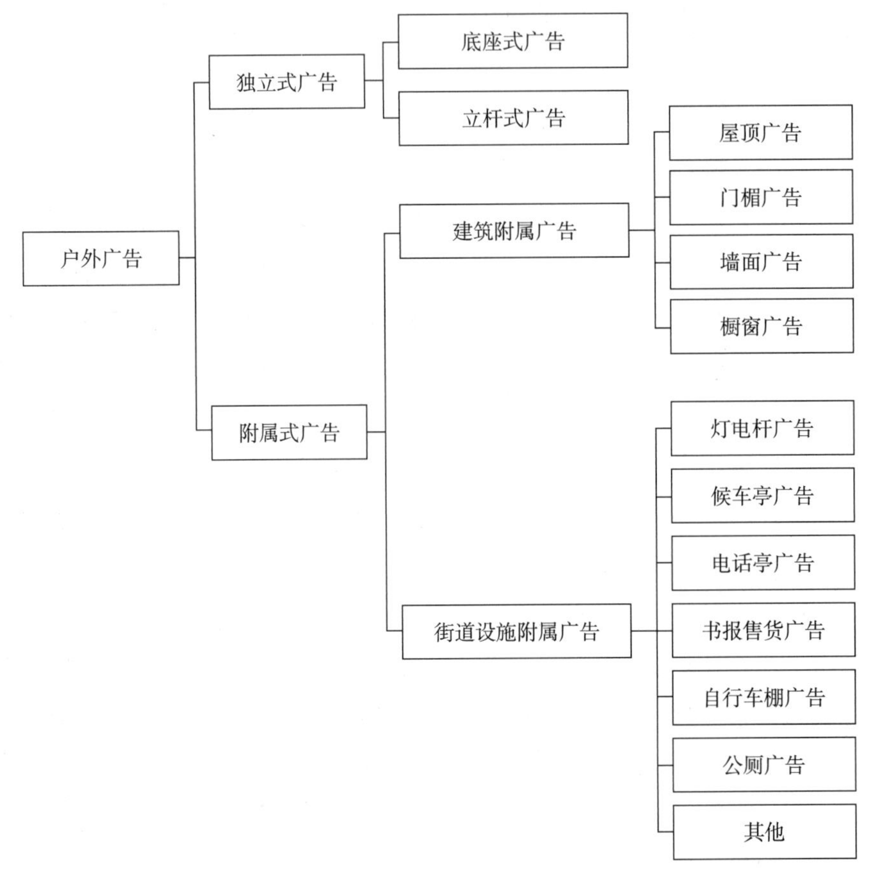

图4-26　城市户外广告分类

（图片来源：本书作者）

4.2.5 夜景观

城市的夜景观通过人类的各种夜生活的照明需求来展现，同时，它还依托高质量的灯光照明来实现。夜景观照明可分为功能性照明和景观性照明两种，功能性照明包括道路照明、设施照明等，景观性照明包括楼体亮化、水体亮化、桥梁量化等。城市夜景观规划是城市设计的重要组成部分，现代科技手段丰富了对城市夜间景观环境的二次审美创造，夜景观成为展现城市个性美和艺术美的重要媒介。

1.亮化性夜景观

城市亮化工程是在遵循安全、适用、经济和美观的前提下对城市建筑物、构筑物、景观环境进行灯光亮化、美化等的工程性措施。它是现代城市文化夜景观的重要载体，适宜的景观照明能够呈现城市的风貌形态，能够展现城市的文化特色与时代景观。亮化性夜景观照明包括自然景观照明和人文景观照明，人文景观照明分为现代建筑、古建筑、商业街区、园林景观、桥梁景观、水体景观等。星光共夜景一色的城市夜景观，已成为城市观光旅游的重要组成部分，不仅带动了夜间经济的繁荣，也提高了城市居民群体的文明素质。

2.互动性夜景观

互动性夜景观突破了单纯亮化、美化的目标，亮化、美化功能居于次位，而具有一定的景观互动性和功能性，在特定的休闲活动区域，形成具有吸引力的特色夜景观。互动是指双方互相之间发生联系所带来的影响，以及产生的相互动作。互动灯光强调的是人与人、人与作品、作品与空间、空间与人的循环互动，带给人们最全方位的感受。在城市公共活动空间设置互动灯光装置比其他艺术形式更具有亲和力，更容易被人们所接受和喜爱，更好地营造公共氛围。例如，沈阳莫子山公园夜光跑道，全长2.5km，主要采用高分子材料和陶瓷颗粒铺制而成，通过白天吸收太阳光，在夜间呈现出色彩斑斓的炫彩图案，如同一条璀璨的地上星河，是居民散步、夜跑、留影的活力场所（图4-27）。

图4-27 沈阳莫子山休闲性夜景观

（图片来源：https://www.sohu.com/a/318736190_349248）

3.季节性夜景观

季节性夜景观是城市结合自身气候特点与时节变化规律打造的临时性夜景观工程，相对于常规的夜景观而言，季节性夜景观往往与城市旅游发展相结合，其景观塑造具有明显的营利性导向，是城市旅游发展项目的一部分。季节的变化对北方城市夜景观有着显著的影响，例如，哈尔滨城市的夜景观随季节的变化呈现出不同的审美体验。著名的冰雪大世界、雪博会，以及在城市街道、公园出现的冰雕、雪雕等，成为冬季城市的特色名片。极具东欧风情的建筑令哈尔滨的夜景观精致独特，街区充满建筑艺术，城市风格与冰雪景观相映成趣，交相辉映，美不胜收。

4. 节庆性夜景观

城市的节庆夜景观可设置临时性主题景观照明和永久性节日景观照明。城市景观照明级别分平日、节日、重大节日三个等级。节日景观照明可以增强城市的节庆气氛，突出文化主题，有些场景配合烟花焰火、游园灯会的表演等，是城市重要的节事活动。例如，文化旅游灯光秀作为节庆性夜景观的一种表现形式，能够促进城市夜游经济，通过城市场景与舞台艺术的结合，打造真实的3D场景，进行大型光景演出，以人文旅游资源作为依托，策划开发地域文化特色，展现城市的独特魅力（图4-28）。

图4-28　深圳城市灯光秀

（图片来源：本书作者）

4.2.6 声景观

城市的噪声是普遍存在的，道路交通噪声暴露影响人们身体健康状况，如造成心血管疾病和高血压；而机场噪声则降低人们的生活质量，损害儿童的认知发展，伤害心理健康。长期的噪声暴露通过烦恼、睡眠障碍和慢性压力的途径影响着人们的身心健康，而道路交通噪声是全球环境噪声暴露的最重要来源。然而，城市中的声音又不仅仅是噪声，也是一种景观。声景观的概念最早由加拿大音乐家Schafer提出，他将声景（Soundscape）定义为“一种强调个体或社会感知和理解方式的声音环境”。城市声景观是一个专业的领域，城市声景观的研究特别着眼于城市公共开放空间。其中，城市声景评价重点研究各种声学、环境、社会、人口、心理、文化和行为因素对声景质量的影响，以及描述声景的主要因素等。

声景观设计有正设计和负设计，正设计是指在原有的声景观中加入新的、积极的、主动设计的声音元素。负设计是指去除原有声景观中不利的或不必要的元素。城市空间的形体设计以及景观设计会形成正设计的积极环境，有韵律的立面形态设计，能够让站到建筑之前的人体验到车辆经过时呈现出的奇妙声强变化。声景观规划设计的手法有借声、引声、仿生、控声、对声、和声等。纽约佩雷（Paley）公园由风景园林师罗伯特·泽恩（Robert Zion）设计，他通过植物隔声、水体吸附噪声等达到声景观设计的目标。佩雷公园将水元素利用和打造得相当巧妙。入口正对着繁华商业街区的佩雷公园，在正矩形最内侧的一面打造出一个高为6m的水幕墙，侧边墙体设有跌水。这种设计对吸附噪声起了很大作用。人在心理上具有亲水性，水本身就有一定的吸声能力，水花因为重力落在下方的蓄水池中，不断地冲刷拍打，发出类似瀑布的声响，这种声响遮盖了临近街道所产生的部分噪声（图4-29）。

图4-29　纽约佩雷公园声景观设计

（图片来源：http://old.landscape.cn/works/photo/park/2014/1013/153187.html）

4.2.7 文化与艺术

城市设计是技术，更是文化与艺术。现代城市设计经历了美学—功能—经济—生态（环境）—社会（人文），从单维单价到综合多维的价值目标体系的演变。而当代城市设计价值目标亦必须符合当代社会发展的总体趋势，人与社会价值越来越成为城市设计的价值追求，不断满足“人的全面发展”成为城市设计的核心价值。因此，在文化与艺术的层面评价城市是对城市设计核心价值的最终回归。

所谓的“文化”就是我们认为有共性的部分。只要有共性的，不管是精神层面的，制度层面，还是行为层面的东西都可称为文化。文化本身就是历史形成的，所以所谓的“底蕴”，就是表示有一段历史时间的延续性或者说有一定的积淀。文化塑造了人们的生活方式，文化跟生活方式之间是互动的关系。艺术正好相反，艺术一般都是主动创造出来的，是个性化的，所以其实文化跟艺术是不一样的。艺术代替不了文化，文化必然是艺术的源泉，艺术可以融入历史文化环境中，形成尊重历史文化的现代艺术的创新实践。

拉波波特的研究提到，物质和文化之间是相互作用的。“而在人类群体中，社会和文化的特点常常可由空间表达”。文化已经成为现今城市的核心竞争力之一。伦敦在2003年提出要维护和增强作为“世界卓越的创意和文化中心”的地位。伦敦市政府为维持文化的全球领先地位，将文化规划视为战略重点。伦敦文化规划的核心是保持伦敦文化的竞争力、吸引力和创新力，通过良好的环境设施和强大的资金实力，促进文化财产和文化活动持续发展。在大伦敦发展战略规划中，通过打造多元、活力、创新的中央活力区来增强城市的创意属性。以市场机制为主，扶持创意产业和项目，繁荣文化市场，推广伦敦的文化产业和品牌以吸引全球受众和资金。

城市文化创意街区的设计是重要的城市设计题材和对象，城市街区的设计也应注重发展创意产业，提升街区活力。这里强调一下创意城市、创意街区的概念。创意城市是一种推动城市复兴和创意的城市发展模式。在全球竞争日益激烈、资源环境的约束日益增强的形势下，城市从自然客体资源的发展转向着重开发人类主题资源，努力解放文化生产力、重塑城市形象，再获得生机、获得可持续发展。创意街区是将居住、产业、商业、会展、文化、娱乐等功能通过创意元素贯穿联合，形成的各种不同主题的混合创意簇团，在城市中呈现街区形态，形成鲜活紧凑的土地利用模式和兼容性生活环境。创意街区是城市的文化活动场所，拥有方便的生活娱乐设施，有利于思想和灵感的碰撞和发生。创意街区形成城市触媒，积极维护来自民族或历史的地方自主文化，寻求文化认同感和归属感，培育多元文化，增加创新的可能性，激发创意（图4-30、图4-31）。

总之，城市设计要控制什么是非常重要的问题，不同的项目特质会有不同的设计考量。但是，城市设计需要一个纲领性的中枢，我们抓住了"纲"，无论"目"怎么变化，整体基本不会走形。例如，在深圳松山湖项目中，主要控制四

图4-30　苏州创意文化街区设计

（图片来源：www.baidu.com）

图4-31　哈尔滨创意文化街区设计

（图片来源：哈尔滨市群力新区开发建设管理办公室）

个要素：一是生态安全格局，二是道路体系，三是公共服务体系，四是城市规划和城市设计实践的管理标准和章法。这四点就是纲领性的中枢。至于用地功能属性等，会随着社会发展和时间演变而发生变化，严控并没有太多意义。毕竟城市和建筑不一样，城市系统过于庞大，不确定要素太多。

4.3 城市设计的原则

城市设计的基本价值判断须立足于原则性的确立。例如，基于问题导向或目标导向的城市设计要立足原则判断确定设计路径，现象学的情境式、个性化、参与式的设计，也要基于价值伦理进而识别微观、偶然的问题，并且也需结合普遍性、规律性的一般原则形成具体的行动策略。城市设计的过程是对城市要素、元素的设计组织，但创作逻辑的演绎过程我们或可称为“黑箱作业”。总之，城市设计追求个性的创造同时也要尊重普遍规律，城市设计依据的原则包括可持续性原则、系统性原则、多样性原则、可识别性原则、可达性原则、外部性原则、相邻性原则、在场性原则等。

4.3.1 可持续性

可持续性是指一种可以长久维持的过程或状态，即当代的发展不能以牺牲未来的发展机会为代价。可持续发展最先指代人类发展与环境保护的关系，人类社会的持续性由生态可持续性、经济可持续性和社会可持续性三个相互联系不可分割的部分组成。

1. 生态可持续性

其一是城市与自然生态的可持续性。可持续性城市设计是在国土空间视域下尊重并协调自然与城市接触的方式。以生态为导向，贯彻绿色思维是未来城市规划和建设的必然选择。可持续城市设计的本质是以经济、社会、环境治理的协同发展为基础，通过对城市物质空间环境的合理布局，实现生态环保、文脉延续、美观舒适的城市发展目标。低碳城市设计、生态城市设计、绿色城市设计等概念都是希望能够在城市发展中实现经济、社会、环境的平衡，可持续城市设计应以更广泛的学科交叉为基础，充分体现可持续发展的环境生态（ecology）、社会公平（equity）、经济高效（efficiency）及文化永续（sustainability）原则，以城市设计的空间环境为表现形式，融合现代创新思维和技术手段，实现人、城市与自然的和谐发展。

其二是城市内在生长的可持续性。城市空间增长的可持续性问题体现了城市空间资源的稀缺性，首先是土地资源的稀缺性，随着我国城市进入刚性管控阶段，城市可提供的增量土地原来越少，城市增量空间成为稀缺资源；同时，城市土地更新转型的潜力体现了城市空间的可再生能力，或者说是空间的可持续性利用——一个是城市用地自身的更新转型能力的可持续性，另一个是城市空间品质的可持续性问题。例如，现阶段城市空间的高强度开发会给未来的转型使用带来困扰。城市空间资本逐利的生产逻辑证明，更新之所以实现是因为更高价值的财富生产方式能够对原有空间价值进行替代，但当更新成本过于高昂，城市更新是无法推动的。此外，过高的开发强度会导致城市空间宜居性的下降，同样影响到城市空间品质的可持续性，所以，如何在共享经济时代塑造集中紧凑、强度适宜的空间形态是创造可持续城市空间的重要研究议题。

2.经济可持续性

经济的可持续性是城市发展的根本问题。资源型城市的发展在中国经济建设中的作用仍然巨大。因为在我国此类城市已占城市数量的1/5，所以这些城市的发展在我国城市的社会和经济建设中将起到举足轻重的作用。例如大庆市的转型，大庆作为资源型城市，为我国的经济发展做出了巨大的贡献，我们熟知的“铁人精神”就是那个时代的体现。随着资源的消耗，大庆的产业和功能只有进行转型才能持续的发展，以此带来的社会性、经济性、文化性、生态性的问题是可持续发展的重大课题。

3.社会可持续性

社会可持续发展的核心是人类自身的发展，而当今社会条件下人类自身的发展主要体现在人口综合治理、提高全民文化素质、改善人居环境等几个重要方面。在城市设计中，要尊重嵌入的社会结构内容，尊重民族传统和生活习俗，注重和谐社会环境的营造和嵌入式社会结构的建立等。

4.3.2 系统性

现代城市是以人为主体，以空间利用为特点，以集聚经济效益为目标的一个集约人口，集约经济，集约科学文化的空间地域系统。城市的形成和构成存在着系统性规律，例如城市的等级体系和内在层次性。城市的分级现象是最具规律性特征的，一个区域内多个城市的区域分工，形成城镇等级体系；同时，城市内部的不同系统也具有从微观到宏观的层次分级。城市通过系统性规划能够实现城市功能的优化、城市效率的提升、城市韧性的强化，这也是城市规划的核心价值所在。城市设计遵循系统性原则是在城市总体系统的前提下构建更加微观与更加多维的系统，是考虑到具体空间建构的层面而进行的城市空间组织、城市形态构建的系统性思考。

城市设计的系统性设计体现在连接与整合。连接，在于城市设计对于不同功能分区与不同组织系统的连接价值。例如，在设计层面突破传统市政红线与道路红线的限制，连接实际使用的功能区间。整合，在于城市设计对于各个要素、各个元素的整合价值。比较而言，城市规划的研究内容更为综合，但却疏于具体形态的塑造。城市形态的构成要素相对独立，自身均有着独立的组织关系，而城市设计正是突破规划类型与项目设计的各自局限，从整体性、系统性的空间建构出发，整合各要素与各元素的系统性关系。城市中不同要素和元素的构建也都有各自独立的形制与规程，然而，城市之所以动人就在于其特定要素与特性元素形成的系统整合，不同的整合结果呈现出不同时代印记与不同风格特征。城市设计的主要任务就是基于全维与整体的视角发现并梳理这种特征规律，引导城市进行系统性的构建，从而引导城市形成整体性的风貌特征。

4.3.3 多样性

简·雅各布提出“多样性是城市的天性”的著名论断，指出了单纯从艺术性去研究城市设计的问题。城市应是“错综复杂使用多样化的需要，而这些使用之间始终在经济和社会方面互相支持，以一种相当稳固的方面互相补充”。当代城市规划思潮已经拒绝了那种把城市居民看作无差异个体的思维方式。在这种思维方式下，城市居民的利益不过是整体的和不确切的“公众利益”的一个简单部分。城市设计的多样原则体现了社会形态的多样性、行为个体的多样性、空间特征的多样性等，城市设计的设计原则是现象学式的针对特定现象、特定人群、特定场所的设计。

空间的多样性需求及空间的多元化组织是城市设计应对空间问题的基本策略。城市中人口聚集的多样性是城市多样性的基础，空间的复杂性是城市容载多样性的容器。城市的多样性是城市旧城更新问题的重要原则之一，城市设计的意义就在于无声处发现城市那些细节的、个性的部分，通过“催化”“关联”“创意”达到对城市活力的多样性支持。在城市更新中，资本逐利的本性服务于资本增值的需要，通常通过拆除重建获得更大的获利空间，但拆除重建容易导致街道传统“烟火气”的商业空间和非正规市场的消失，加速传统社区商业和邻里交往空间的衰落。应对于此，城市设计要注重采用以社会交往为中心的多种途径的空间设计手段——社区营造的方式加强社区治理。尊重社会交往的空间安排，让居民参与到多样性的公共生活中来，从而获得空间的归属感与认同感。

对城市多样性的保护能够促进城市形态的多样性表达，城市风貌形态的保护是城市更新中需要总体协调的重要任务。城市风貌是城市历史的积淀，是城市形态的演进，动态、生长和变化，是城市形态演化的基本特性。吸收多元文化呈现多样性形态是我们对现代大城市演化特征的基本认识，“多样性统一”是城市设计塑造现代城市风貌形态的基本原则。城市风貌多样性表现出形态多样性与社会、人文的多样性，主要通过历史文化的保护、小尺度的重视、混合使用的方式等方面实现。这些微观尺度的策略作用到宏观整体其实就不单纯是“保护”的观念问题，而是“保护权”和“发展权”博弈问题，不能获利的城市更新是无法实现的，但过度的发展又是对形态整体的破坏，如何取舍、博弈就体现了城市设计通过设计价值平衡空间利益的实施策略。

4.3.4 可识别性

正如凯文·林奇指出的，城市由意象性识别，意象由自明性、结构和含义三部分组成。自明性和结构来自城市的物质空间形态，含义则产生于个人的观念和对城市的理解。“清晰的环境意象可以成为一种普遍的参照系统，给人以安全感、归属感，并且增强人们内在体验的深度和强度”。城市设计将可识别性作为目标，可分为城市总体形态的可识别性和街区形态的可识别性（图4-32）。

总体形态的可识别性需要从景观、文化、特色、形态等综合角度考虑。现代城市的总体形态可以由城市历史结构、自然肌理结构和形体组合形态、社会经济形态等格局形态共同构成。城市总体形态的识别可以借助城市景观的地理空间分析方法，形成多元目标的综合协调，多类数据的综合集成，多样技术的综合运用等。如生态格局分析、职住形态分析、空间分异分析、3D空间分析、景观廊道分析、景观视域分析等。

街区形态的可识别性可分为物理形态的可识别性、文化形态的可识别性和心理结构的可认知性。同时，街区形态作为构成城市结构的基本单元，由街区组成的片区形态也可由城市意象要素进行识别。街道界面也能够传达历史和文化的可

图4-32 创造城市的可识别性

（图片来源：http://www.baidu.com）

识别性，并且街道空间的物理形态需要与街道界面的文化形态共同界定。街区心理结构形态的识别可以从认知主体出发，通过访谈、问卷、绘制认知地图等方式提取主体的环境认知信息。

4.3.5 可达性

城市设计的可达性可表述为，设施布局的均好性、交通方式的友善性、街区结构的可组织性。设施布局的均好性是指考虑到空间公平、距离均衡和多元组织的设计原则。不同于总体规划阶段宏观格局的组织原则，在中微观层面，城市设计强调的是设计尺度下空间要素的多元构建。城市设计应充分利用市场与社会在公共服务方面的功能，同时依靠规划管控机制引导空间的公平性原则，探讨具备复合功能的城市空间的设计营建。城市空间的复合化应该强调各城市功能之间的混合，产生复合化的空间形态和多义化的场所空间。并且，现代城市立体化的设计组织能够有效整合多个空间层面，交通层、商业层、公共活动层等。例如，苏州工业园区中的“邻里中心”就很好地表现出混合集中的布局模式，并设置于主要交通节点。每个邻里中心服务半径1km，服务6000～8000户，2万～3万人。每一座邻里中心都是集商业、文化、体育等为一体的服务中心。

交通方式的友善性。在满足基本交通通行需求的条件下，城市设计会选择更加人性化、友善性的交通处理方式，通过辅助交通的设计优化提高交通环境的友好性。可达性应具备多种交通方式的可选择性，慢行交通、公共交通，以及私人交通等增加了不同人群不同方式空间移动的可能性。首先，城市区间的不同功能区片要形成主要交通走廊联系，主要开发项目创建基本交通通道等。其次，片区内的交通组织应增大路网密度，识别并制定不同交通性质的街道设计原则。最后，通过交通稳静化设计增强城市的宜居性、安全性。交通稳静化（Traffic Calming）是城市道路设计中减速技术的总称，又被称为交通宁静化或交通平静化（详见4.1.2），以期解决交通安全、可居性、安全性等问题，道路组织方式转变为行人友好的平交方式，街边商业也能够让街道空间更富于人情味、更加人性化。

街区结构的可组织性。街区的空间组织是指街区空间要素的协调联系。可组织性的街区空间具有高度的开放性特征，反之，弱组织性的街区空间具有封闭性特征。小街区具有高组织性，适合人行尺度；超大街区具有弱组织性，是极不友好的街道形态。现代城市中心区的高开放性要求街区空间具有高度可组织性，中心区通过小尺度的街区模式，形成高密度路网结构，加强空间的组织联系，同时，搭配合理的公共交通系统设计，形成了紧凑型现代城市中心区结构。例如美国城市波特兰，中心商业区200英尺 ×200英尺（61m×61m）的街区结构相对比较狭小紧密，适合步行。与之类似的格网状城市结构，如纽约曼哈顿、芝加哥、旧金山等。

街道和公共开放空间的重要原则，包括要提高多目的地的可达性，这样可以鼓励居民逗留、休闲和互动。可达性高的多功能目的地设计可增加步行出行概率，进而又可增进社会接触和社区组织的意识。居住街坊提供可供文化和非正

图4-33 美国芝加哥州街改造设计

（图片来源：（美）约翰·伦德·寇耿. 城市营造：21世纪城市设计的九项原则[M]. 赵瑾，译. 南京：江苏人民出版社，2013.）

式社交活动场所设施，也可以增强居民的社会联系和归属感，而这需要足够高的住宅密度来创建充满活力的邻里关系。例如美国芝加哥州街的改造设计，20世纪70～80年代，美国芝加哥州街设计为只为行人和公共交通专用的区域，跨越了9个街区的“公共交通购物街”，但是其曲线形设计、15m宽人行道因缺少汽车通行而限制了商业的可及性（交通的可达性弱）。在新的设计中，为提高交通可达性，重新迎回小汽车，将原有其他设计元素相继分解，人行道重新缩窄到6.7～7.9m，人群集中于商店橱窗，营造较好的商业氛围，人行道加设景观，增加车行道，增加公交车、地铁站。交通可达性的提高，增强了美国芝加哥州街的商业活力，适宜的步行尺度和橱窗氛围设计加强了步行的友好性（图4-33）。

4.3.6 外部性

外部效应是指为了自身目标而努力的经济单位，在努力的过程中使其他经济单位获得了意外的收益或损害的现象。这种正的或负的效应一般不会记入前者的成本或收益，所以称为外部效应。城市开发中也存在外部效应，例如多个相同部门的企业在空间上的集聚的外部效应是带来了成本下降和收益增加。外部性也会呈负效应，如规划中的邻避效应是指居民或当地单位因担心建设项目（如垃圾场、核电厂、殡仪馆等邻避设施）对身体健康、环境质量和资产价值等带来诸多负面影响，从而产生嫌恶情结，滋生“不要建在我家后院”的心理，即采取强烈和坚决的、有时高度情绪化的集体反对甚至抗争行为。

城市开发通过城市设计来整合要素资源，促进开发项目的外部性效应，同时，城市设计通过对城市公共资源的设计优化，形成空间触媒激发城市活力，从而形成外部性正效应。规划的开发控制是战略层面的，粗线条的，主要涉及土地用途的控制规划。规划层面的城市开发是以土地利用为核心的经济活动，通过土地、基础设施投入等形成具有一定基础条件的城市功能空间。城市设计是战术性的，通过综合开发的控制手段，采用多学科的设计方法，创造性的优化整合要素资源，落实空间的具体设计方案。城市设计针对特定地段的开发，通过功能内容落实，设计活动模式，提出形态设计方案，构建运营模式，应对项目实施。

城市触媒理论就是城市设计的外部性原则所带来正效应的运用，通过优化空间要素，激活低效用地，借助“机会”活动等，对城市的结构性需求与内生动力进行催生与激励，能够对城市既有社区环境的更新产生综合的催化效应，激发城市活力。可以说，城市设计的政策条文主要针对外部性非常明显而又无法通过私人方法解决的情况，运用一些税收手段、补贴手段、奖励区划等使私人效益的激励与社会效率相一致。又如，历史街区作为城市最珍贵的遗产和资源，对其外部性的利用与研究包括发展权、容积转移与捆绑式开发等模式，将外部性有效内在化，提高保护与更新的积极性。在历史城区城市设计阶段，将外部性内在化途径应用于城市设计，通过制定控制、保障和激励城市设计实施的策略，可以实现成果编制与后续实施的有效衔接，提高城市设计的可实施性。

4.3.7 相邻性

用地的相邻性认为，城市空间的要素是相互影响的，相邻用地及相关环境之间存在外部性效应。从法律上讲，相邻关系是相邻不动产的权利人，在行使对不动产的权利时，相互之间应当给予必要的便利或接受必要的限制所产生的权利义务关系。其主要功能，是平衡协调不动产相邻各方的利益关系，防止出现一方不正当行使不动产权利，损害相邻权利人利益的现象，以实现相邻各方共同生存、共同发展。城市设计也需要考虑到用地的相邻关系，相邻一方土地和建筑的利用行为，必然会影响到相邻用地的财产利益、生存利益，相邻用地的设计需要考虑与之的协调、协作关系。

城市设计所考虑的相邻关系是指未进行用地开发之前的设计原理问题。用地的相邻关系包括城市建筑的相邻关系和用地功能的协作关系。城市建筑的相邻关系包括通风、采光、通行、退让等。例如，寒地城市的住区设计中，未获得更多的采光权和更高的容积率，通常将高层建筑沿北向街道排布，这样不仅造成了北向街道的空间密闭压抑，同时也对道路以北的用地开发造成了采光、退线、街景界面等一系列影响。用地功能的协作关系是指用地功能关系的邻近协调，空间关系的邻近联通等。相邻性也要考虑到空间的私密性、领域性和防卫性，遵循社会文化习惯，从而能够形成地域性特征的城市空间结构。

城市设计的“联系理论”认为：连接是城市外部空间的重要特性，城市设计探讨的问题就是在不同的事物之中，如何达成整体性的连接，透过各个元素的组合形成一个庞大的整体（图4-34）。

图4-34　上海世博A片区绿谷方案和外部空间连接

（图片来源：本书作者）

4.3.8 在场性

哈耶克说：“旧真理若要保有对人之心智的支配，就必须根据当下的语言和概念予以重述。人们在过去对旧真理所做的最为有效的表述已日渐失用，因而也就不再含有明确的意义。”我们的直觉和常识判断，承担着对真理的表述，真理也许无所谓新旧，但对真理的表述确实容易过时。对城市文本的解读也必然存在不同时代、不同主体、不同目标的不同判断产生不同的结果。城市设计的成果表达应基于现实场景进行，增强城市设计的现场感，即“在场性”。“在场性”也可称之为“在地性”，“在场”（Anwesen）即显现的存在，或存在意义的显现，就是直接呈现在面前的事物，就是“面向事物本身”，是经验的直接性、无遮蔽性和敞开性。

城市设计的在场性，首先是视觉上的在场，是物质形式存在的依据。其次是心理的在场，是场所空间存在的依据，是场所空间与受众人群之间的交流方式，最后是结构的在场，场所是城市空间自身存在的方式。例如城市雕塑作品的在场，作为环境艺术与城市空间环境的融合，与周围环境形成了场所的联系，构成了空间作品表达的整体。雕塑作品通过与空间的对话产生意义，引发人们对于特定城市场所的精神意义。城市设计时进行的周边环境分析就是依据相邻性原则整合分析周边设施、环境要素、访谈调查等对设计用地的相邻影响。这一分析并不意味周边环境能够对设计用地产生必然影响，而是将设计用地自身的设计逻辑放置于整体环境之中，因而无论是城市设计师还是受众人群能够以亲历者的身份置身到实际的场所，完成城市设计创作的逻辑思考。

设计现象学涉及城市设计的感觉属性、创作属性或者艺术属性。城市设计通过设计价值改变城市，这里有城市设计师、建筑师、景观设计师、艺术家的共同工作，建筑设计、环境艺术设计通过建筑和艺术作品，城市设计师通过城市的形式和设计要素的空间关系、人文活动作为考虑在场的和非在场（Site & Nonsite）的空间实现。所谓“非在场”是指设计创作中被表达的意向空间和实际的物理空间存在一个意念和想象的空间，它们相互联系，这就是“非在场”的精神层面与“在场”的物质、心理层面的联系，使城市设计回归到设计创作的领域。城市设计师和设计对象之间也可以通过社会的“公众参与”融入设计作品的在场，从而通过设计创作提炼出“可认知”“可识别”的场所空间。因此，可以说“在场”就是当设计作品介入到复杂的、具有开放性的城市空间场所时，作为设计作品存在的依据。那么，一个场所空间究竟能够形成怎样的艺术创作其途径就不言而喻了，反观我国很多地方出现的“山寨”的拿来主义就是“在场”的缺失，设计价值的丧失（图4-35、图4-36）。

图4-35　奥地利哈尔施塔特小镇

（图片来源：https://you.ctrip.com/travels/austrianalps20491/2431855.html）

图4-36　五矿"山寨"版哈尔施塔特小镇

（图片来源：https://you.ctrip.com/sight/Boluo954/1512864-dianping.html）

思考题：

1.城市设计的要素有哪些？

2.城市设计的元素有哪些？

3.城市设计的原则有哪些？

本章参考文献：

[1] 刘宛.城市设计的范畴与要素[J].城市规划汇刊，2003（1）：76-80，96.

[2] 叶明.CBD的功能、结构与形态研究[D].上海：同济大学，1999.

[3] 阳建强.西欧城市更新[M].南京：东南大学出版社，2012.

[4] Reid E. Traffic calming：State of the practice[M]. Washington，D.C.：Institute of Transportation Engineers，1999.

[5] 王发曾.论我国城市开放空间系统的优化[J].人文地理，2005，20（2）：1-8，113.

[6] 苏伟忠，王发曾，杨英宝.城市开放空间的空间结构与功能分析[J].地域研究与开发，2004，23（5）：24-27.

[7]（西）曼纽尔·卡斯特尔.网络社会的崛起[M].北京：社会科学文献出版社，2000.

[8] 张文宏.网络社群的组织特征及社会影响[J].江苏行政学院学报，2011（4）：68-73.

[9]（美）简·雅各布斯.美国大城市的死与生[M].南京：译林出版社，2006.

[10] 洪增林.街区经济的特征、发展模式及发展条件[J].宁夏大学学报（自然科学版），2009，30（1）：101-104.

[11] 孙晖，栾滨.如何在控制性详细规划中实行有效的城市设计——深圳福田中心区22、

23—1街坊控规编制分析[J]. 国外城市规划，2006，21(4)：96-97.
[12] 金广君. 城市设计：如何在中国落地？[J]. 城市规划，2018，42(3)：41-49.
[13] 刘生军，陈满光. 城市更新与设计[M]. 北京：中国建筑工业出版社，2019.
[14] (日)田中直人，岩田三千子. 标识环境通用设计[M]. 王宝刚，郭晓明，译. 北京：中国建筑工业出版社，2004：12.
[15] 余柏椿. 略论城市"门景"的审美主题[J]. 建筑学报，2004(9)：25-27.
[16] 金广君，刘堃. 我们需要怎样的城市设计[J]. 新建筑，2006(3)：8-13.
[17] 李罕哲，李铁军. 关注群体行为的城市设计[J]. 哈尔滨工业大学学报(社会科学版)，2018，10(1)：53-58.
[18] 李道增. 环境行为学概论[M]. 北京：清华大学出版社，1999.
[19] 黄文柳，方晶，叶雷. 基于文化和动态视角的景观风貌规划方法——以漳州市城市景观四线规划研究为例[J]. 城市规划，2015，39(增刊)：44-51.
[20] 聂玉梅，胡维平. 城市标识系统设计[J]. 艺术探索，2009，23(1)：136-137.
[21] 常兵，刘松茯，吴松涛. 哈尔滨城市建筑"第五面"规划控制研究[J]. 华中建筑，2013(7)：9-12.
[22] 尹思谨. 城市色彩景观的规划与设计[J]. 世界建筑，2003，24(9)：68-72.
[23] 路旭，柳超，黄月恒. 沈阳城市色彩演变特征与成因探析[J]. 现代城市研究，2015(3)：98-103.
[24] Schafer R. The Soundscape：Our Sonic Environment and the Tuning of the World[J]. Zhurnal Vysshei Nervnoi Deiatelnosti Imeni I P Pavlova，1999，38(3)：569-570.
[25] Kang Jian. Urban Soundscape[J]. Journal of South China University of Technology(Natural Science Edition)，2007(10)：13-16.
[26] 李竹颖，林琳. 重塑城市景观：浅谈城市声景的规划设计[C] // 2013年中国城市规划年会论文集. 青岛：青岛出版社，2013：1-10.
[27] 王子墨. 城市设计也是文化与艺术[N]. 光明日报，2017-04-26(5).
[28] 王小明. 我国资源型城市转型发展的战略研究[J]. 财经问题研究，2011(1)：48-52.
[29] (英)露丝·芬彻，库尔特·艾夫森. 城市规划与城市多样性[M]. 北京：中国建筑工业出版社，2012.
[30] 熊易寒. 社会资本友好型城市："留白"与重构[J]. 人民论坛·学术前沿，2020(4)：59-64.
[31] 周霏，李瑾. 交通稳静化在历史街区中的实施可行性研究[J]. 城市规划，2018，42(8)：98-102.
[32] (美)约翰·伦德·寇耿，菲利普·恩奎斯特，理查德·若帕波特. 城市营造：21世纪城市设计的九项原则[M]. 赵瑾，译. 南京：江苏人民出版社，2013.
[33] 陈可石. 历史城区外部性内在化途径及其在城市设计中的应用[D]. 北京：北京大学，2011.
[34] 高俊阳，洪亮平，刘合林，等. 小城市总体城市设计技术体系与策略[J]. 规划师，2019，35(2)：20-25.

第五章　城市设计的成果编制

5.1 城市设计的成果形式

当前我国尚未形成统一规程的城市设计成果形式。一般而言，城市设计内容可分为法定规划的前置式和同步式两种。前置式作为独立运作的城市设计已纳入法定规划，同步式为融入式伴随各层次法定规划同步进行的城市设计，并作为法定规划成果的一部分。因此，城市设计的成果形式也呈现多样化的特点，但我们仍可通过其成果内容的具体表达来理解城市设计的成果形式。需要指出的是，城市设计的最终成果仍然是要纳入法定规划编制或直接转译为规划设计条件进行设计管理。在此过程中，城市设计成果形式体现出两次城市设计思维的转化，其一，是从城市设计概念到城市设计方案的思维转化；其二，是从城市设计方案到规划管理语言的转化。前者强调设计创造和设计逻辑的演绎过程，后者强调管理工具的实现途径和设计语言的转译。

5.1.1 城市设计导则

城市设计导则（Guidelines）是城市设计成果的主要表达形式，也是联系规划与管理的纽带，其目的在于引导土地的合理利用，保障生活环境的优良品质，促进城市空间的有序发展，同时为政府和规划管理部门提供一种长效的技术管理支持。城市设计导则作为城市设计成果的一部分内容，是对城市设计运作的法理模式的一种探索。在长时间城市设计管控的过程中，规划师也认识到城市具体形态方案设计容易受到各种外界因素影响而具有不确定性难以作为城市设计实践运作的媒介。在这样的情况下，城市设计导则越来越多地成为城市设计实施的重要运作媒介。城市设计导则通过对未来城市形体环境元素和元素组合方式的文字描述来传导设计目标，是城市设计最重要的控制手段，是为城市设计的实施而建立的一种技术性控制框架。金广君教授在《美国城市设计导则的介述》中，初次定义了城市设计导则的概念。设计导则一词由“design guideline”和“design guidance”翻译而来，也有学者将其译为设计指南、指导纲要、设计指引。这里将其翻译为设计导则，是因为在汉字的解释中，导即引导、导则即规范、准则，两字的组合更能反映其本质，体现出城市设计对城市开发控制和引导的双重作用。

巴奈特（Jonathan Barnett）在1982年出版的《城市设计概论》中指出，城市设计是“设计城市而不是设计建筑”。城市设计导则的内容设置需要体现以人为本的思想，即从人的行为、心理诉求，诸如艺术性、意向性等出发，研究空间要素组织与城市环境品质之间的指向性关系。城市设计导则有规定性导则和说明性导则两种，前者特别规定出达到设计目标所应采取的具体设计手段，后者则注重达到目标的绩效标准，并配有引导性的示例，采取图文并茂的形式，有助于揭示每项导则的控制意图，但并不规定具体的解决方法。说明性（引导性、绩效性）设计导则可能还附以一些如何取得最终成果的建议，如旧金山的城市设计根据自然环境和建成环境特征，在总体城市设计上选择了城市形态格局（city pattern）、自然和历史保存（conservation）、大型发展项目的影响（major new development）和邻里环境（neighborhood environment）作为城市设计的策略路径，形成了目标—原则—导则的要素构成（图5-1）。城市设计的目标和策略作为城市的公共

设计总目标
（对城市设计预期达到的理想状态的整体描述）
设计子目标
（对实现上述理想状态的设计手段的描述）
设计原则
（设计子目标与将来形态的联系）
设计导则
（实现设计目标的特殊要求和详细规定）
规定性导则　指导性导则
可度量、形态　不可度量、特征
宣传引导
（如何实现设计目标和达到标准）
操作过程
（调查、咨询、图示、评价）
实施机制
（控制、奖励、保障）

图5-1　城市设计的控制体系和运作过程示意

（图片来源：金广君.美国城市设计介述[J].国外城市规划，2001(2)：6-9.）

政策，成为指导城市公共领域的设计准则（这里所谓的设计准则是指最基本的要求而非最高的期望）。在规定性设计导则中，导则的设计者提出的是建成环境应体现的模式，而说明性设计导则中，则把决定权留给城市设计各元素的设计者。规定性和说明性导则体现了城市设计导则的硬性规定和弹性规定的不同，城市设计通常借助“棒子+糖果”的弹性手段，实现控制（刚性）和引导（弹性）相结合的双重作用。

城市设计对接法定规划时，比较清晰地体现了对城市设计导则的规划管理需求。具体方法是，城市设计策略直接作为设计控制的法定依据，或城市设计策略转译成为控制条文。法定规划通常采用定性与定量、定位相结合的方式管控和引导。其具有强制性（规定性）规定，即对整体结构和规划设计目标具有重大影响的控制层面的规定，其中既包括原则的定性规定，也包括具体的定量规定。引导性（说明性、绩效性）规定，即其他关于规划设计的要求，属于建议性和指导性的规定，一般采用原则性的、定性描述型的规定和图解的形式。通过城市设计与法定规划的结合，形成“条文+图则”的形式，明确最为重要的设计结构与设计要素，形成图则，通过这种形式城市设计被植入法定效力，形成城市设计导则的法定形式。普遍认同的观点是，尽可能多的采用引导性的设计导则，以确保达到设计控制目标但不限制具体手段。

5.1.2 文本与图则

城市设计导则是具有控制性条文意义的文本和图则。设计导则的文本导引为了便于操作和实施、明确目标传导，通常用简洁化、规范化、法规化的条文语言来描述，并可附加条文解释。通常设计导则由总则、整体控制和区段（地块）控制三部分组成。文本导则是控制总体或区段的独特的空间形态，反映设计意图的通则条文。设计图则导引是通过可操作的设计准则、控制要点，并结合图示语言体现具体的要素控制。在地块层面可分为“空间形态、交通流线、地下空间、界面类型、建筑设计、环境设计以及其他方面”，据此提出城市设计的控制和引导要求。城市设计的控制对象——控制要素的导控可分为控制性和引导性两种。在与规划的法定文件结合中，为方便理解及图则附加，城市设计导则通常以“条文+图则”的形式出现，即在设计图则中，需要备注陈述的说明性条文，我们也可称为设计要点或地块细则。

城市设计图则通过明确具体空间设计导引，从而落实各层次上位规划控制要求并对城市设计成果进行具体表达，它是对地块规划条件的补充和完善。图则内容应便于翻译为土地出让条件或规划设计条件的条文，或作为控规等法定文件的附加图则。例如，北京、上海等城市设计导则作为控制性详细规划的附加图则，深圳的城市设计融入法定图则，或作为日常规划管理结合的独立编制的城市设计导则。

《上海市控制性详细规划技术准则（2016年修订版）》以整个街坊为单位，由控制总图则、分层控制图则和风貌保护控制图则构成。其中分层控制图则、风貌保护图则视需要出图。分层控制图则可根据控制需要分为地上分层控制图则和地下分层控制图则出图。控制总图则的具体控制要素包括建筑形态、公共空间、交通空间等。结合城市设计控制要求和规划管理实施对强制性要素、引导性要素进行界定。《上海市控制性详细规划技术准则（2016年修订版）》的附加图则规定，控制性详细规划普适图则应确定各编制地区类型范围，划定用地界线，明确用地面积、用地性质、容积率、混合用地建筑量比例、建筑高度、住宅套数、配套设施、建筑控制线和贴线率、各类控制线等。其中，容积率为上限控制（工业用地可同时控制上下限）、住宅套数为下限控制、建筑高度为上限控制（特殊要求地块可同时控制上下限）。根据普适图则确定的重点地区范围，通过城市设计、专项研究等，形成附加图则。附加图则应依据所在单元的控制性详细规划确定的城市空间景观构架，开展城市设计，并以城市设计确定的城市空间形态为基础，对普适图则中无法控制的城市空间景观要素提出控制要求。附加图则及文本与普适图则及文本具有同等法律效力，是修建性详细规划和建设项目规划管理重要依据。例如上海市的大型居住社区的中心区属于上海市的一级公共活动中心，其附加图则的必选控制指标包括建筑形态（建筑高度、连通道、骑楼、标志性建筑位置）、公共空间（建筑控制线、贴线率、公共通道、地块内部广场范围）、道路交通（机动车出入口、公共停车位、特殊道路断面形式、慢行交通优先区）、地下空间（地下空间建设范围、开发深度与分层、地下建筑主导功能、地下建筑量、地下连通道、下沉式广场位置）、生态环境（地块内部绿化范围）等（表5-1）。每个控制要素均通过解释、控制内容、控制说明和执行程序等四个方面的阐述，明确其内涵和具体的控制方法。

杭州市则探讨标准规程的城市设计成果形式，其中，“设计总则”（这里的设计总则可理解为通则）是对单元层面的整体空间要素进行控制，指导“设计分则”（可理解为细则）地块层面的要素控制。其文本说明主要分为整体风貌、空间意象、

表5-1 上海市控制性详细规划技术准则附加图则控制指标一览表

分类		公共活动中心区			历史风貌地区			重要滨水区与风景区		交通枢纽地区		
控制指标	分级	一级	二级	三级	一级	二级	三级	一级	二/三级	一级	二级	三级
建筑形态	建筑高度	●	●	●	●	●	●	●	●	●	●	●
	屋顶形式	○	○	○	●	●	●	○	○	○	○	○
	建筑材质	○	○	○	●	●	●	○	○	○	○	○
	建筑色彩	○	○	○	●	●	●	○	○	○	○	○
	连通道*	●	●	○	○	○	○	○	○	●	●	●
	骑楼*	●	●	○	●	●	●	○	○	○	○	○
	标志性建筑位置*	●	●	○	○	○	○	●	○	●	○	○
	建筑保护与更新	○	○	○	●	●	●	○	○	○	○	○
公共空间	建筑控制线	●	●	●	●	●	●	●	●	●	●	●
	贴线率	●	●	●	●	●	●	●	●	●	●	●
	公共通道*	●	●	●	●	●	●	●	●	●	●	●
	地块内部广场范围*	●	●	●	●	○	○	●	○	○	○	○
	建筑密度	○	○	○	●	●	●	○	○	○	○	○
	滨水岸线形式*	●	○	○	○	○	○	●	●	○	○	○
道路交通	机动车出入口	●	●	●	○	○	○	●	○	●	●	●
	公共停车位	●	●	●	●	●	●	●	●	●	●	●
	特殊道路断面形式*	●	●	●	●	●	○	●	○	●	○	○
	慢行交通优先区*	●	●	●	○	○	○	●	○	○	○	○
地下空间	地下空间建设范围	●	●	●	○	○	○	●	●	●	●	●
	开发深度与分层	●	●	●	○	○	○	○	○	●	●	●
	地下建筑主导功能	●	●	●	○	○	○	○	○	●	●	●
	地下建筑量	●	○	○	○	○	○	○	○	●	●	●
	地下连通道	●	●	○	○	○	○	●	○	●	●	●
	下沉式广场位置*	●	○	○	○	○	○	○	○	●	●	○
生态环境	绿地率	○	○	○	○	○	○	●	●	○	○	○
	地块内部绿化范围*	●	○	○	●	●	○	○	○	○	○	○
	生态廊道*	○	○	○	○	○	○	●	○	○	○	○
	地块水面率*	○	○	○	○	○	○	●	○	○	○	○

注：①“●”为必选控制指标；“○”为可选控制指标；②带“*”的控制指标仅在城市设计区域出现该种空间要素时进行控制。

资料来源：上海市控制性详细规划技术准则 [S]. 上海市规划和国土资源管理局，2016(12).

自然与历史资源临近空间保护、街道、公共空间、建筑、生态环境与设施共七类控制要素，对特别意图区[①]，应根据其分类分级，在设计分则所涉及的共29项控制要素中，选取相应要素提出具体控制要求。设计分则与控规局部调整和建设项目选址论证的地块层面相对应，将单元层面“设计总则”控制要素以表格的形式详细落实到各开发地块，直接指导单个建设项目的景观风貌建设（表5-2）。城市设计分图则为实现特别意图区的城市设计目标，以街坊为单位制定分图则，落实并细化规定图则，作为特别意图区内各地块开发活动的设计准则。

表5-2　杭州市城市设计导则编制规程详细城市设计的控制引导要求建议表

控制引导要素 \ 重要地区类型		公共中心地区	历史文化风貌地区	交通枢纽地区	重要街道	自然生态地区			重要旧城改造地区
						滨水地区	沿山地带	生态区内	
建筑形态	建筑高度	●	●	●	●	●	●	●	●
	建筑体量	●	●	○	○	●	●	●	○
	建筑风格	○	●	○	○	○	○	●	○
	建筑色彩	○	●	—	○	—	—	●	○
	建筑材质	—	●	—	○	—	—	●	—
	屋顶形式	○	●	○	○	○	○	●	○
	地标建筑	○	—	○	—	—	—	—	—
	天际线特征	○	●	○	○	○	○	—	○
重要建筑界面	建筑退界	●	●	●	●	●	●	○	●
	贴线率	●	●	●	●	○	○	○	●
	地面层主导功能	○	—	—	○	—	—	—	—
	高退比或立面收分	○	○	○	○	○	○	○	○
	骑楼、挑檐等特殊形态	○	○	—	○	—	—	—	○
开放空间	边界线	●	●	●	●	●	●	●	●
	步行区域界限	○	○	○	○	○	○	○	○
	滨水岸线形式	○	○	○	○	●	—	—	○
	视廊、视界	○	●	○	○	●	●	●	○
道路交通	地块出入口位置	●	●	●	●	●	●	●	●
	重要街道断面形式	○	○	○	○	—	—	—	○
	自行车专用道、公共自行车	○	○	○	○	—	—	—	○

① 指为保护或更好显示城市特色而划定的区块。

续表

控制引导要素 \ 重要地区类型		公共中心地区	历史文化风貌地区	交通枢纽地区	重要街道	自然生态地区			重要旧城改造地区
						滨水地区	沿山地带	生态区内	
道路交通	地面公共停车	○	○	○	○	○	○	○	○
	公共过街天桥或空中平台、连廊	○	○	○	○	—	—	—	○
地下空间	公共地下通道及出入口	○	○	○	○	—	—	—	○
	公共下沉广场或地下广场	○	○	○	○	—	—	—	○
	连通地面开放空间的垂直交通位置	○	○	○	○	—	—	—	○
环境景观	城市家具	○	●	○	○	○	○	—	○
	公共艺术	○	●	○	○	○	○	—	○
	桥梁景观	—	—	—	—	○	○	—	—
	景观照明	○	○	○	○	○	○	—	○
	广告标识	○	○	○	○	—	—	—	○
	地面铺装	○	○	○	○	—	—	—	○

注：①“●”指城市设计成果应对该项要素提出控制性要求。“○”指城市设计成果应对该项要素提出引导性要求（根据实际可列入控制性要求）。

②相关术语：

a）贴线率：建筑外墙的垂直投影外轮廓线与建筑控制线贴合的百分比。

b）高退比：建筑高度与该建筑垂直投影外轮廓线至特定界线之间的最小水平距离之比。

c）公共艺术：此处指在开放空间中的艺术创作及相应的环境设计，通常包括雕塑、小品等。

资料来源：杭州市城市设计导则编制规程[S]. 杭州市规划局，杭州市城市规划编制中心，杭州市城市规划设计研究院，2015.

5.1.3 总则、通则与细则

城市设计导则由总则、通则和细则等几部分组成。在城市设计导则的具体编制中，总则阐明城市设计的适用范围、设计目标、设计原则和解释权属部门等内容。城市设计导则在不同的设计层次会有不同的表现形式，包括政策条文、通则管控和地块细则。宏观层面——总体城市设计是城市设计在宏观层面的主要实践形式，而这类实践项目的导则主要强调对城市整体空间构架、形象特色的控制与塑造，我们可以将这类导则称为“政策”。中观层面——针对城市片区所进行的城市设计项目，其导则主要是依据政府规章、技术规定、标准等对片区内空间体系、系统要素进行系统性、普适性、策略化的标准控制，可以称之为“通则”。

微观层面——地块城市设计导则更注重对城市空间环境要素的设计控制，塑造视觉景观与使用功能完美协调的城市环境。微观层面导则通常可以称为“细则”（图5-2、表5-3）。

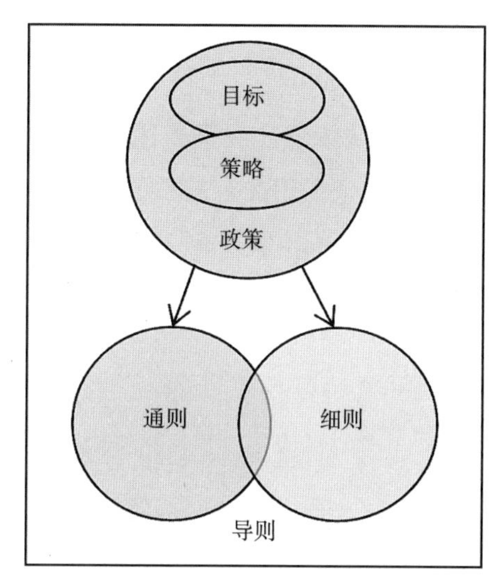

图5-2　城市设计导则图示

（图片来源：高宏宇，颜韬．“二次订单设计”的城市设计实践探索[J]. 城市建筑，2014（5）：60-63.）

表5-3　城市设计导则通则与细则的差异

	城市设计导则通则	城市设计导则细则
适用范围	规划用地范围内的所有用地	具体选定进行城市设计的地段
内容	从城市开放空间、公共交通、公共建筑形态和公共环境设施等几个方面提出设计目标和设计策略	根据城市不同的地段和项目，落实通则的各项政策，作出本地段适用的具体要求
应用说明	以引导性要求为主，对城市设计从上述四大方面提出原则性要求以及设计指南	针对城市具体地段制定，以规定性要求为主，作为规划管理的法定依据

城市设计目标是城市设计导则的纲要。设计目标的传导可指导总体政策以及通则、细则的实现。具体到城市设计的编制层级，在城市总体层面，通常采取城市设计导则的条文形式，即以定性、定量的弹性条文为主的文字描述形成政策性导引（也可辅以图示），形成对城市总体结构与要素的目标性控制指引；在单元（片区）层面，通常采取“通则条文+图则”的形式，以明确结构、引导系统，建立形态框架与设计标准；在地块层面，主要针对近期有明确开发意向的地块编制，在内容和体系架构上承接单元（片区）城市设计分图则，主要注重建筑形体、空间

环境要素的控制，通过“刚弹结合”的图则（细则）和设计要点（条文），为规划管理部门出具规划条件或为审批修建性详细规划方案提供详细依据和参考。

5.2 层级管控的设计类型

《城市设计管理办法》关于城市设计成果表述指出：城市设计是落实城市规划、指导建筑设计、塑造城市特色风貌的有效手段，贯穿于城市规划建设管理全过程。通过城市设计，从整体平面和立体空间上统筹城市建筑布局、协调城市景观风貌，体现地域特征、民族特色和时代风貌（图5-3）。

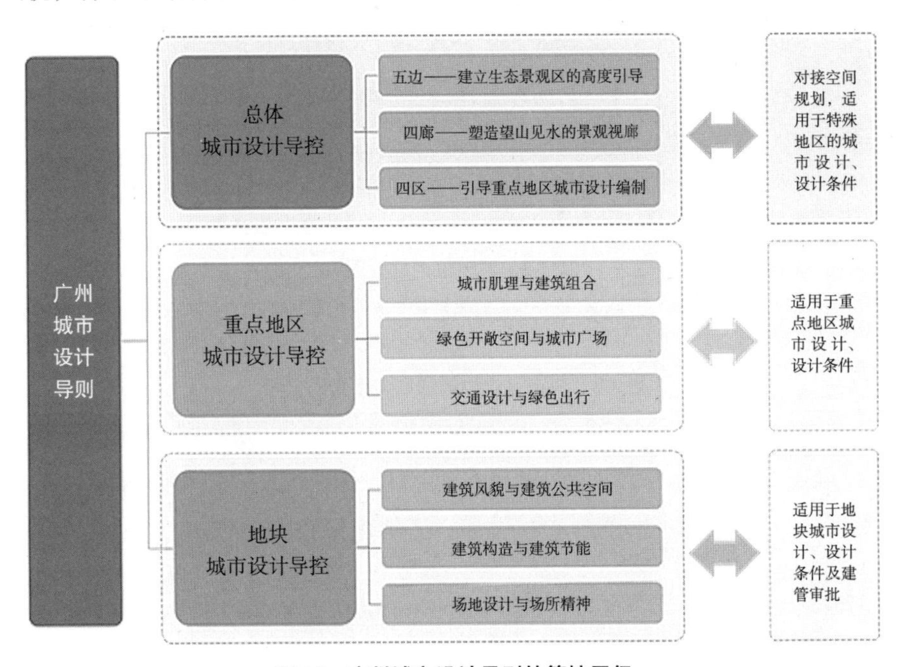

图5-3　广州城市设计导则的管控层级

（图片来源：广州市规划和自然资源局.广州城市设计导则[S]，2019.）

并建议下列区域应当编制重点地区城市设计：①城市核心区和中心地区；②体现城市历史风貌的地区；③新城新区；④重要街道，包括商业街；⑤滨水地区，包括沿河、沿海、沿湖地带；⑥山前地区；⑦其他能够集中体现和塑造城市文化、风貌特色，具有特殊价值的地区。

5.2.1 总体城市设计

总体城市设计也可称为整体引导性城市设计，属于城市总体、分区（组团）

等宏观层次城市设计。总体城市设计以自身的完整性和系统性为目标，它的一个重要特点是大尺度和多系统，其研究成果作用于空间却不能直接对城市进行空间设计。总结国内外总体城市设计阶段城市设计导则的编制特征，可将其分为两种目标传导的编制类型，其一为针对城市特质所编制的城市设计标准（准则），作为顶层设计框架的文本成果；其二为结合总体城市设计方案，通过层级系统和要素载体的分级落实，形成具有针对性的实践性成果类型。两种成果类型的共同特点都是通过设计目标的建立并进行原则性的设计传导来进行指引的。具有代表性的观点认为，总体城市设计成果的主要表现形式是城市空间标准和空间设计政策，区段城市设计的导则（Guidelines）定义为设计指引，主要表现为城市设计通则和地块控制细则，并方便与法定性的控制性图则合并指导控制地块开发。

美国的总体城市设计不是描绘未来具体的空间形态，而是以设计指南提供建设标准与要求，具体空间落实城市发展目标是总体城市设计得以成功实施的关键。其成果形式包括可附带功能主题策略地图的政策和设计指南。如《西雅图市城市设计指南》由目标与政策指南两部分组成，政策指南提供公共空间的设计标准，并总结成评审清单。西雅图的案例显示，从目标制定到其后的每一环节，都是基于同一个总体的空间范围，分系统进行控制，其管理思路始终是以整体的空间范围进行设计与控制。指南是实现设计目的、体现空间目标的一种技术手段。《旧金山城市设计导则》也属于这样的传导类型，通过贯彻城市设计的思想和原则，创造出“宜人格局”。《旧金山城市设计导则》基于城市的格局、新建筑开发、城市的保护和邻里环境四个方面，从设计目标到载体系统的要素具化、指引深化，通过系统准则与要素准则的共同建立形成城市设计指引，共同形成了87项基本准则，45项政策，10张规划总图。城市设计可以体现政策目标，如华盛顿城市设计，其框架由五个主要组成部分，包括自然环境与城市形态、开放空间网络、街道+公共空间系统、城市格局、公共艺术，与国家首都形态和特征相关的政策以及与联邦设施、物业和公共领域相关的政策通过城市设计原则加以表述。

总之，通过设计目标建立设计标准和准则的成果类型比较注重局部模式对整体形态的向上传导影响，通过层级和要素导向的成果类型比较重视设计目标和设计要素的向下系统传导，注重空间的整体性构建。总体城市设计以设计目标制定的设计控制，其战略布局较明确，与城市规划控制体系的关系较明确。但问题是，如果地方特征要素归纳不足容易造成对城市特性与特色考虑不够深入，对特定区域的针对性不明（放之四海而皆准），这样会导致导则编制较为笼统，缺乏层次，缺乏实施操作性。早在2000年5月由英国区域发展部门、交通部门和环境部门联合出版的官方文件《城市设计在规划体系中如何更好地指导实践》就指出："好的城市设计很少由地方权威颁布指令来解决实际问题，也很少通过建立严格的或者是经验主义的设计标准来获得，而是通过设计目标和原则来正确引导。"因此，在具体编制总体城市设计成果时，要结合问题导向和目标导向的层级要素系统的针对性，以解决编制成果缺乏可操作性等模糊问题。上述两种总体城市设计成果类型均会产生此类问题，特别是通过建立设计标准和准则的成果类型需要注意，设计标准和准则的编制要严守问题导向，需要结合城市自身的发展特质而有针对性地提出。

总体城市设计的目标是为城市规划各项内容的决策和实施提供一个基于公众利益的形体设计准则，城市设计引导具有政策取向的特点，还可以指定一些特殊的地区和地段做进一步的设计研究。总体—分区管控的方式也是为对接城市管理的行政分区体系。

总体城市设计涉及的主要内容有：①确定城市风貌格局特色；②确定城市空间结构形态；③确立设计目标与设计概念；④构造城市空间景观体系；⑤组织城市公共活动空间；⑥设计城市竖向轮廓（天际线）；⑦研究城市道路、水面和绿地系统；⑧提出城市个性、艺术特色要求；⑨建立市民活动组织；⑩提出分区管控指引；⑪提出实施措施与建议。

5.2.2 区段城市设计

区段城市设计（或称局部城市设计）是在总体城市设计或相关上位规划的指导下，在分区（组团）以下片区或局部地段进行的设计组织，一般涉及城市中功能相对独立和具有相对环境整体性的地段。区段城市设计需要遵从总体规划和总体城市设计确定的原则，分析该地段相对于城市整体的价值，为保护或强化该地段已有的自然环境和人造环境的特点和开发潜能，提供并建立适宜的操作技术和设计程序。通过局部分区的城市设计研究，可指明下一阶段优先开发实施的地段和具体项目库，操作中可与分区规划和地段详细规划结合进行。区段城市设计是与控制性详细规划互补性最强的规划类型，城市设计图则管理融入控制性详细规划体系也是城市设计法定化的最常见形式。

区段城市设计成果通常由具体的城市设计方案和转译的城市设计导则所构成。中微观的区段城市设计是关注人居环境，是设计能够“落地”的最重要体现，“能直接作为用地规划许可的空间控制依据”。二者比较，宏观的总体城市设计偏于政策目标和原则标准，而区段城市设计对创造公共空间、宜居场所有着直接的影响作用。转译而来的城市设计导则结合具体的城市设计方案对规划用地进行设计引导，区段城市设计导则通常采用“条文+图则”的形式，即法定作用的图则形式，方便法定规划的图则附加，能够有效地实现空间管控意图。

区段城市设计成果强调优化、细化空间形态和用地混合功能，其内容涉及范围根据城市功能单元的实际范围和管理需求确定。通常区段城市设计根据城市分区（组团）以下片区或局部地段，或片区管理单元划定的规划范围拟定，主要涉及城市中功能相对独立和具有相对环境整体性的片区、地段。区段城市设计在验证土地使用、容积率、建筑高度等基本指标的基础上，整合相关各类用地模式及其空间关系，借助容积率弹性杠杆，形成整体状态的系统性设计。

片区控制性详细规划管理单元和城市设计宜同步编制、报批、维护，相互校核，实现一体化设计编制，或进行管理单元内重点地段的城市设计，或单独编制区段城市设计。例如，北京市采用分区管理的模式，即分批次划定城市设计重点地区，在这些地区建设或改建之前需要有针对性地单独编制城市设计导则（图5-4）。

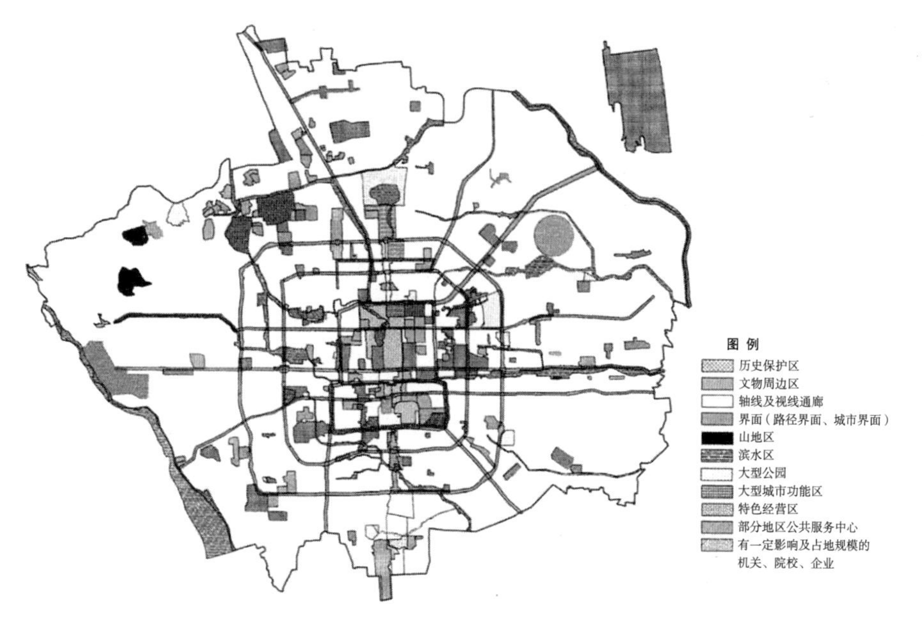

图5-4　北京市第一批中心城城市设计重点地区

（图片来源：张晓莉. 北京市城市设计导则运作机制思辨[J]. 规划师，2013，29（8）：27-32.）

从常州城市设计评估样本分布可以看出，片区城市设计主要集中于公共领域的特征识别区，通过样本叠加可以看出城市设计的活跃范围。其中，不同城市设计项目的叠加显著区被认为是影响城市功能与空间形态的重要地段（图5-5）。

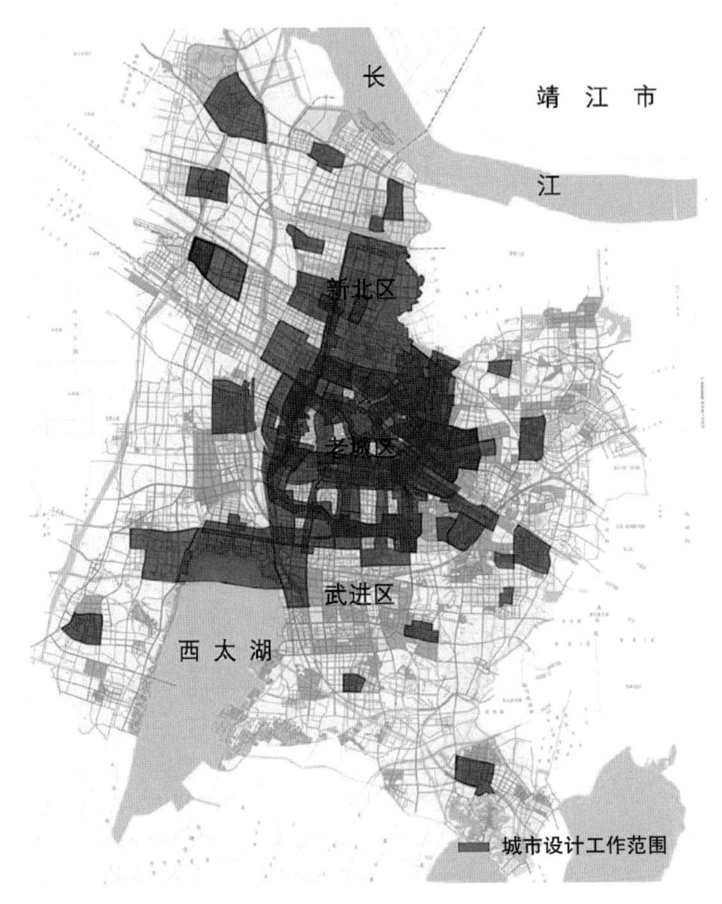

图5-5 常州市城市设计评估样本分布

（图片来源：中国城市规划网）

区段城市设计按不同属性也可划分为控制开发的城市设计、面向实施的城市设计和综合治理的城市设计等几类，其城市设计成果导向依据不同设计分类而体现不同。区段城市设计应普遍遵循如下要求：

①应与总体城市设计对环境的整体考虑所确立的原则衔接。

②应考虑旧城和历史街区改造保护的协调、和既有环境的协调，以及更新整治规划。

③应整体编制功能相对独立的特别区域，如城市的中心区、具有特定主导功能的历史街区、商业中心、大型公共建筑综合体、大学校园、工业园区的规划设

计安排等。

区段城市设计总体控制主要强调空间结构的控制，并通过道路交通组织方式衔接街区控制、地块控制等几个重要方面。区段城市设计的空间控制内容包括街区控制、街墙控制和公共空间控制等三个方面。其中，街区控制中街区的划分是实现空间控制的最小结构单位，区段城市设计的结构性设计深度应体现到此一层级（图5-6）。

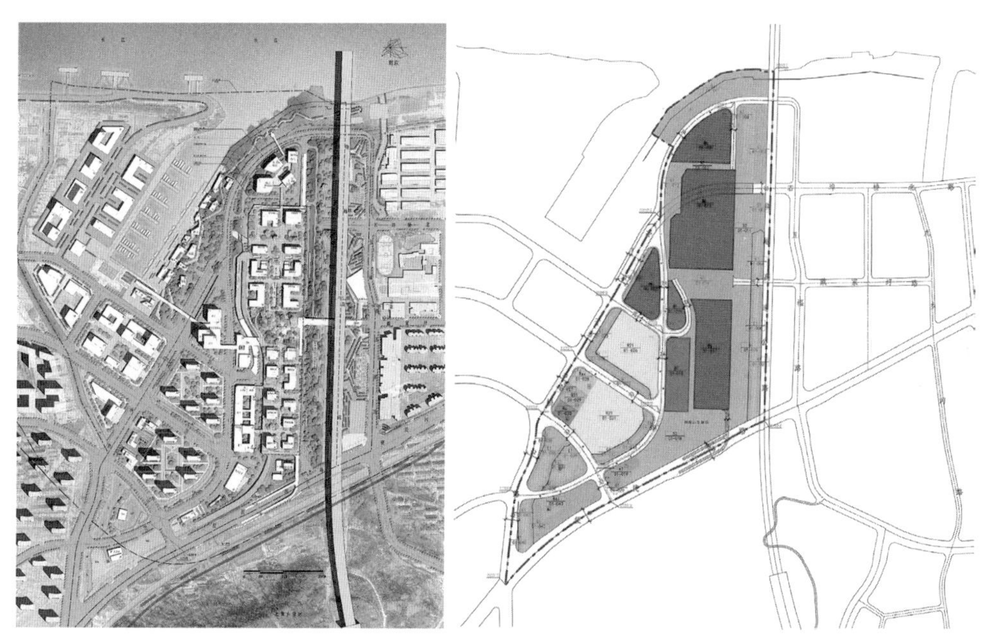

图5-6　区段城市设计的用地控制尺度及控规管理图则

（图片来源：南京市规划和自然资源局网站）

区段城市设计内容有：①区段定位；②功能布局；③空间形态（结构）；④公共开放（开敞）空间；⑤建筑（群体）控制（高度控制、界面控制、高度分区）；⑥道路交通（活动通道）；⑦环境景观设施；⑧地下空间；⑨特定（重点）意图区；⑩实施措施与建议。

5.2.3 地块城市设计

城市总体规划确定城市建设用地时，原则上应将建设地区划分为若干地块，以地块为单位提出规划控制、引导要求。地块城市设计多作为实施性的城市设计，以工程和产品为取向，主要由建筑设计和特定项目的开发而形成，或作为片区城市设计的用地细则，是对上位规划和城市设计的落实和表达，和对地块规划条件的补充和完善。例如，《南京市地块城市设计图则技术标准（试行）》规定，地块城市设计主要内容是在地块层面对“空间形态、交通流线、地下空间、界面类型、建筑设计、环境设计以及其他方面”提出城市设计的控制和引导要求。具体而言，区段城市设计能够控制的最小尺度单位，是以公共空间组织的用地尺度，即以地块的公共性为依据确定的，地块内部的空间是由建筑空间组织的。所以，地块城市设计的成果内容仍体现在用地形态控制的这个层面上，在更为精准的设计控制中，地块内部的基本建筑形态是通过体块关系表达的，这种空间形态关系与建筑设计的具体要求息息相关（图5-7）。

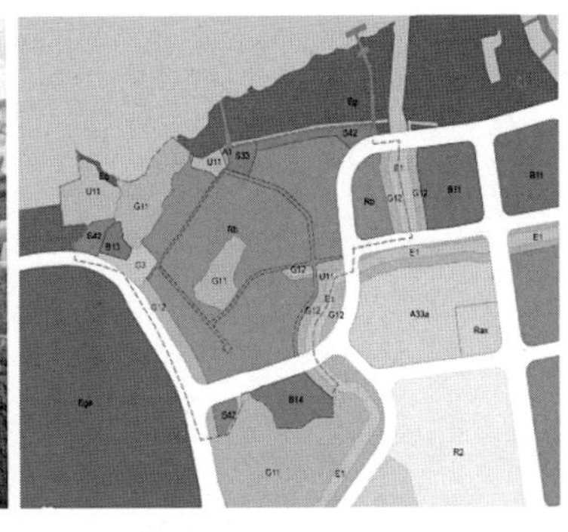

图5-7　地块城市设计的用地控制尺度及控规管理图则

（图片来源：南京市规划和自然资源局网站）

地块城市设计的目标为以工程和产品取向，传导上位规划，落实用地开发。

基于公共性的地块划分与形态控制要求，地块城市设计可细化为如下内容：

①空间形态。建筑后退、街墙控制、高度分区、开敞空间。②交通流线。机动车出入口、地面公共步行、空中公共通道。③地下空间。④界面类型。⑤建筑设计。如果对功能布局、群体形象、建筑肌理、体量高度、屋顶、立面、色彩、材质、装饰等有控制和引导的必要，应提出相应要求。⑥环境设计。如果对景观绿化、地面铺装、环境设施、夜景照明、无障碍设施、环境保护措施等有控制或引导的必要，应提出相应要求。⑦其他。如果对历史风貌、场地竖向、实施措施、鼓励政策等有控制或引导的必要，应提出相应要求。

仍以南京为例，南京市《关于加强全市城市设计工作的意见》中提出“逐步推行地块城市设计导则与规划条件一并纳入土地出让合同制度，没有城市设计的地块一律不予出让”的刚性规定。凡是控制性详细规划确定的规划地块以及近期准备建设的重要地块，都必须引入城市设计理念。一般的土地出让指标仅框定容积率、建筑密度、建筑高度、绿地率等。而根据《南京市城市设计导则(征求意见稿)》，在这几项硬指标之外，还必须进行功能策划，并展开空间形态、开敞空间、交通流线、建筑控制、界面控制、环境和场地竖向设计等。

5.2.4 专项城市设计

1. 天际线控制规划

城市天际线指城市建、构筑物及自然要素与天空交接的轮廓线。城市天际线实际是城市人工建筑环境与自然景观元素在某一特定界面上的视觉意象，是城市形态的客观构成。不同的观察点、不同的观察时间下，一座城市有着动态变化的城市天际线。天际线的控制与天际线的形态感知密切相关，城市设计通过动态感知的意象变化确定从整体到局部，从重点到一般的用地形态控制。城市天际线的控制引导应该遵循普遍的美学规律，结合自然形态落实到用地形态和建筑形态的控制。建筑物与自然的比例与尺度应相得益彰，通过不同区域的对比、呼应、变化，和谐地体现城市天际线的节奏与韵律，从而展现不同城市的性格特征(图5-8)。

图5-8　沈阳浑河北岸城市天际线形态

(图片来源：沈阳市规划和自然资源局)

用地形态的控制上，重点控制区与一般控制区提出不同的城市设计引导。重点控制区要对公共开敞空间和建筑的高度、体量、形式和色彩等提出具体要求；一般控制区可提出通则式控制要求。城市滨水天际线形态可分为界面控制指标体系、二维用地指标体系和三维高度指标体系。将城市空间形态区分为不同高层斑块和低层斑块类型，界面控制指标体系包括界面连续长度、界面斑块距离、贴线率等；二维用地指标体系包括地块面积、最大斑块面积、容积率、建筑密度、地块疏密度等；三维形态指标体系包括建筑高度、平均层数、高度标准差、错落度等。

2.灯光夜景规划

城市夜景观规划是对城市设计内容在时间维度上的补充，它属于一种特殊类型的城市风貌规划或城市景观规划。夜景观元素通过不同要素载体构成总体结构框架，首先是夜景观风貌的布局规划，即对城市重要的夜景观资源，包括重要开放空间、重要道路景观、重要娱乐展示场所、重要建筑楼体等进行亮化、美化，形成总体结构的布局规划。其次，对不同功能性夜景观的主题进行设计指引、对灯具照明设施进行措施指引。城市夜景观的规划设计跨越多门学科，其作品最突出的特点是技术与艺术的完美结合，这就需要城市设计师、景观规划师、建筑师、照明工程师的交叉合作，并应注重夜景照明具体效果的表现（图5-9）。

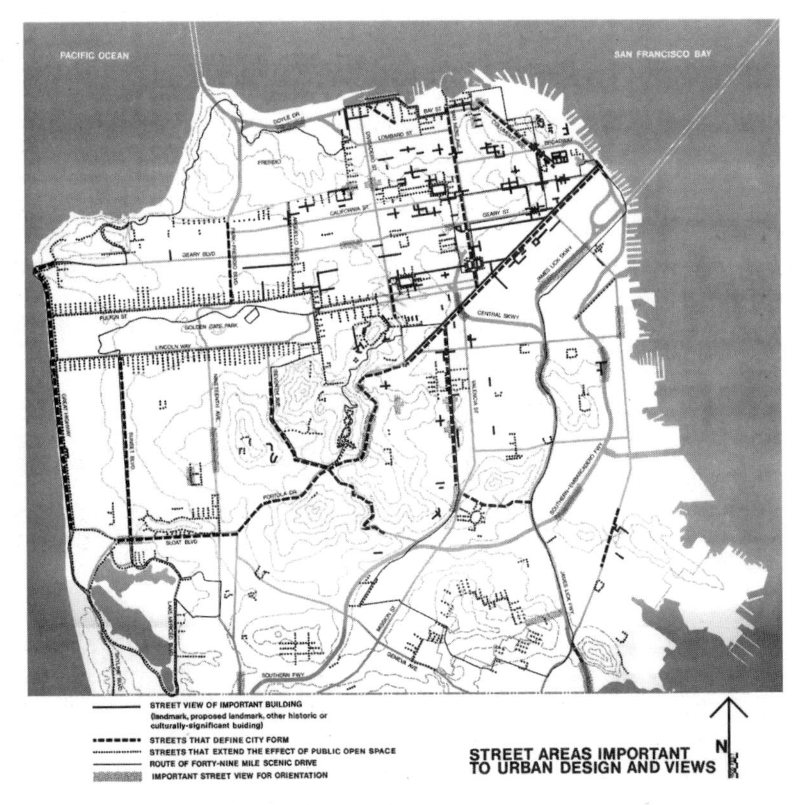

图5-9　旧金山总体城市设计中的街道景观及光彩工程规划图

（图片来源：www.51wendang.com）

城市夜景观规划要综合考虑到城市的文化特色、建筑风貌、形态特征等。城市夜景观规划设计通常由城市夜景观总体规划或某一片区、系统的夜景观详细规划设计，以及游览景点的夜景观设计组成。夜景观总体规划从宏观上解决夜景观功能区的分布，夜景观系统的联系，对夜景观的文化定位、艺术特色、技术措施和经济实现等因素进行总体控制。夜景观信息规划是在总体规划的指导下，根据片区或系统的特质重点确定风格特色、夜景观详细效果、灯具设备、实现方式、投资主体等。夜景观景点设计是在城市夜景观总体规划的指导下对景点夜景观进行详细设计，主要从景观氛围塑造、景观技术措施、景观设备实现等方面进行设计（图5-10）。

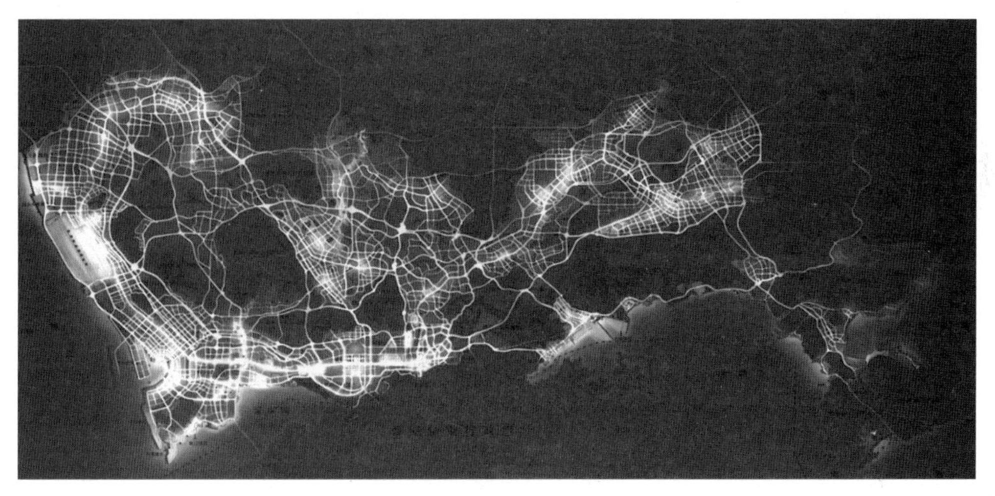

图5-10　深圳夜景观规划

（图片来源：中国城市规划设计研究院深圳分院）

2017年10月，上海市绿化市容局正式发布《上海市景观照明总体规划》（以下简称《规划》），此次《规划》就首次打破行政分区的概念，在全市范围统筹城市夜景布局，提出“一城多星”的总体布局和“三带多点”的夜景框架。“一城”指外环线以内的中心城区，是上海景观照明的主要集中区域。“多星”指外环线以外的现代化新城和新市镇。在中心城区内，“三带”指黄浦江两岸（从吴淞口至徐浦大桥段）、延安路高架道路至世纪大道沿线（从外环线至浦东世纪公园）、苏州河两岸（从外环至外滩）。“多点”指中心城区内的城市副中心、主要商业街（圈、区）、重要的交通文化体育设施、主要道路、公共空间等。上海在全国率先提出了“控制总量、优化存量、适度发展”的景观照明发展理念。《规划》按照景观照明的亮度、色温、彩光、动态光等特征，对上海的各个区域进行了分级，提出了相应的控制要求。《规划》将城市总体分为核心控制区、重要区域、发展区域、一般区域和禁设区域，对不同区域进行亮度分级，同时从色温、彩光、动态光等方面对不同区域进行了分级，提出了相应的控制要求等（表5-4）。

表5-4　上海夜景观亮度分级控制规划

<table>
<tr><th>区域</th><th>亮度上限值（cd/m²）</th><th>备注</th></tr>
<tr><td>核心区域</td><td>20～35</td><td rowspan="3">每个区域确定若干个视觉焦点，其亮度为本区域最高，区域内其他点的亮度不得超过视觉焦点的亮度，使区域景观照明亮度既有变化又整体和谐</td></tr>
<tr><td>重要区域</td><td>15～23</td></tr>
<tr><td>发展区域</td><td>13～23</td></tr>
<tr><td>一般区域</td><td>10</td><td></td></tr>
<tr><td>禁设区域</td><td>0</td><td></td></tr>
</table>

（资料来源:《上海市景观照明总体规划》）

3.城市色彩规划

在城市色彩规划中，需明确城市总体色彩景观规划的设计和控制的依据及方向，探索通过城市色彩展现城市地方性特征的可能性，重点研究城市设计所确定的主要景观空间，并将其列为色彩景观设计或规划控制的重点部位。在总体城市设计这一阶段，应体现在对城市色彩景观的总体定位上，也就是城市色彩景观规划设计的总体策略的制定。具体通过对城市的基本情况的调查、研究和把握，从景观、文化、特色等角度确定城市色彩景观总体发展的纲领性原则。在总体定位的前提下，通过划分城市景观分区，制定各分区相应的色彩规划导则作为操作引导。具体通过色系、色相、明度、艳度、彩度等进行量化引导。在规划管理上，日本2004年通过了《景观法》作为规范城市色彩环境的主要实现途径，将定界、定量、定法等方式作为色彩管理的量化依据。我国城市色彩规划一般通过专项规划和城市设计导则的形式进行规划管理，但尚不具备法定地位。

城市色彩与城市形态的组合关系具有类型识别的形式规律，可作为视觉形态整体控制的标准指引。例如，杭州“第五面”在“水墨淡彩”的总体基调下，根据不同区块的功能特色与历史风貌形成色彩与形态的关联关系，再对具体的建筑色彩进行规划引导。水墨意象源自城市人文精神与历史积淀形成的色彩谱系，环西湖地带以及吴山脚下的老城区所在地，是杭州主城区传统色彩意象特征最浓厚、最具地域特征的区域，体现了传统建筑色彩形象，是水墨意象的文化原点。区域的建筑色彩应以水墨意象为主导，并与淡彩适度融合。钱江新城作为现代水墨意象核心，一方面是传统水墨意象的延续，另一方面主导着新杭州的形象（图5-11）。

图5-11　杭州的水墨淡彩形态

（图片来源：http：//dy.163.com/v2/article/detail/EI2IEP6A05169GG3.html）

又如，北京的“丹韵银律”，“丹韵”由多组典型的红色系构成，最耀眼的是紫禁城的红墙、皇家的朱柱红门等，还包括民间建筑的大红、酱红、深红乃至褐色所构成的浓重的红色系；另外，北京的土壤呈现出丰富的橙红褐色系，这些土壤的微粒常年随风飘浮，附着于建筑物和植被之上，使整个京城景观呈现出一种微“丹味”的暖色调。“银律”是由多组灰色系组成的，其根源可从四合院和胡同的灰色系开始追溯，这是传统历史风貌特色片区的民宅色调；近年来城市建筑大量使用新材料，例如玻璃幕墙、钢结构建材大量出现，以鸟巢、国家大剧院等地标性建筑为代表，慢慢形成了以银色系为主色的色调。与北京历史肌理相近的城市例如西安、沈阳等，由于地域环境、建成环境、城市结构的现代演绎不同，对城市色彩认知和控制的方式也不同，城市色彩的现代呈现自然也形成了不同效果。

4.城市广告规划

城市广告规划涉及社会学、心理学、经济学、广告学、规划学等多门学科的知识，城市广告规划需综合运用相关知识并对广告的布局、设置等做出科学合理的安排。城市的空间形态决定了城市广告布局的基本形态，需要根据城市特质提出广告规划的功能和特色定位，并结合城市的功能布局和景观结构做出具体的规划布局与内容设置。户外广告形式内容要与城市空间布局融合，与城市总体规划相一致。通过广告与城市共同构建通透明亮、温馨柔美、宽阔开放、和谐共存的视觉空间和审美空间，给人养眼养心的城市感受。

根据不同的分类原则，户外广告可分为不同的类型，如按经营性质可以分为商业性广告和公益性广告，按设置的位置可以分为独立式广告和附属式广告等。作为一种传统性质的信息传播媒介并借助信息化的表达手段，城市广告已遍布城市的各个角落，渗入到城市生活的方方面面。随着城市经济和社会的快速发展，城市广告已超越了单纯作为一个商品信息发布平台的范畴，而被看作是城市景观的一个重要构成要素。

城市广告规划应考虑到城市空间资源的合理展示，并与城市总体规划及城市设计特质、城市各专项规划等相协调。城市广告的规划思路要形成广告空间的布局关系——点、网、区的空间关系。“点”是指城市的节点局部，门户节点、景观节点、标志节点等；“网”是指城市的街道网络，街道网络是承载城市建筑广告、店面广告的重要载体，由主干道、次干道和生活支路、街坊道路组成；“区”是指结合城市的功能片区进行总体控制，并应形成广告规划的分区管理，根据空间条件设置禁止设置区、严格控制区、集中展示区和一般设置区等。同时，城市广告规划也要考虑到广告设施经营的商业模式，考虑到广告的类型、性质、分级、分区、实施媒介和经营主体等的不同。

5.建筑高度规划

用地内建筑物的高度影响着城市的空间形态，反映着土地利用情况。在城市规划中，常常因航空或通信设施的净高要求、城市空间形态的整体控制，以及土地利用整体经济性等原因，需要对城市建筑高度进行规划控制。建筑高度的控制不完全等同于用地内建筑规模的控制，但是建筑高度控制可以实现与建筑规模控制的协调关系。一般可采用建筑高度控制分区来进行高度控制，并需要综合考虑一个城市的历史条件、自然条件，结合城市独特的地理特征和特殊的文化特色，同时，建筑高度控制也与城市自身的规模、经济发展和形态特色高度相关（图5-12）。

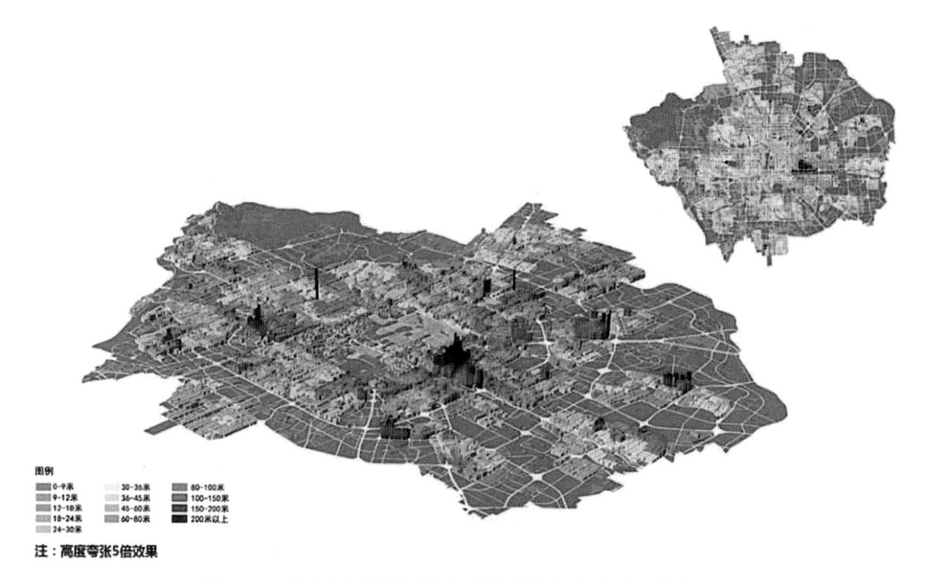

图5-12　北京城市形态的高度控制（高度夸张5倍效果）

（图片来源：王引，徐碧颖．秩序的构建——以《北京中心城建筑高度控制规划方案》为例[J]．北京规划建设，2018（2）：50-57.）

一般情况下，城市高度的控制都是对整体而言，而实际的建设却是对微观的建筑个体而言，例如建筑密度、容积率和绿地率等指标与建筑高度控制息息相关。建筑密度表明了场地内土地被建筑占用的比例，即建筑物的密集程度。建筑密度过低，则场地内土地的使用很不经济，甚至造成土地浪费，影响场地建设的经济效益。另一方面，过高的建筑密度又会引起场地环境质量的下降，严重的还会影响建设项目功能的发挥。《民用建筑设计通则》GB 50352—2005第4.4条对建筑密度、容积率和绿地率等有以下规定：①建筑设计应符合法定规划控制的建筑密度、容积率和绿地率的要求；②当建设单位在建筑设计中为城市提供永久性的建筑开放空间并无条件地为公众使用时，该用地既定建筑密度和容积率可给予适当提高，且应符合当地城市规划行政主管主管部门有关规定。

高度控制规划是控制导向的，相当于通则控制，用以形成整体性空间形态，但不可能细化到对高度分区内的具体地块提出明确的、可落实的开发条件的控制要求。高度控制规划需要基于生态本底、城市特色格局、特别控制区等，建立高度控制调节机制，形成社会经济发展与空间形态优化的耦合结果。城市总体形态的建筑高度控制主要通过传统的分区控制方法或基于GIS的多因子评价法，进行总体形态的分区控制；对于特定区域的高度控制要求，可结合美学感知的视觉分析，结合详细控制的图则引导，例如，基于视线视角的梯级建筑高度控制，梯级建筑高度控制是指依据一定角度的视线仰角控制建筑高度，结合分区控制使建筑高度呈阶梯状上升/下降，以保证良好的景观视线和天际线。梯级建筑高度控制比较适用于界面形态的分区控制。

6. 街道整治规划

街道整治是针对街道设施（含市政设施）、绿化、沿街建筑及附属设施、行人需求、交通组织等方面存在的问题所进行的系统性的整理、改造、更新。街道整治应制定专项规划，按城市设计审批程序批准后实施。街道整治规划可分为街道交通和平面整治、沿街建筑立面整治、公共空间环境整治三个层面设计。整治规划需要充分调动社会力量和公众参与，以保证成果的合理性、可操作性和规划的顺利实施。

街道交通及平面整治规划。梳理组织交通设施，改善交通环境及交通标识；用地功能属性调整，优化土地功能结构。

沿街建筑立面整治规划。对需要改善的建筑立面进行设计改造，对临时、违章建筑做出处置措施，优化街区空间环境。

公共空间环境整治规划。通过用地环境梳理、景观环境设计、街道家具小品设计、城市标识设计等，提升城市空间品质，改善城市环境。

例如，2004年哈尔滨市为改善果戈里大街周边地区环境，提升果戈里大街及其周边地区整体环境质量，促进经济建设和社会发展，根据《中华人民共和国城市规划法》《哈尔滨市城市道路管理条例》《哈尔滨市市容环境卫生管理条例》的有关规定，对果戈里大街及其周边地区综合整治（图5-13）。综合整治范围为东起黑山街、阿什河街，西至中山路，南起文昌街，北至东大直街道路红线外延50m范围内的区域。综合整治内容包括：

①整治与环境不相协调的广告，牌匾，灯箱，临街建筑墙体立面装修及装饰物、悬挂物，围栏，地上线路等。

②拆除影响防火、交通或者有碍观瞻的建筑物、构筑物及其他临时设施。

③按照规划要求拆迁有碍观瞻的危房。

④按照规划要求恢复擅自改变的原建筑物、构筑物的结构。

⑤对建筑物、构筑物及其他设施进行整修、清洗、粉刷或者油饰。

⑥按照《哈尔滨市高层建筑和重点区域临街建筑楼体灯饰设施管理规定》

图5-13　哈尔滨果戈里大街阿列克谢耶夫教堂广场改造

（图片来源：https://www.douban.com/photos/photo/2526126787/?type=like）

（已废止，案例实施期遵照此规定）和整治规划要求对临街建筑楼体进行灯饰亮化建设。

⑦按照整治规划要求对已开工的建筑工地，进行围挡，对未开工的建设工地，进行临时性绿化、彩化。

街道整治规划属于实施性的设计治理，通过街道综合整治规划，哈尔滨果戈里大街的历史文化环境、街区交通环境、街道设施环境、街区经营环境，以及马家沟河的景观环境等都得到了极大改善，产生了积极的社会、经济等综合效益。果戈里大街的综合整治规划是对传承地域文化、塑造特质景观、激活老旧街区活力的有益尝试（图5-13）。

7.绿道建设规划

城市绿道有两层含义，一是城市内部连接居住与办公用地、公服务设施用地、公园绿地等，为居民提供日常自行车与步行通勤的城市慢行系统；二是供行人和非机动车交通工具通行的，串联郊野公园、风景名胜区和历史文化古迹等休闲游憩点的慢行开敞空间。绿道分为城镇型绿道和郊野型绿道两类，慢行系统由自行车道、步行道、无障碍道、水道等非机动车道构成。为满足绿道综合功能而设置的配套设施，包括标识设施、市政设施与服务设施。绿道建设要有统一的标识系统，包括信息标志、指路标志、规章标志、警示标志、安全标志和教育标志等。绿道需要与区域交通系统和城市交通系统相衔接，需要有停车设施配套、交通换乘措施等。绿道系统要有基础设施保障，能够保证休闲游憩活动正常进行的一般物质条件，例如，停车场、环卫设施、照明、通信、防火、给水排水、供电等，以及必要的信息服务、租赁、售卖服务等。

绿道建设是一个系统工程，需要分级分类选线，并宜与城市配套商业设施、城市文化游憩设施、城乡绿色产业功能、城郊绿色环保资源、特色乡村等联通共享。绿道系统应充分结合智慧应用，实现智慧设施的“景观化、可参与、可互动、可运营、重服务”，让智慧绿道给市民带来安全感、幸福感、体验感。绿道建设规划的主要内容包括绿道线网布局规划图、服务设施布局规划图、绿道网与公共交通接驳规划图、分类分级道路断面图等。

5.3 设计传导的实现途径

5.3.1 建立政策目标、设计准则类

政策目标、设计准则类城市设计适用于总体城市设计及专项城市设计。政策目标类城市设计的主要目的是确立城市发展的宏观政策和建立城市发展的价值观体系，形成全社会（政府、社会、市场）共识，提供指导方针与政策指引，以及向不同社会群体提供不同的发展框架与路径、行为准则等，从而形成顶层设计，构建管理机制与公共政策本底，达成不同社会群体共同的价值观体系。政策目标类城市设计对象并不仅限于空间层面，还一定程度上成为地方空间发展的目标与指针。政策目标类城市设计也标志着从“设计管制”到“设计治理”的转变。

美国城市设计的政策目标特征明显，例如约翰·庞特（John Punte）的《美国城市设计指南：西海岸五城市的设计政策与导则》，针对设计控制与城市设计政策方面的研究，阐述了美国以区划法等相关法律进行开发管理的政策供给。而中国香港的城市设计指引的政策性体现在其注重香港的地形条件和人文特征。在地形环境方面，将山脉和维多利亚港作为塑造城市空间形象的重要背景条件。在人文特征方面，针对不同区域提供不同的引导策略，涉及宏观、中观、微观三个层面的28项要素，具体分为8个议题，包括建筑体量与密度、高度轮廓、海旁用地设计、公共空间、街景、历史遗产保护、视线通廊、坡地建筑。城市设计指引以绩效要求为主，采用简单图示与文字结合的引导方式，对鼓励采用的设计方法与应避免出现的状态进行了示意。

标准是对重复性的事物和概念所做的统一规定，经过较长的发展时期验证，是以科学、技术和实践经验的综合的研究成果作为基础，经各方协商一致，由主管机构批准，以特定形式发布，作为共同遵守的准则和依据。当针对产品、方法、符号概念等基础标准时，一般采用“标准”。当针对工程勘察、规划、设计、施工等通用的技术事项做出规定时，一般采用“规范”。准则是被准许的原则，或者是达到标准的原则。标准是一致的，但是实现标准的准则是不同的，有些准则强调一致性，有些准则强调高效性，有些准则强调审美性。

我国首部规划团体标准——《小城镇空间特色塑造指南》(以下简称《塑造指南》)于2018年10月颁布。《塑造指南》针对小城镇空间特色塑造的常见问题，从六个方面提出针对性解决之道。每个方面结合目前小城镇空间特色塑造存在的各种常见问题，提出具体的建议与办法。团体标准是自愿采用的标准，在没有政府标准的领域，团体标准填补政府标准的空白。团体标准特点是“短、平、快、活”，团体标准与政府标准之间是有力补充和良性互动的关系(图5-14)。

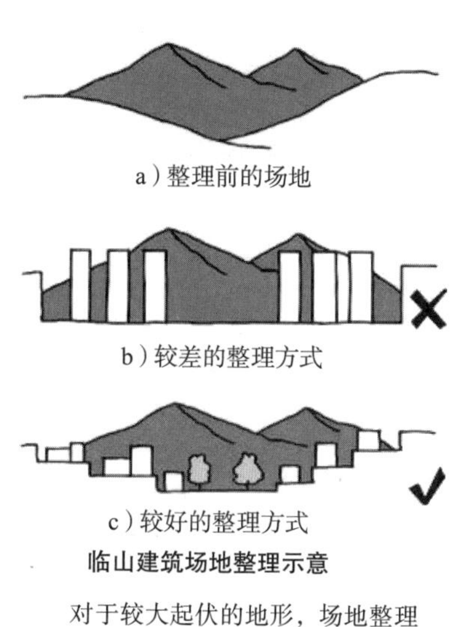

临山建筑场地整理示意

对于较大起伏的地形，场地整理应利用原有的地形地势，建设场地平整宜顺应原有地势，避免简单粗暴的大开挖、大回填。

垂直绿化

覆土建筑

自然山水景观与周边建筑协调方式示意

鼓励在自然山水景观周边的建筑点缀自然要素。倡导在自然山水景观周边建设与自然相融合的生态建筑、覆土建筑。

图5-14 《小城镇空间特色塑造指南》团体标准设计指引

（图片来源：中国城市规划学会. 小城镇空间特色塑造指南：T/UPSC 001—2018[S]. 北京：中国建筑工业出版社，2019.）

《深圳市城市设计标准与准则》(以下简称《标准与准则》)是对深圳市特定的山水城格局与城市特质提出的设计标准。在明确了城市设计的设计标准后，依据不同的设计准则去实践。例如,《标准与准则》提出了明确的用地、服务设施分级分类标准，并依据土地混合使用的基本准则规定:“为引导土地集约使用、促进产业升级转型、减少交通需求以及提升城市内涵品质，鼓励合理的土地混合使用，增强土地使用的弹性。”以此准则、根据标准进而进行具体的城市设计土地使用与空间安排。此外,《标准与准则》还提出了常用土地用途混合使用指引，并推荐重点鼓励的混合用地类型等内容。

5.3.2 建立总体控制—分区传导类

总体控制—分区传导类城市设计适用于总体城市设计。总体控制—分区传导的城市设计通常需要提出城市设计方案，通过层级系统和要素载体的分级落实来实现设计指引。在总体控制层面，通过风貌载体的要素提炼，明确城市总体的概念定位、风貌特色、空间格局、形态控制、交通结构、景观环境、文化艺术、人文活动等，并进行片区划分、分区传导；在分区层面，传导总体控制的分区要求、片区特色，进行用地功能细化布局、片区空间格局、片区建筑群体形态、片区开放空间、片区交通组织、片区公共环境、片区人文活动，以及特殊控制区等。

1.总体控制

（1）用地功能

结合城市风貌特色、区域用地功能布局、整体形象塑造等方面的要求，提出设计范围的功能定位和片区划分，在各片区主导用地功能进行整合和细化的基础上，提出建设策略及原则。

（2）空间格局

根据各片区的功能、自然和人文景观资源特色及整体形象塑造的要求，发掘和提炼其独特的城市景观要素，明确各片区之间的空间关系，提出各片区的功能景观特色及设计目标、各控制要素控制要求。具体包括:

①景观结构：根据片区景观特色需求，提出区内主要轴线、节点、标志、特色区域等空间景观要素的控制目标。

②视线景观：根据景观结构以及视线景观分析，提出片区视廊、对景点的控制意向。

（3）建筑群体形态

①建筑群体组合：根据景观结构，结合区域特色，明确重要节点建筑布局与

空间群体的关系，设计风格以及群体组合控制景观意向。

②建筑高度及天际线：根据景观结构，结合区域特色，明确片区的高度及天际线的控制意向。

③建筑界面：根据片区景观特色需求，明确各片区道路界面的控制意向和一般控制要求。

（4）开放空间

提出山体、水体等自然景观利用，结合功能及景观结构，明确公共开放空间体系的控制原则和意向。

（5）交通组织

提出车行、步行交通组织和交通设施的控制原则和要求。协调道路交通设施与建筑群体、公共开敞空间的关系，提出重要景观道路的断面构成控制要求。重点地段及公共建筑密集区域应增加地下、地面、地上立体人行系统的规划内容。

（6）公共环境

提出城市重要环境设施（街道小品、市政环卫设施、标识系统、雕塑、广告等）、城市夜景、绿化景观（街道景观绿化、公园绿地等）的控制要求和设计原则。

（7）人文活动

对已有城市的人文事件的梳理和建构，在城市空间中延续和传承历史文化，提出事件性人文活动、节事活动策划，建立公共性人文活动空间的组织。

（8）特殊控制区

①自然景观相邻地区：落实并明确“三边”管理规定、上位城市规划及城市设计等控制要求。

②历史文化区：维护城市发展进程的连续性和多样性，落实并明确传统风貌区、保护区与协调区划定等控制要求。

2.片区控制

片区控制可分重点控制和一般控制，对重点片区提出细则式控制要求，对非重点片区根据整体控制要求，结合项目特色，提出通则式控制要求。

（1）提出各重点片区的控制性要求（重点控制）

①用地功能：明确区段的主导功能，对重要片区的土地使用和建筑用途进行详细安排，对可开发地块提出适宜或禁止建设的建设项目。

②建筑界面：提出不同功能片区建筑后退道路距离、贴线率、建筑开敞度等控制要求。

③视线景观：明确视点、视廊、视景的控制要求。

④建筑高度及天际线：对重要的景观（临山、水、风貌区等）及节点区，应明确建筑的限高及限低的建筑高度。

⑤开放空间：明确开放空间的功能、位置、规模以及其周边的控制要求。

⑥明确可开发地块的划分，提出建筑群体空间特色（空间布局、塔楼位置、主体建筑高度）、建筑界面、开放空间、视廊、公共通道、人行过街地道和天桥、车行和人行及地下空间出入口等控制要素。

（2）提出各非重点片区的引导性要求（一般控制）

①建筑形态：对建筑布局与空间群体关系、建筑设计风格、建筑立面及屋顶设计等提出引导性要求。

②交通组织：提出对人行车行组织、停车布置、主要交通流线、疏散通道等的控制要求。

③建筑色彩与材质：提出宜采用的冷暖色调、色系及材质形式的指导意见，并提出不宜采用的色彩及材质。

④地下空间与步行空间：明确轨道交通设施、地下通道及公共停车库出入口、地下功能开发意向；提出步行空间的组织和活动场所的控制和引导要求。

⑤对可开发地块建设强度、建筑体量（裙房高度、建筑面宽、建筑高宽比）、建筑设计风格（建筑形态、建筑色彩、材质、屋顶设计）、交通组织、环境设施等提出引导要求。

⑥环境要素及夜间照明：对市政设施、环境小品等户外公共设施和标志提出意向选型方案；对重要景观及商业地段，应提出夜间照明的整体意向的控制要求。

5.3.3 建立目标、原则、导则引导类

目标、原则、导则引导类城市设计适用于总体城市设计、区段城市设计及专项城市设计。目标、原则、导则的形式便于对复杂的确定要素对象进行分类指导。如《上海市街道设计导则》中，对于街道安全、绿色街道、活力街道、智慧街道的同一对象的不同类别要求建立了设计目标—设计指引的导引方式。如慢行优先的目标，强调维持街道的人性化尺度和速度，社区内部街道宁静共享。其街道设计导则引导的内容包括车道数量，宽度与类型，稳静化措施，车速管理三方面。在车道数量、宽度与类型方面，提出应合理控制机动车道规模，增加慢行空间；鼓励机动车流量较小的社区道路采用非机混行车道，集约利用空间和控

制车辆速度。在稳静化措施方面，鼓励设置共享街道和全铺装交叉口，改善慢行体验；居住区内的街坊路和公共通道鼓励采用水平或垂直线位偏移，垂直线位偏移的主要方式包括抬高人行横道、抬高交叉口、抬高局部路段等。在车速管理方面，道路沿线不同路段根据周边状况形成不同的限速要求；鼓励通过设计手段强化街道的公共空间属性，提供安全、舒适的慢行环境。《上海市街道设计导则》提出的设计导则属于指引性质，或提出明确措施建议或仅进行原则指引，并辅以图示、表格说明。

5.3.4 融入控规管理的附加图则类

控制性详细规划附加图则适用于控规管理单元和城市设计的同步编制。图则控制具体要求在图则中以文字形式归类表述，包括图纸转译的“控制引导意图”和对各种规范、规定及其他要求的具体“说明”。图则说明中应区分“控制性要求”与“引导性要求”的用词与表述方式。其中，“控制性要求”的表述相对严格，正面词采用“应”，反面词采用“不应”或“不得”；“引导性要求”的表述具有一定弹性，正面词采用“宜”，反面词采用“不宜”。

附加图则控制的内容深度应符合控规管理图则的深度层级，但地块城市设计的控制内容包含控规内容的同时更加全面丰富。《上海市控制性详细规划技术准则（2016年修订版）》规定了各类重点地区的管控内容，可管控的空间要素集合被称为“工具箱”，编制具体的附加图则时可以从中选取恰当的要素提出相应的要求。并且，上海市城市设计导则编制控制性详细规划附加图则，目的主要是加强对城市重点地区及需要对城市空间形态进行深化地区的控制。根据上海市相关管理办法，城市设计的管控方法主要依托控制性详细规划附加图则的形式实现，为落实城市设计方案的目标和理念，主要将方案空间形态中的整体景观架构、公共空间系统以及特色型空间的控制要素法定化，进而开展控制性详细规划和附加图则的编制。

上海市城市设计导则控制思路是，以整个街坊为单位，通过控制总图则、分层控制图则和风貌保护控制图则加以落实。其中分层控制图则、风貌保护图则视需要出图。分层控制图则可根据控制需要分为地上分层控制图则和地下分层控制图则出图。包括六大结构性管控内容，聚焦管控关键要素，这六个方面包括：功能业态布局的合理性、公共界面和步行空间的连续性、街道尺度的宜人性、广场绿地的系统性、空间标志性和滨水天际线的适宜性。以这些筛选内容导入控制性详细规划，兼顾城市设计弹性和法定规划刚性要求。控制总图则的具体控制要素包括建筑形态、公共空间、交通空间等。结合城市设计控制要求和规划管理实施对强制性要素、引导性要素进行界定（图5-15）。

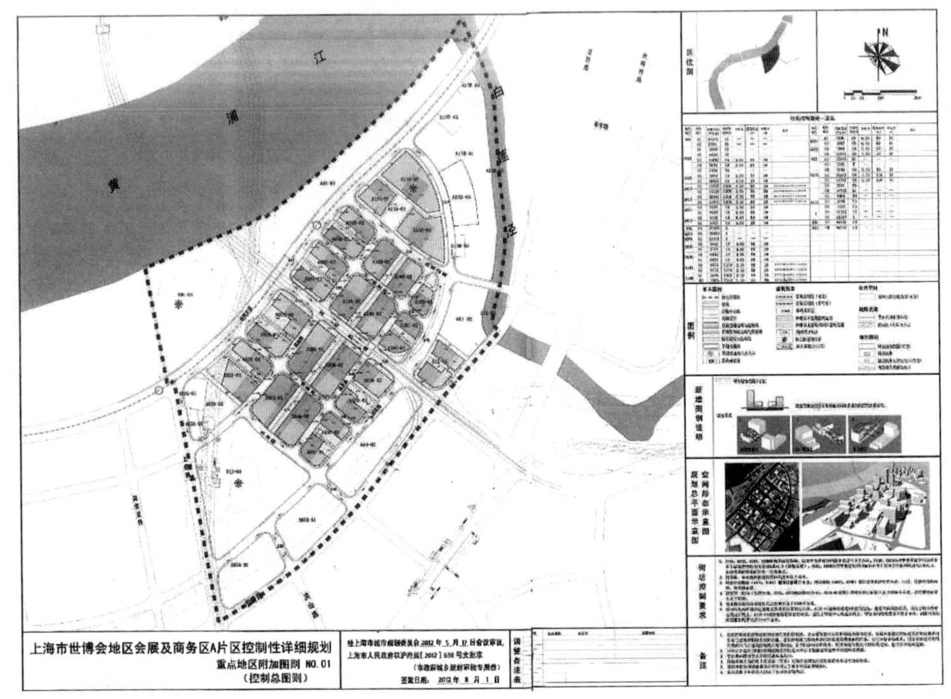

图5-15 上海世博A片区控规附加图则——控制总图则

（图片来源：上海世博A片区控规成果）

5.4 设计创作的控制逻辑

城市设计不完全是编制的问题，而是要做设计的问题。城市设计与城市规划、建筑设计有着天然的联系，城市的建造生成正是不同的设计创造行为的作用结果。虽然现代城市设计深入研究过程性的设计控制，强调设计生成的社会、经济、制度等的复合作用过程，但是不可否认的是城市设计控制编制的内核正是城市设计创作的直接结果。

5.4.1 设计的创造、结构的控制

城市设计首先是一种结构的设计，城市设计即是在控制结构性的框架。不论这个框架是增量的形态构建还是存量的治理结果，这个结构框架都是存在的，城

市设计师始终如一地坚守着这一框架，任何设计的沟通、方案的调整、治理的博弈都在遵从这一框架。结构也是形态的内在基质，决定着形态的生成结果。虽然表面上现代城市的结构特征越来越趋同、单一，但是这一内在结构仍是真实存在的。总之，我们不但不能否认结构的重要意义，而且应该认识到优秀的城市设计首先在于其对于结构的创造性理解与构建。

城市设计的编制成果也体现了对结构的控制。因此，结构决定了我们进行城市设计创作的内在关系，它是组织城市空间关系的基础。现代城市的结构尺度产生了巨大的变化，构成城市结构形态的控制要素也与历史城市有着巨大的不同。对现代城市形态的结构性理解制约着我们进行设计创作的可能性，这也关系到我们该如何进行现代结构性控制的问题。我们知道城市结构可分为隐性的结构和显性的结构两种，从外在表现来看，现代城市的显性结构越来越趋同化甚至彼此雷同。我们认为，虽然结构性要素的雷同正是现代城市千篇一律的根本原因，但现代城市的隐性结构更缺乏内在显现和创造性的表达，特别是智慧城市结构的内在驱动因素必将形成未来城市空间全新的形态表征。

城市设计的结构性思考存在于总体、区段、地块城市设计的不同层级中，各级城市设计的工作核心就是解读现有城市文本结构性的认识并寻求创造性的构建。对城市形态不同层面的结构性认识，会形成不同的认识方法，采取不同的设计策略。正如阿莫斯·拉波波特认为，所谓“无规划的”(Unplanned)、“有机的”(Organic)，抑或“无序的”(Disordered)城镇形体环境，实际上植根于一套有别于正统规划和设计理论的规则系统。现代城市设计者应把环境设计看作是信息的编码过程，人民群众则是他的解码者，环境则起了交往传递作用。设计更多的关心各个构成要素之间及其与隐性规则之间的联系，而不是要素本身。应用文化生态学的理论和分析方法，城市设计就是在特定的文化背景下，探寻城市中的人、社会文化与城市空间环境之间的相互影响和发展方向，从而理解、认识和组织城市空间环境的形态结构所蕴含的文化内涵。

总之，对城市不同的结构性思考可以生成不同的设计概念，不同的思维方式也会形成不同的理解，从而产生不同的研究框架和形态结果，这正是城市设计创造性的魅力所在。在设计创造的过程中，我们也可以采取不同的研究策略(文献、现象与实证)、不同的探究模式(历史描述、经验归纳、理论推导)、不同的研究关注点(客观的环境、主观的感知)以及不同的研究理念(主位研究和客位研究)，形成对内在结构的不同表达。总之，城市设计就是要发挥城市设计师的主观创造性，根据某一逻辑结构确定最优的形态布局，并将这一形态结构作为法定控制的基础或依据。

5.4.2 结构的细度、公共性的控制

城市设计的重要价值就在于公共性的价值领域，从隐性的结构到显性的结构要落实到空间的具体安排和用地的统筹上，在常规的情况下，用地划分的细度是为保证具有独立产权、整体开发的地块的出让、开发。城市设计的目的是进行开发控制，开发控制中公共利益与私人利益的关系需要明确的权属界定。同时，当地块内部有景观视廊、通道联系等具有公共属性的形态要素控制要求时，也就需要对地块内部的空间形态进行控制引导。因此，城市设计用地结构的控制细度其实是对空间公共性的控制要求的体现，是划分公共空间与私人空间的用地结构控制，上述内容也指明了地块城市设计导则所要管控的设计深度与设计要点等内容。

一个好的城市设计其对公共性的合理控制会非常有利于形态关系的构建。那么，对公共性的控制应该做到何种程度？这一问题也涉及我们对城市设计控制的理解，理解我们对公共性如何界定的问题等。城市设计的对象是城市公共空间环境，但是面对城市高密度发展下开放空间不足，或是由于大型建筑开放性的自身要求，城市设计也时常有半公共性空间的设计，如引导增加可供公共活动的空间，要求建筑提供室内公共共享空间，通过相邻关系建立室内公共空间系统等。此外，城市大量居住用地的高密度开发造成的居住空间失当等问题也是城市设计管控的重要对象。因此，微观城市设计控制内容的选择和控制要素的引导，及其深度要求等应能够达到对地块内部的公共性进行有效控制和引导的程度。

例如，公共性的控制涉及私人空间与公共空间的界面控制、私人产权的历史保护建筑的控制要求、居住用地的建设容量和高度控制等。又如，美国纽约在私有地块的空间管理上有着非常好的经验，例如其公共空间交易政策，产权主体通过将产权内用地的公共空间开放给市民使用，来获得更多的建设指标。这一政策在1961年开始施行后，在曼哈顿岛上取得了很好的成效，到目前为止，已经形成500多个、总计5.3hm^{2}的公共空间。此外，我国当前提倡的小街区模式也是对街区结构细分的一种模式。小街区的结构一定程度上固化了城市的街坊形态，使得生活圈的功能结构变得清晰明确。小街区结构能够创造结构高效、功能混合、步行友好的开放式街区结构，并有利于街坊社区的封闭式管理和商业利益的最大

化，从而形成网格化的社区组织结构。

5.4.3 形态的设计、要素的控制

城市设计需要重点管控建筑实体及其组合关系，这一过程也是通过城市设计的要素控制来实现的。建筑形态的控制要素包括建筑形体（建筑高度、体量、形式等）、第五立面等设计要素，材质、色彩等设计元素，连通道、骑楼、街墙等附属要素等。城市设计编制将城市设计方案转化为城市设计导则、图则指引或提出具体的规划设计要求。在城市设计的成果表达中，设计表现的建筑形体一般不需要绘制精致细节的建筑形象，成果表达的深度与空间形式关系应能够体现形态，设计语言转译得清晰，可以被正确地识别即可。转译的城市设计导则一般分为控制性内容和引导性内容，以便于区分管控要素，提高城市设计的管控实效，因为过于原则化的设计导则的实效性是打折扣的。在城市设计导则转译的过程中，不同的设计意图也产生了对不同要素的作用方式和不同的管控要求，因而城市设计成果只能由设计者直接转译或负责转译，这也说明了城市设计法定成果在设计编制中的设计创作属性（图5-16）。

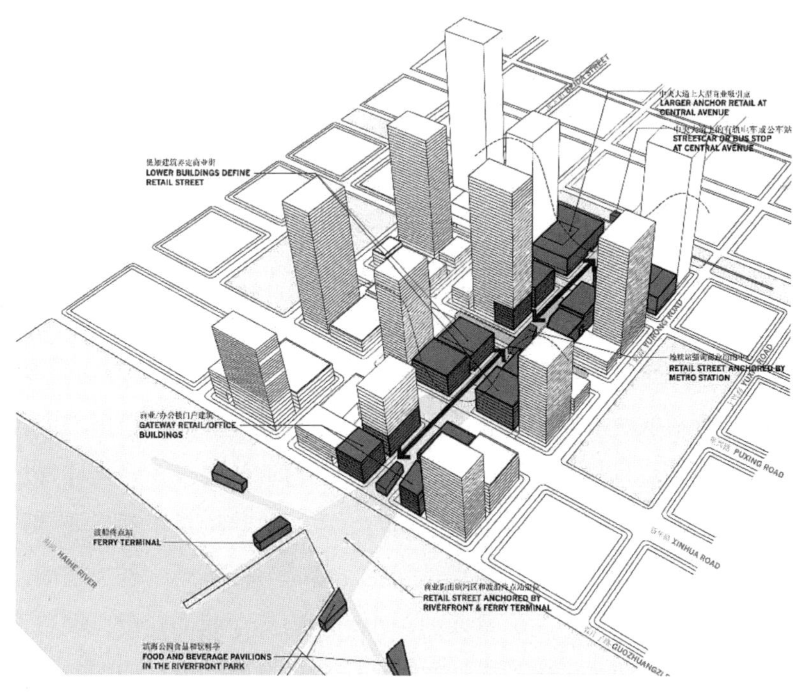

图5-16　天津于家堡金融区城市设计表达

（图片来源：天津于家堡金融区城市设计成果）

图5-17　街墙的界定

（图片来源：波特兰城市设计导则）

要素控制的重点是对街廓形态的控制。街廓既是街道的界面又是街坊四周的建筑围合形态，街廓形态和街坊形态是影响整体形态的基本形态单位，街廓形态自身的形式、尺度、立面特征等决定着街道的空间形态。历史城市的街廓界面连续、一致，街坊形态完整，现代城市的街廓界面断续、变化，街廓形态与街坊形态均呈现整体高低错落的散点分布形态。因此，对街廓形态的控制可分为低层界面的控制和高层界面的控制，低层界面形成的是街道的连续性，高层界面形成的是街道的垂直秩序。具体的控制指标可分为建筑高度、街墙高度、贴线率、建筑退线（低层界面退线、高层界面退线）等，或对界面类型、街墙形式、街角形式等的处理方式进行形态引导（图5-17）。

5.4.4 系统的设计、相邻性的控制

相邻性的建立并不是简单的道路划分，而是涉及空间系统的建立，这些系统往往独立于道路结构，甚至需要形成涉及用地内部或建筑内部空间连接的空间体系。相邻性形成了重要的城市设计识别——连续性、系统性的识别，如街墙界面的一致性、系统的连续性等都与相邻性相关。在公共空间的设计控制中，界面的控制是形成空间的关键，包括界面的形式、高度、退线、连续性的控制等。街墙界面的设计控制是城市设计引导的主要内容，例如，美国旧金山城市设计对历史性街区提出新建筑与旧建筑在尺度和风格上相协调的要求，对街墙提出限制性措施试图影响新建建筑的外观或风格。同时，系统的建构对于现代城市强调空间的复合利用、土地的混合使用，特别是一些立体化、多维度，地上空间、地下空间复合利用的情况下，又是尤为重要的。对于复合型空间的建设，城市设计承担着对综合性、枢纽型建筑空间的设计整合的工作。此时，设计的控制不仅仅是对结构的控制、用地的控制，而是对空间系统的控制，相邻性原则要求城市设计控制要细致深入到形态形体内部，完成多维设计和复合空间的设计控制。

形成城市设计系统控制的关键是相邻性要素的控制，例如对路径节点、空间界面、廊道、连通道设置等连通要素的控制，又如对“建筑首层通透度”“建筑裙房”“建筑骑楼”等的连续性控制要求。例如，南方城镇分布广泛的骑楼建筑，其文化形态深刻影响着现代城市设计，很多城市设计的技术规定中都对骑楼连续性的控制提出了具体要求。厦门中山路片区空间景观控制规划导则中，对骑楼提出如下控制要求：保护原有的骑楼空间，保证骑楼的形式、高度、宽度的连续性；骑楼翻新、改建均按修旧如旧的原则进行保护。广州珠江新城城市设计导则对骑楼要素的设计要求“兴盛路商业步行街采用双骑楼模式，以提供安全舒适的步行环境和连续的购物空间。沿街建筑允许压道路红线建造，但开发者必须在沿街底层及二层提供净宽5m，净高分别为5m和4.5m的公共通道以及符合无障碍设计要求的垂直设施。作为奖励和交换条件，公共通道上方建筑不计入建筑密度控制，上部裙房建筑面积可不计入地块容积率”。同时，导则还要求“界面不能封闭”。

相邻性的控制是城市设计中较难管控的部分之一，相邻性的具体实施需要多主体协调和多系统的联动。因为一些相邻性关系到外部性负效应或称之为邻避效应，或者一些相邻性的要求会对地块内部的完整性造成一定的影响，所以这些项目在具体实施中会受到周边居民的反对或者迎合开发商的要求而做出了调整。总之，对相邻性的控制要充分利用控制性内容的刚性要求和引导性内容的弹性指引，并结合奖励规则做好空间激励合理引导，科学管控（图5-18）。

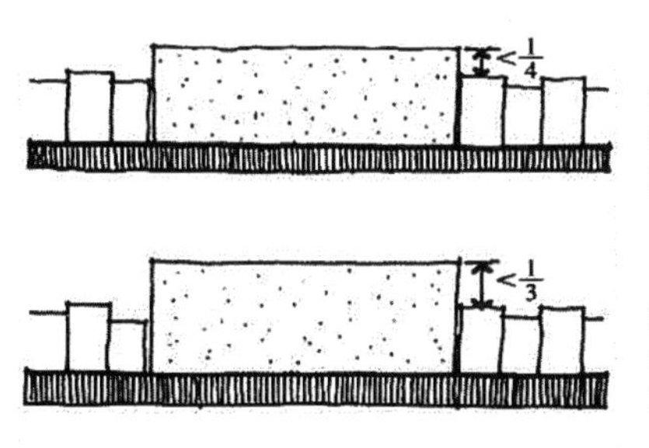

新建筑高度超出原有建筑高度小于1/4时，靠立面比例的划分就可以解决与环境的协调问题

新建筑高度超出原有建筑高度小于1/3时，靠立面比例的划分和屋顶的处理可以解决与环境的协调问题

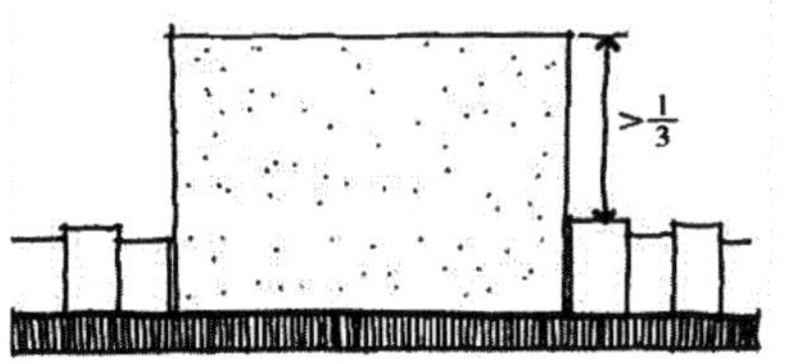

新建筑高度超出原有建筑高度大于1/3时，靠单纯的建筑设计手段无法解决与环境的协调问题

在特定环境中，随着大体块建筑高度的增加，设计问题变得越来越难以解决，以至于单纯的建筑设计手段已无法解决。城市设计体块控制的目的就是把环境关系设计问题控制在建筑设计本身能有效解决的范围之内

图5-18　新旧建筑相邻的协调

（图片来源：金广君. 图解城市设计[M]. 哈尔滨：黑龙江科学技术出版社，1999.）

5.4.5 整体的设计、过程性的控制

城市设计是要塑造一个整体的城市、有序的城市，人们一开始就陷入个体的建筑及其细部之中是不可能获得整体性的城市。乔纳森·巴奈特提出了“如何设计一个社区而不用设计所有建筑物”——管制规则，包括一般规定、选择性纲要、图面设计三项。一般规定主要指传统的管制方式，如容积率、容许的土地使用方式，以及规定停车空间的比率；选择性纲要则类似纽约分区管制特定区；图面设计则处理诸如建筑的配置、景园空间的设计及交通出入口的位置等。巴奈特提出的管制规则是整体性把握城市形态的最重要的设计控制能力，一个好的城市设计并不仅仅是如何创造一个丰富的空间形态方案，还是如何将城市设计的形态结果转译成城市形态的管控规则，通过整体性、制度化的设计控制生成最终的城市形态。

罗杰·特兰西克的《寻找失落的城市空间》中指出，现代城市设计需要一个整体性的设计方法，在进行城市空间设计时必须综合应用图底理论、连接理论和场所理论。图底关系理论分析方法从理解城市形态入手，体会城市建筑体块的空间关系。通过图底关系分析，从二维角度认识城市模式、空间秩序、空间等级等。联系理论分析方法通过交通、视觉方面的联系分析，明确城市空间中主要功能与景观构成要素之间的交通与视线联系，从而确定城市的主次交通和视线、视廊。场所理论分析方法。通过对影响城市环境的社会、历史和文化等因素的分析，把握城市空间的内在特征。然而，面对现代城市的超大尺度与三维增长的城市形态，应用图底理论、连接理论和场所理论如何认识体验空间的整体性，从而塑造形态的连续性则受到了一定的挑战。

过程性的控制反映在城市设计作为社会、经济关系的过程和过程性的技术管理中，城市设计的创作与编制必须适应这种过程管理，协商共识、动态调整、不断修正与实施落地。首先，过程性城市设计强调一种弹性管控机制，即通过建立结构性框架，能够容许方案的动态调整，适应多变的市场开发情况。其次，设计者应介入设计管理的过程，乔纳森·巴奈特（J. Barnett）1974年出版《作为公共政策的城市设计》一书，强调设计者应该有权介入政策的制定过程，若拒设计者于这一过程之外，则会使“政策”缺乏想象力，出现刻板单调。再次，过程性的控制管理应能够体现整体性的设计逻辑，政策的制定和导则的转译体现了城市设计作为设计创作的部分，控制要素内容体现了设计者对城市设计成果的整体性、结

构性的把握。最后，随着人们环保意识、历史保护意识和公民权益意识的增强，人们参与城市设计的积极性在提高，公众参与的制度性运作是现代城市设计过程性的重要体现，是体现人的主观价值与人性需求的重要方面。

5.4.6 可识别的设计、创新性的引导

可识别性（也可理解为标志性）是城市设计个性创造的重要体现，可识别性可以理解为一种可识别的总体特征，即城市设计并非要塑造个体特征，而是要强调整体的识别性。可识别性是一种文化特征，整体的识别性可以体现在结构的特性、形态的特征、功能的使用和人文的活动等多个方面，需要针对特定对象特质而进行描述、呈现与表达。在可视化的城市空间系统内，城市文化更多地被理解与运用在城市的符号系统中，诸如城市肌理、街道尺度、建筑符号、城市小品，城市的符号系统充满了对城市文化不同的理解与表达。我们对历史城市可识别性的重要认识是，历史城市的可识别性体现在传统类型空间与历史建筑文化的空间表征上，"虽然教堂等纪念性建筑与一般居民住宅在尺度、体量、装饰等方面差异显著，但是乡土建筑建造所依赖的经验型技能传承机制与营造工艺、建筑材料的缓慢演变，使得大部分欧洲中世纪城市在历经多年发展以后仍呈现出视觉上的连续性，时间推演中的断层难以寻觅"。

现代城市的可识别性非常依赖于城市的自然景观结构与人工的空间形式结构的共同作用，建筑群体景观特别是天际线景观是识别现代城市的重要媒介。建筑群体景观通过一定的形式结构与自然景观结构形成关系耦合，共同展示出了现代城市令人叹为观止的城市形象。但是，当缺少了这些特殊的可识别区域的设计构建，现代城市重复的街区结构和标准化的建筑产品布局容易造成城市形象的千篇一律、千城一面的现象。针对这一问题，张宇星曾提出城乡厄尔尼诺景观现象的解释，即越是处于价值链高端的中心城市，其差异性越大，越是处于价值链低端的边缘城市，其同质性越大。差异性决定了单个商品利润的边际效益，同质性决定了大批量生产后的利润效益。笔者认为，在此差异现象的背后是现代城市设计创新的匮乏，特别是价值链底端的中小城市，对城市设计价值的认识不足与挖掘不够，且盲从跟风大城市，这是造成这些城市形态混乱的根本原因。正因如此，在城市价值链的争夺中，不同等级城市为应对各自价值竞争的需求，努力寻找城市自身的特色基因与价值定位，塑造城市形态的适宜性、差异性特征是当前城市设计的重要任务和使命。

可识别性也可理解为对城市可视化的识别，体现在城市文化表达中的重要控制要素包括开放空间、街区模式、建筑符号、环境景观、标识系统等。其中，通过标志性建筑和标识性群体建筑空间形态设计来确定城市总体形象，创造新的城市风貌是现代城市设计塑造空间形态的传统方式。然而，正如香水的特色定律，香水里面95%的成分都是相同的，只有5%的成分不同，因而真正的差别与特色存在于其中非常关键的5%之中。面对现代城市的空间创新和未来发展要求，现代城市设计的形态指引更多地指涉了历史文化、景观艺术、智慧应用等更为广阔的领域，城市设计的弹性管控也要不断探讨未来性的设计价值和概念创新，寻找城市历史与未来的独特基因。

现代城市设计从某种意义上说，就是为了迎合某一群体同一价值取向与功能需求所采取的一系列措施和政策，这些措施和政策将有利于从不同方面增强城市的可识别性、多样性和选择性，增强城市文化竞争力。因而，在某一特定价值的驱动下，城市设计成果编制给予一定的创新性指引是非常重要的弹性控制内容。一定程度上，一个城市的政府就是这个城市的总设计师，城市政府的设计治理与价值导向对城市设计起到至关重要的作用，这些重要性体现在政府的政策规章与技术规定的引领中。如《湖北省城市设计技术指引（试行）》中特别提出了“荆楚派”建筑风格设计引导，这既是一种可识别性的引导，又是针对现代技术条件下的一种文化价值与创新性的指引。

思考题：

1.什么是城市设计导则？

2.城市设计不同层级类型及其主要内容是什么？

3.城市设计成果编制的实现途径有哪些？

4.城市设计成果编制中的主要控制逻辑是什么？

5.上海市城市设计导则的控制思路是什么？

本章参考文献：

[1] 陈振羽，朱子瑜. 从项目实践看城市设计导则的编制[J]. 城市规划，2009，33(4)：45-49.

[2] 金广君. 美国城市设计导则介述[J]. 国外城市规划，2001(2)：6-9.

[3] 徐苏宁，赵志庆，李罕哲. 城市设计与设计城市[J]. 城市规划，2005，29(7)：75-78.

[4] Jon Lang. 美国城市设计的实施：工程类型与方法论含义[J]. 金广君，译. 国外城市规划，1998(4)：16-21.
[5] 金广君，顾玄渊. 论城市设计成果的特征[J]. 建筑学报，2005(2)：12-14.
[6] 余柏椿. "城市设计指引" 的探索与实践——以湖北天门市城市设计指引为例[J]. 城市规划，2005，29(5)：88-92.
[7] 杨嘉，项顺子，郑宸. 面向规划管理的城市设计导则编制思路与实践——以山东省威海市东部滨海新城为例[J]. 规划师，2016，32(7)：58-63.
[8] 高宏宇，颜韬. "二次订单设计" 的城市设计实践探索——以北京顺义老城区城市设计导则研究为例[J]. 城市建筑，2014(10)：60-63.
[9] 周剑云，纪晓玉. 总体城市设计的成果形式及其实施途径[J]. 城市建筑，2017(15)：20-28.
[10] 陈保禄. 总体城市设计管控方法与实施路径——以山西转型综合改革示范区太原起步区为例[J]. 规划师，2019，35(2)：13-19.
[11] 王冠一，路旭. 论色彩调和思想在日本城市色彩规划中的地位与实现[J]. 国际城市规划，2016(12)：117-124.
[12] 杨俊宴，史宜. 总体城市设计中的高度形态控制方法与途径[J]. 城市规划学刊，2015(6)：90-98.
[13] 李吉恒，唐子来. 公共政策评估视角下的设计控制——基于上海和香港的案例[J]. 城市规划学刊，2018(6)：69-76.
[14] 郭婧，叶楠. 城市治理转型下的北京城市设计思考[J]. 城市与区域规划研究，2018，10(3)：208-225.
[15] 郑宇，汪进. 广州珠江新城城市设计控制要素实施评估[J]. 规划师，2018(S2)：44-49.
[16] 王建国. 城市设计[M]. 北京：中国建筑工业出版社，2009.
[17] 金广君. 美国城市设计介述[J]. 国外城市规划，2001(2)：6-9.

第六章　城市设计的制度化与标准化

6.1 城市设计的技术管理与制度化建设

长期以来，人们通常认为城市的土地供给属于城乡规划部门的事权管理，具有强制性，我们现有的法定规划体系多是为满足用地开发供给而设，而对于空间的设计供给却常常缺乏管理智慧与有效的设计控制。城市设计的技术决定了制度，有什么样的技术就有什么样的制度相匹配，城市空间的生成与形态的控制多由主体的感性因素与多因素共同影响，传统城市设计控制技术的实效性较弱，空间的设计供给无法形成有效的约束性法定文件。因传统形态转译的设计语言无法纳入法定规划体系，并缺乏实施保障机制，使得城市设计在各个阶段的规划管理中无法有效落实。随着我国城市建设进入存量转型阶段，“重指标、轻空间”的粗放型管理方式越来越不适合城市空间精细化、品质化的需求。因此，从技术管理层面，城市设计的成果转译需要实现规范化、标准化的表达；从规划实施角度，城市设计成果应纳入法定规划的制度化管理体系，以实现标准化、法定化城市设计的制度化传导。

6.1.1 从设计导向到管控导向

随着人们对现代城市形态认识的不断深入，对现代城市设计的作用机理也不断地明晰。一直以来，地方规划主管部门进行城市设计管理的重点在于对编制内容的框定，而非运行机制的建构，这种“重设计成果、轻实施过程”的情况在一定程度上反映出对城市设计认识的偏差。人们的普遍共识是，基于设计控制的原理，城市设计“不在于保证最好的设计，而在于保障不产生最坏的设计”，即城市设计是强调整体的协调，而非个体的创造。并且，城市设计本质上就是社会组织的一种过程，协调着基本的经济制度和社会关系，并以不同的具体形式作为其实质性的表征。另一个有关设计控制的观点认为，针对形态的“设计”并不意味着一种艺术化的主观创造，这种“设计”也不会存在依赖自身的内部动力，从而获得某种单向度的审美或品质，其实这部分是由建筑设计来完成的，而城市设计是“二次订单”的设计规则，即“为设计而设计”。因此，管控导向的城市设计强调控制文件的编制、控制规则的制定和控制要素的引导，以及控制过程的制度化建设等，这是城市设计控制重要的编制特征。

目前，我国已形成了以城镇体系规划、城市总体规划、控制性详细规划为主体的层级式法定规划编制体系，与之相匹配的是一整套较为健全的规划管理、编制和审批流程。在此背景下，以原有法定规划为基础，将城市设计内容有选择性、渐进式地融入法定规划，建立相互平行且渗透的立体化编制架构，既可以维护法定规划的原有秩序，又能够有效地发挥城市设计在规划建设中的作用。即图则融入法定规划的管控导向是目前城市设计法定化路径的有效制度设计。

城市设计的成果编制是对城市设计控制要求的具体落实，主要通过对设计要素的控制和引导来实现的。城市设计的要素控制可分为基础容量控制、形态关系控制、系统组织控制、界面设计控制和环境要素控制等几方面。在这些控制内容中，部分是控制性详细规划普适图则内容，部分是城市设计附加图则内容，附加图则内容又分为控制性内容和引导性内容。

①基础容量控制。普适图则所反映的容积率、建筑密度、建筑高度等指标体现的是对用地容量的基础控制，并对城市用地的公共服务设施、市政基础设施等配置内容应体现空间公平与配套配置的基本要求。

②形态关系控制。形态关系其实是对城市空间秩序的一种认识性描述，既可以将用地地块整体的土地使用、实体形态等进行控制，又可以基于城市中的高层建筑、多层建筑、低层建筑斑块在城市中的分布关系进行分区控制，形成不同簇群斑块，如《南京市地块城市设计图则技术标准（试行）》中针对地块提出高度分区的办法体现了对这一形态关系的认知。同时，建筑形态的空间关系要遵循一定的景观结构或组织规范，结合土地混合使用和要素集聚原则，做到内在结构与外在形态的有机统一与空间协调。

③系统组织控制。道路交通组织、地面开敞空间、慢行系统、空中通道、地下空间等都属于空间系统关系的连接组织，它包括同一系统内部或不同系统间的关系组织与控制。

④界面设计控制。城市街道界面形态控制是城市设计控制的重要途径，界面关系包括红线宽度、建筑后退、街墙控制、界面贴线等。建筑后退可分为多层建筑退让和高层建筑退让，街墙控制可分为低多层建筑街墙控制线、高层建筑街墙控制线，建筑贴线可分为低层贴线率和高层贴线率等。

⑤环境要素控制。环境要素包括标识、色彩、店招、广告、街道家具、环境艺术等。

6.1.2 从管控导向到治理导向

城乡规划走向空间治理转型，意味着规划不只是传统意义上的编制审批、用地许可，城乡规划本质上是一个极其复杂而又敏感的空间治理活动。规划编制和管理要从蓝图式的技术桎梏中跳出来，把握好规划编制和实施管理的层级事权，以政策语言表达技术内核，以政策工具整合空间意图。风险控制、负面清单、程序要求、时序管控、政策分区、行动计划、指标设定等都属于政策工具。强化治理导向的规划编制过程研究，在这个过程中，城市政府要扮演协调多元利益的角色，做到中立，做好协调平衡的角色，力争促成求同存异、合作共赢，最大限度维护公共利益的最优方案。

因为城市空间资源的初始配置是为迅速达成城市开发的集中管控，所以增量开发为主的城市设计管控的基本特征是政府集权、垂直切割。然而，在治理导向的城市建成环境的语境下，为促进空间资源在更高层次上的有效整合，城市设计必然寻找治理导向的空间工具以丰富自身的方法手段。也就是说，传统城市设计的管控导向仍是必要的，但是城市治理运行所需要的制度程序、法律保障、机制约束等也将成为必要的工具手段。这就要求城市设计的管控更多地依赖多边谈判、协商、合作、自治等方式实现，强调运用社会规则体系，调和多变动态的利益矛盾，这一治理导向将转变为未来城市设计师必要的和有效的技术技能和常规的工作方式。

治理导向的城市设计将政策和规则作为协调多元主体的重要工具。一方面，城市设计需要将治理的过程性进行全方位考虑，结合设计蓝图预判可能出现的问题，并立足于多元主体提出最优解决方案；另一方面，要直接将设计蓝图转化为政策规则，如以图则或文本的形式明确下来，纳入法定规划管理，延续一系列管理和审批工作，或形成导则和负面清单，供各项设计、实施和管理工作参考。总之，城市设计应以治理思维形成“设计治理”的空间逻辑，通过将城市设计的空间设计技能手段转化为行动框架和治理规则，有效解决这种特殊类型城市设计的落地实施与方法路径问题。

6.1.3 从技术管理到制度完善

我国长期以来的“建筑文化迷失、城市文化迷失、城市千城一面的现实”让我们将视线重新汇聚到城市设计的专业使命上来。住房和城乡建设部的《城市设计技术管理基本规定（征求意见稿）》（以下简称《基本规定》）指出，虽然城市设计工作受到广泛重视，但是城市设计实施的技术途径亟待明确。《基本规定》对常州市城市设计进行了评估，近十年来，有24%的城市设计项目未与法定规划相衔接；有38%的城市设计项目虽与法定规划进行了衔接，但未予以实施；只有38%的城市设计项目与法定规划进行衔接并得以实施。《基本规定》特别指出在管理实践中暴露的典型问题，一是在建设开发中，用城市设计随意取代法定规划，干扰了法定规划的秩序，造成规划管理工作的混乱；二是城市设计与法定规划缺乏有效的衔接，造成城市设计成果在城市动态发展建设中难以贯彻实施。为解决各地城市设计的认识、编制和管理混乱的问题，亟待在全国层面建立基本技术规定。

城市设计的技术管理实质上是以城市设计为依据并实施城市设计的过程。与控制性详细规划比较，控制性详细规划是《城市规划法》中确定的法定规划层次，并且明确了将它作为城市规划管理和综合开发、土地有偿使用的依据，而城市设计在规划法中却没有提及。控制性详细规划在规划法中有明确的编制组织单位、规划审批机构和管理实施机构。从必要性来看，我们应建立独立的城市设计审批制度，但在目前我国的城市建设管理运行机制上还难以短期实现。从长期来看，城市设计的技术管理目标是建立以城市设计为核心的多层次设计传导管控体系，能够纳入法定规划，建立城市设计技术管理体系对城市三维形态进行管控。

城市设计制度的设置是保证城市设计管理运行的过程，城市设计管控的技术管理需要制定相辅相成的制度支撑。我国传统的城乡规划体系的制度化建设相对完善，但面对兼顾美学与艺术、文化与活力等问题的城市设计而言，制度化保障是发展方向。因此，城市设计应以制度建设为导向，从政策、法律、行政等多个维度探讨城市设计的整体运作机制。并且，基于法律法规、公共政策、行政管理、公共参与等领域的制度变革是推动我国城市设计逐步走向系统化、规范化的重要突破口。

6.1.4 制度法定化与技术标准化

当前，赋予城市设计导则法定地位有两种方式：其一，将城市设计导则作为一种规划编制类型单独立法，但是我国《城乡规划法》未涉及城市设计的内容，使用这种方式目前缺乏直接的法律依据；其二，通过地方性法规、政府规章，将城市设计导则纳入现有的法定规划中，这样便于运作管理，实施也相对简单。因为，我国的城市规划采用的是中央与地方相结合的两级立法体制，除了国家法规《城乡规划法》之外，地方还依据《城乡规划法》等法律制定地方性法律法规。我国更多城市采用第二种方式——通过地方立法程序，明确城市设计的法定地位，规范城市设计的编制成果，规定城市设计的审批流程等来明确城市设计的法定地位，将其纳入法定程序。

1998年，深圳行使特区的立法权通过《深圳经济特区城市规划条例》，确立了城市设计的法定地位，其中第29条和第33条明确：城市设计分为整体与区段城市设计，城市设计应贯穿于城市规划各阶段，随规划一并上报审批。后续出台的《深圳市法定图则编制技术规定》规定，在文本和图表这两个重要法定文件中，需要有专门章节提出城市设计的控制内容。《深圳市详细蓝图编制技术规定》提出编制详细蓝图时，将区段城市设计与修建性详细规划结合，并可由市场主体作为详细蓝图委托方。至此，可以说“城市设计”实现了“城市规划”管理平台的统一。

国内其他许多城市都开展了城市设计与控规结合的研究和实践工作，在各地区的控制性详细规划编制中均以“城市设计导则”的形式作为传统控规“控制图则”的补充。2011年6月颁布的《上海市控制性详细规划技术准则》(下简称《技术准则》) 中，首次创新性地提出“附加图则”的概念，规定重点地区的控制性详细规划需编制附加图则，作为控规“普适图则”的附加内容。附加图则是控制性详细规划法定图则的组成部分，是将城市设计成果的核心内容转化为城市空间规划管理政策的一种统一的法定工具。《技术准则》提出根据普适图则确定的重点地区范围，通过城市设计、专项研究等，形成附加图则，明确特定的规划控制要素和指标。普适图则通过用地性质、容积率、建筑高度等各项指标落实城市土地与空间管理的刚性管理要求，各项指标的设定一般依据通则规定或经验数值来取得，普适图则是一种重指标、轻空间的管理模式；与之相比，附加图则主要对“通过城市设计、专项研究等”确定的“其他特定的规划控制要素和指标”进行控制。《上海市控制性详细规划附加图则成果规范》中提出："附加图则应依据所在单元的控制性详细规划确定的城市空间景观构架，开展城市设计，并以城市设计确定的城市空间形态为基础，对控规普适图则中无法控制的城市空间景观要素提出控制要求。"

目前，很多城市的控制性详细规划的城市设计附加图则已经形成了制度化的成果。但是，与之相比，在总体规划阶段或总体城市设计的总体风貌控制却缺少制度化的抓手。此外，各专项城市设计的管控实施也缺少制度化的建设，各专项城市设计往往一次性投入，并缺乏相应的动态调整机制。王建国认为，总体城市设计的成果主要是为管理服务的，而管理中很大的一部分是需要通过制度化来实施的。在总体城市设计中，配合总体规划的城市空间结构、公共活动体系，包括山水特色自然架构和人文架构之间的关系，都应该统筹到整个城市规划实施内容和管理当中。

此外，应对存量更新阶段，面向治理的城市设计比控制开发的城市设计的制度环境更加复杂，制度环境的持续性建设更显重要。在此方面，深圳市做了很多前沿性的探索，2009年，国内第一个全面系统地规划和指导旧城改造实践的政府规章——《深圳市城市更新办法》实行，深圳也成为全国最先迈入城市更新常态化和制度化阶段的城市，城市更新的规章制度及更新机构先后建立（表6-1）。

表6-1　深圳城市更新制度的制定层面

	制定层面	规章内容
1	法规层面	《深圳经济特区城市更新条例》
		《深圳市城市更新办法》
		《深圳市城市更新办法实施细则》
2	政策层面	《关于加强和改进城市更新实施工作的暂行措施》
		《深圳市城市更新历史用地处置暂行规定》
		《深圳市城市更新土地、建筑物信息核查及历史用地处置操作规程（试行）》
		《深圳市宝安区、龙岗区、光明新区及坪山新区拆除重建类城市更新单元旧屋村范围认定办法（试行）》
3	技术标准层面	《深圳市拆除重建类城市更新单元规划编制技术规定》
		《深圳市综合整治类旧工业区升级改造城市更新单元规划编制技术规定（试行）》
		《深圳市城市更新项目保障性住房配建比例暂行规定》
		《深圳市城市更新项目创新型产业用房配建比例暂行规定》

续表

	制定层面	规章内容
4	操作层面	《深圳市城市更新单元规划制定计划申报指引（试行）》
		《城市更新单元规划审批操作规则（试行）》
		《深圳市拆除重建类城市更新单元计划审批操作规则（试行）》
		《关于明确城市更新项目用地审批有关事项的通知》
		《深圳市综合整治类旧工业区升级改造操作指引（试行）》
		《深圳市城市更新单元规划容积率审查技术指引（试行）》

（资料来源：笔者根据相关资料整理）

在技术的标准化方面，很多城市也进行了有非常有意义的尝试。例如，南京市从2013版《南京市地块城市设计图则技术标准（试行）》到2018版《南京市城市设计成果技术标准（试行）》，不断完善对地块城市设计图则的标准化的具体规定。《关于加强全市城市设计工作的意见》提出“逐步推行地块城市设计导则与规划条件一并纳入土地出让合同制度，没有城市设计的地块一律不予出让。”根据《南京市城市设计导则（试行）》，土地出让一般仅框定容积率、建筑密度、建筑高度、绿地率这几项硬指标，除此之外，还必须进行功能策划，并展开空间形态、开敞空间、交通流线、建筑控制、界面控制、环境和场地竖向设计等。在具体规定中，城市设计成果标准化的核心图件包括城市设计图则。技术标准规定了图则的基本版式（图6-1），地块城市设计图则单幅基本要素包含：①图则基本信息，包括图纸名称、区位、图例、相关信息等；②图则说明，即“城市设计意图”的“管控说明”。“控制性要求”的表述相对严格，正面词采用“应”，反面词采用“不应”和“不得”；“引导性要求”的表述具有一定弹性，表示允

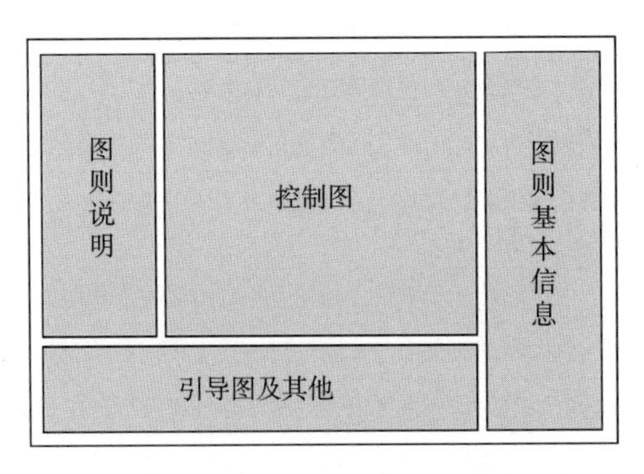

图6-1　地块城市设计图则基本版式示意

（图片来源：南京市规划局. 南京市地块城市设计图则技术标准（试行）[S]. 2013.）

许稍有选择或在条件许可时首先应这样做，正面词采用“宜”，反面词采用“不宜”。③控制图是对城市设计控制要素进行综合表达的单幅图件，包括对塑造城市空间形态、交通组织等有重大影响并需要准确定位的要素。④引导图是对城市设计引导要素进行分类表达的若干图件，引导的内容通常包括对优化地段空间形态和功能使用具有影响的内容，如公共步行、地下空间、界面类型、建筑形体等。

6.2 城市设计编制中的技术约束

6.2.1 风貌引导的城市设计编制

风貌引导的城市设计编制属于专项城市设计。城乡规划法指出城市设计的方法贯穿于总体规划的始终，同理，城市总体风貌形态的控制内容也应在总体规划编制成果中单独体现。可以说，借助总体规划编制使总体城市设计具备法定效力的管控途径是目前科学引导城市风貌的有效抓手。例如，广州总体城市设计融入新一轮总规修编，借助法定规划来保障实施。重点将总体城市设计有关城市风貌特色、山水格局、公共空间、历史文化等控制要求，纳入新一轮总规修编条文，借助法定规划实现对城市空间形态及风貌特色的管控。并且，广州总体城市设计还尝试建立一套衔接法定规划、面向实施的设计管控体系。

单独编制的风貌引导城市设计需要对城市整体风貌进行特色识别，即山水与空间、历史与文化、发展与传承。风貌识别需要将城市特色鲜明、风貌完整的部分与城市的功能区域、行政分区等方面进行有机耦合，打破行政区划的限制，同时便于分区协同管理。这需要具备对城市整体形态的价值审美与设计的伦理判断，特别是对于文化特色不鲜明、空间秩序混乱的区域，需要采取恰当的策略，合理谋划未来发展的框架。可以说，对于城市空间的形态认知的结果不仅与最终采取的风貌管控策略高度相关，还对与总体控制—分区传导的逐级落实的管控机制对接至关重要。

《城市设计管理办法》提出城市、县人民政府城乡规划主管部门，应当充分利用新技术开展城市设计工作。有条件的地方可以建立城市设计管理辅助决策系统，并将城市设计要求纳入城市规划管理信息平台。风貌管控的城市设计需要基于全域的形态识别，传统的风貌识别方法过于感性主观，而大数据分析方法具有技术的优势，其对空间识别方法的应用是未来发展方向。风貌的识别与形态的管控需要城市地理信息数据的可视化显示，结合数字化环境模拟的共同研究，再通过传统城市设计方法进行修正，以完成总体风貌的识别与描述。例如，广州“一张图”的城市设计数字化管理平台建设，从三维上对城市总体形态进行管控与引导，通过“一张图”衔接城市管理审批体系，实现管理对接，并大力开发辅助决策工具，推动城市设计数据成果的智慧管理。总体而言，传统城市设计分析方法与现代信息技术的共同运用是对现代城市风貌进行管控的有效技术方法，是现代城市总体城市设计编制的重要技术手段。

技术手段仅仅是辅助工具，面对城市的宏观环境，城市设计师对城市总体形态的理解与认知是非常重要的，很大程度上影响到对城市内涵的判断与表达。因为，城市不仅仅是一个空间现象，它同时是一个社会现象、文化现象、经济现象，是一个复杂的聚合体，单纯的数据识别无法认知复杂的空间本体。总体城市设计阶段的设计创作思维，要体现在对于城市结构的文本解读，对城市形态的多维构建，以及对规划过程的整体性把握之中。风貌引导的城市设计编制需要建立城市发展的格局性思维和空间协同的基本方法，需要深入洞察某些空间结构的深刻变化及其引起的城市形态的剧烈变化，并且能够通过价值的判断和规划管控的设计控制手段剔除空间的异化因素，从而实现对空间结构的整体协同并进行整体性的风貌管控。

6.2.2 控制开发的城市设计编制

控制开发的城市设计的编制工作体现了城市设计作为“过程性设计”的理论内核——城市发展是一个历时性的过程，城市设计也是在一连串每天都在进行的决策的制定过程中产生的。“真实的城市设计应注意城市是一个连续的变化过程，应当使设计具有更大的自由度和弹性，而不是建立完美的终极环境，提供一个理想蓝图”，如果城市设计注重“目标取向”的话，那么现代城市设计应该是“目标取向”和“过程取向”的综合，后者更为重要。同时，控制开发的城市设计要重点考虑制定随着需求改变而弹性修订的规则。

依据乔纳森·巴奈特曾提出管制规则，以区段城市设计的控规附加图则为例，“一般规定”可以理解为区段城市设计中采取的“通则条文+图则”的通则控制，如“分类型、分区域、分要素”的控制。区段城市设计的通则控制是一种要素场景控制，通则控制与一般规定协助设计者决定哪项设计通则适合于某个设计场景。选择性纲要可以理解为对需要特别控制引导的设计要素或控制分区内容进行图则说明，形成图则的设计指引或条文要点，针对控制图、引导图进行条文解释。图面设计可以理解为包括控制图和引导图部分的具体图示内容（图6-2、图6-3）。

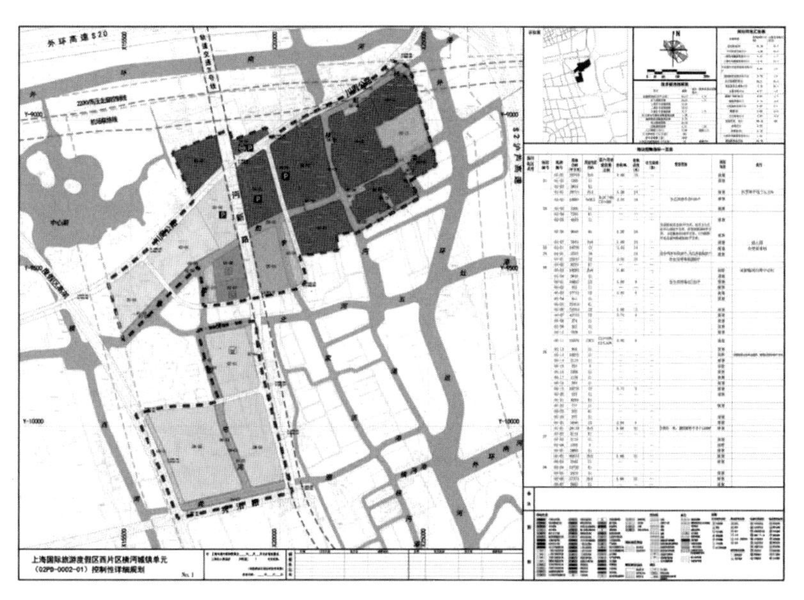

图6-2　上海某区段城市设计的普适图则

（图片来源：https://www.sohu.com/a/233200596_391452）

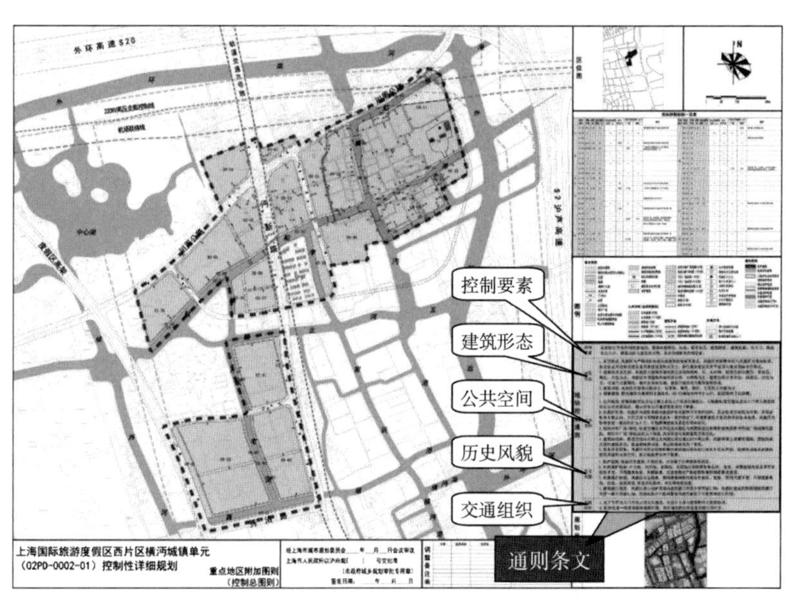

图6-3　上海某区段城市设计附加图则及其通则控制

（图片来源：https://www.sohu.com/a/233200596_391452）

区段城市设计控制的内容可以在区段定位、功能布局、空间形态（结构关系）、公共开放（开敞空间）控制、建筑（群体）控制（包括高度控制、界面控制、高度分区）、道路交通（活动通道）、环境景观设施、地下空间、特定（重点）意图区、实施措施与建议等方面提出建议，并可根据选取的控制要素进行条文与图则控制。

（1）区段定位：对于区段主体功能、发展特色、主要特征等进行说明。

（2）功能布局：对功能关系进行说明，结合用地属性进行定性、定线控制。

（3）空间形态（空间关系）：对总体形态关系的描述、控制，是通过对自然资源、景观资源、人文资源的合理构筑形成有特色的空间整体。空间形态控制以条文说明为主、图示引导为辅，并辅以对整体风貌、建筑风格、建筑色彩、第五面、文化与艺术等方面在总体形态方面提出具体的控制要求。

（4）公共开放（开敞空间）控制：对开敞空间系统进行空间组织，是总体空间形态中公共空间系统的用地控制。包括开敞空间的视线通廊，视景、视点控制等所涉及的用地控制、形态控制的要求，如形态控制可要求两侧的建筑高度和退让距离保证通廊的通透性与连贯性；视点的用地控制一般为广场和景观绿地等公共空间用地控制。

（5）建筑（群体）控制：涉及建筑的高度控制、界面控制、高度分区等，高度控制可通过对重点建筑的高度分级进行总体控制引导，界面控制针对不同界面类型、建筑后退、街墙形式、高层和低层建筑的贴线率等进行控制引导，高度分区形成低层、多层，或不同高层建筑分级的建筑控制线进行控制。

（6）道路交通：对区段主要道路结构、交通设施、慢行系统、多种交通方式组织换乘等进行控制和指引。

（7）环境景观设施：对绿化景观、环境小品、夜景照明、街道家具、无障碍设计、友好型设施等提出相应要求。

（8）地下空间：对地下空间开发利用范围、出入口位置、立体剖切关系等做出引导说明。

（9）特定（重点）意图区：对重点意图用地进行控制说明。

（10）实施措施与建议等。

例如，《南京市城市设计成果技术标准（试行）》对地段（区段）城市设计编制内容分为特色定位、空间结构、土地利用、交通组织、用地管理、重点街区、开敞空间、道路与慢行空间、景观空间、建筑群体与景观环境，以及其他内容。对地块城市设计编制的主要内容分类分项包括街区建筑（退界控制、高度控制、街墙控制）、开敞空间（绿地水体、广场硬地）、交通与通道（机动车流线、地面公共慢行、空中公共联系）、地下空间（地下开发范围、地下空间利用、地下空间联系）、公共活动（活力引导）、建筑设计、环境设计和其他等。

我们通过比较《南京市城市设计成果技术标准（试行）》（以下简称《技术标准》）与《上海市控制性详细规划技术准则（2016年修订版）》（以下简称《技术准则》）的内容建议来进行分析理解（表6-2）。

表6-2　南京地块城市设计编制的主要内容和要求

分类	分项	编制内容要求	重要管控项
街区建筑	退界控制	1）对建筑退让用地边界、重要开敞空间、交通与市政设施提出控制要求，划定建筑控制线； 2）研究特殊用地的整合开发方式，对相邻地块的跨地块开发范围提出要求；	■低多层/裙房后退控制线、高层/塔楼后退控制线
	高度控制	3）对建筑控制线范围内的高度提出控制要求，分类分区提出建筑高度的限高值、限低值或区间值；	■低多层/裙房高度控制区、高层/塔楼高度控制区
	街墙控制	4）根据地段实际情况，对低多层建筑（高层建筑的裙房）、高层建筑（高层建筑的塔楼）的街墙提出控制要求； 5）通过建筑对位率指标控制建筑物沿街的规整度和秩序感；通过建筑贴线率指标控制建筑物沿街界面的连续性。	□低多层/裙房街墙控制线、高层/塔楼街墙控制线
开敞空间	绿地水体	1）对地块内外绿地和水体进行表达、重点区分绿地空间类型，对绿地空间和滨水空间提出控制引导要求；	■水体 ■开放绿地/其他绿地
	广场硬地	2）对地块内的广场或硬地为主的区域进行表达，对重要广场空间提出控制引导要求。	■广场或硬地 □下沉广场节点
交通与道路	机动车流线	1）依据地块机动车出入口设置的难易程度，选择采用“允许”或“禁止”的开口范围进行表达； 2）对位置特殊或功能复杂的地块、合理组织各类机动车流线和停车设施，区分出入口类型；	■允许/禁止机动车出入口开口范围 □建议机动车出入口位置 □机动车流线
	地面公共慢行	3）对地面层的公共慢行系统进行表达，重点关注与绿地、广场、滨水区的连接，与交通点的连接，以及城市干道的跨越方式； 4）对街区地块内必要的公共通道进行表达，对通道的接口位置、控制宽度、空间尺度等做出说明；	□地块内公共通道 □地面公共连续路径
	空中公共联系	5）对必要的空中公共通道系统进行表达，确定地块之间的空中可连通范围； 6）对空中公共连续路径的位置和数量提出要求，重点对可连接的标高、宽度、下部净空等做出说明。	□空中可连通范围控制 □空中公共连续路径

续表

分类	分项	编制内容要求	重要管控项
地下空间	地下开发范围	1）对地下空间开发的位置、范围，地下建筑退让用地边界提出控制要求； 2）研究高强度开发地段的地下空间整合开发模式，对不同地下开发单元之间的连接方式、可连通范围、标高衔接等提出要求；	□地下建筑后退控制线
	地下空间利用	3）研究地下空间的利用方式，对主要地下公共空间与停车空间的分布提出要求；	□地下空间类型
	地下空间联系	4）对地下公共连接通道的位置、数量、净宽、标高以及地下建筑预留接口等提出要求； 5）对地下空间的主要出入口、垂直交通设施、下沉广场的位置和数量提出要求。	□地下可连通范围控制 □地下公共连续路径
公共活动	活力引导	1）确定商业店铺界面的位置和形式（如敞廊、退台），对商业通透界面（店铺、出入口、橱窗等）所占比例进行引导； 2）通过剖面示意对敞廊、退台等特殊界面的形式做出说明。	□公共活力界面 □公共活力节点
建筑设计		对功能布局、群体形象、建筑肌理、体量高度、屋顶、立面、色彩、材质、装饰等提出相应要求。	□总平面图示意 □景观环境引导
环境设计		对景观绿化、地面铺装、环境设施、夜景照明、无障碍设施、环境保护措施等提出相应要求。	
其他		对历史风貌、场地竖向、实施措施、鼓励政策等提出相应要求。	□其他引导或示意

说明：本表内容和要求是对《南京城市设计导则》中“城市总体空间特色”和“片区城市设计”相关章节内容要求的补充和完善。可根据具体项目的实际情况进行增补、调整或删减。

（资料来源：南京市规划局. 南京市城市设计成果编制标准[S]. 2018.）

在图则控制内容上，《南京市城市设计成果技术标准（试行）》中地块城市设计图则版式包括基本信息、图则说明、控制图、引导图及其他等内容做如下详解：

1. 基本信息

具体包括图则编号、区位图、图例，及地块名称、地块位置信息、单位信息等内容。

2. 图则说明

具体内容分为：控制类别、原则意图和图则说明三部分内容：

①控制类别包括从“空间形态、交通流线、地下空间、界面类型、建筑设计、环境设计以及其他方面”等不同方面，具体提出城市设计的控制和引导要

求，应单独针对某项控制类别提出控制目标、原则或控制意图的具体说明，以便于更好理解图则内容。

②原则意图内容是说明总体控制意图引导。

③图则说明内容是具体的控制和引导，可分为不同的条文要点或地块细则。

3.控制图

进行定位、定线、定界，体现指标数值的设计控制图，如建筑后退、街墙控制、高度分区、开敞空间、机动车出入口、空中公共通道、地下空间标定等。

4.引导图及其他

包括地面公共步行、空中公共通道、地下空间、界面类型、建筑设计、环境设计及其他需要引导的内容，如形态效果图等。

在具体的控制类别和控制要素方面，上海的《技术准则》将城市设计附加图则的控制类别分为五大方面，与南京的《技术标准》相比较，图则的具体控制类别与名称术语略有区别，控制要素的指标内容稍有差异。上海的《技术准则》体现了控制性详细规划附加图则的补充内容与深度要求，但没有南京的《技术准则》的控制内容划分细致，目的是抓大放小，易于图则附加。具体表现在，南京的《技术准则》单独提出了建筑设计、环境设计的类别控制，其中环境设计内容偏重景观设计要素的控制，而上海的《技术准则》中生态环境的控制偏重绿地率、水面率等用地控制指标。二者对于建筑形态或街区建筑的控制内容则没有本质区别，均根据各自技术管理要求提出相应的控制指标内容（表6-3）。

表6-3　《南京市城市设计成果技术标准（试行）》与《上海市控制性详细规划技术准则（2006年修订版）》附加图则关于地块控制内容的比较

上海《技术准则》	南京《技术标准》	上海《技术准则》	南京《技术标准》	上海《技术准则》	南京《技术标准》
控制类别		控制要素		内容比较	
建筑形态	街区建筑	建筑高度 屋顶形式 建筑材质 建筑色彩 连通道* 骑楼* 标志性建筑位置* 建筑保护与更新	退界控制 高度控制 街墙控制	内容相近	内容相近

续表

上海《技术准则》	南京《技术标准》	上海《技术准则》	南京《技术标准》	上海《技术准则》	南京《技术标准》
公共空间	开敞空间	建筑控制线 贴线率 公共通道* 地块内部广场范围* 建筑密度 滨水岸线形式*	绿地水体 广场硬地	控制重点不同	控制重点不同
道路交通	交通与道路	机动车出入口 公共停车位 特殊道路断面形式* 慢行交通优先区*	机动车流线 地面公共慢行 空中公共联系	内容相近	内容相近
地下空间	地下空间	地下空间建设范围 开发深度与分层 地下建筑主导功能 地下建筑量 地下连通道 下沉式广场位置*	地下开发范围 地下空间利用 地下空间联系	内容相近	内容相近
生态环境	—	绿地率 地块内部绿化范围* 生态廊道* 地块水面率*	—	与开敞空间类别内容相近	与开敞空间类别内容相近
—	公共活动	—	活力引导	无此项	—
—	建筑设计	—	—	无此项	—
—	环境设计	—	—	无此项	—
—	其他	—	—	控制内容较为粗略	控制内容较为粗略

注：带*的控制指标仅在城市设计区域出现该种空间要素进行控制。

（资料来源：本文作者根据《南京市城市设计成果技术标准（试行）》与《上海市控制性详细规划技术准则（2016年修订版）》内容整理）

6.2.3 面向实施的城市设计编制

如果说控制开发的城市设计是一种通则范式的设计，自上而下的提出控制开发的原则要求，告诉人们什么是允许的，什么是需要抑制的，那么，面向实施的城市设计可以理解为一种项目协同的设计，是自上而下与自下而上互动的协同过程。具体明确的用地功能和投资主体的前提下进行的形态完整的设计创造并实施引导。面向实施的城市设计不断追求空间的最优解决方案，这一方案的形成需要具体的空间语境，各主体现实的利益诉求是进行空间博弈的基础，城市设计师要能够制定清晰弹性的结构框架以保障项目设计的顺利实施。

面向实施的城市设计的控制成果需要具有较强的实效性，主要用以指导“土地拍卖、详细规划、建筑设计、建筑管理”的过程。设计编制的过程中要有明确的开发意图并与潜在的开发商进行沟通协商，了解开发需求，运用空间规则，统筹空间要素，满足利益诉求，整合空间形态。并且，城市政府和规划主管部门也可以通过与开发商协商而达到更高的开发目标，并协同不同利益团体共同寻求诉求一致的最优化方案结果。

面向实施的城市设计面向项目的实际运营，功能定位更加清晰明确，在设计管控的过程中，往往会进行多轮的设计投标工作，以便方案的进化、诉求的细化，或者分解为各子系统的设计创作，局部优化、不断完善。此类城市设计需要有一个实施导向的总体城市设计方案作为基础，在总体框架的指引下，优化某些局部功能或系统设计的效果。可以说，城市设计的创作工作是持续的，不断修正的，并且要不断与城市设计的不同控制要素进行协调，特别是道路交通、市政基础设施等的衔接，这是一个综合性设计工作。

在城市设计的各项控制要素中，土地使用地块的划分对城市公共空间的实施有着明显的相关作用。在具体项目组织实施的规划条件中，城市设计成果需要形成法定文件才能对项目的组织实施产生约束力。因此，城市设计的主要控制要素与城市规划管理可运用手段之间的默契程度决定了城市设计实施的效用。城市设计控制也要保持一定的弹性，在允许调整的范围内，根据实际项目需求调整城市设计的法定化内容。

以广州中轴线南段城市设计整合为例，1993年，珠江新城开发建设正式启动，控规开始编制；2003～2004年，《珠江新城中央广场城市设计》深化成果编制完成。2003年，《珠江新城规划检讨》由广州市政府颁布。2005年，广州市建委组织了珠江新城市政交通项目设计招标；2007年，广州市建委组织开展了珠江新市政交通项目景观工程及海心沙岛景观设计；最终确定2009年的实施方案。珠江新城核心区东起冼村路，西至华夏路，北起黄埔大道，南临珠江，东西长700m，南北长2000m，占地面积约1.4km^2。在漫长的设计咨询过程中，核心区商务区确定形成了宝瓶形的中心景观，总体延续城市景观序列。此后，珠江新城规划虽然不断在调整完善，中轴线形态也略有调整，但是其作为开放空间的结构性控制要素——用地功能、建筑高度、重要界面等的形态关系等，一直被延续下来，实现了总体结构固化。在此期间，城市设计准则的研究工作也在进行，城市设计控制内容与手段在此均有体现：通过建筑高度确定天际线轮廓，控制2个空间制高点（＞300m）作为城市地标，在两个空间制高点之外划分三个高度区段，从北到南依次为170～200m、100～150m和50～80m；界面关系为独立式、围合式和界面式三种形态原型，街墙界面保持连续性，贴线率≥70%，高度控制范围为21～25m，基底界面设置连续统一的骑楼界面，高度为5m，开间为5～8m。同时，城市设计导则还明确了导则指引的具体条件和奖励条例，以确保设计实施的空间激励和用地调整中的弹性控制（图6-4）。

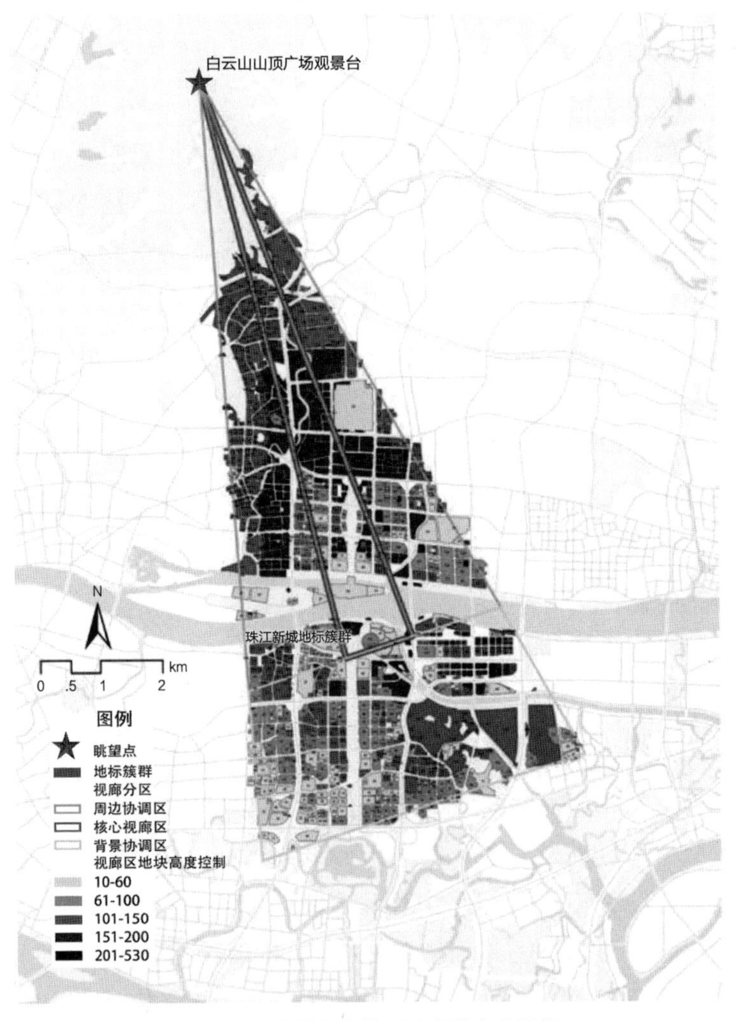

图6-4　新中轴视廊簇群形态的高度控制

（图片来源：广州市规划和自然资源局.广州城市设计导则[S]，2019.）

面向实施的城市设计的导则编制需要持续的过程辅导工作，并应根据项目实际变更及时按流程修改管控图则，以利项目批建。城市设计导则内容落实过程出现了一些问题，例如，珠江新城的慢行天桥采取“先建项目导向”原则进行管控，出现了不同地块人行天桥难以衔接的问题。主要原因在于缺乏统一的实施控制要求，造成各建筑单体之间的预留连接口坐标与标高存在差异。这就需要规划部门进行总体协调辅导，各项目施工主体积极配合，以便合理解决。又如，以珠江新城F1—2地块为例，城市设计导则将地块功能定位为“商贸办公”，但开发者申请改为酒店，因其符合用地调整内容，且“能够促进商业商务配套的品质提升”，所以规划允许调整。

6.2.4 综合治理的城市设计编制

综合治理的城市设计主要面对城市的综合整治，梳理空间问题，改善城市质量，实现城市修补和生态修复的双重目标。综合治理的城市设计将空间资源视为一种补偿性的开发，用以平衡综合治理的投入。综合治理的城市设计面对的主要问题是生态环境治理、市容环境治理、社会环境治理等与城市更新和城市设计内容的统筹协同。

无论是控制开发、面向实施，还是综合治理的城市设计，其成果编制最终都要转化成城市设计的管理文件。城市设计层级类型的划分主要根据设计任务的具体性质来采取不同的技术路径，其成果内容均体现在政策规章、技术标准、设计导则、设计图则，以及具体的实施策略之中。

综合治理的城市设计成果的实效性更体现在其过程性中，仅就其成果类型而言，因综合治理涉及内容的综合性，综合治理的城市设计成果可分为策略性成果和实施性成果两种。策略性成果可以转化形成城市的政策治理、发展目标、运作策略等，实施性成果则具体形成城市设计导则的管控内容，并可根据利益博弈需要设置弹性引导措施等。

思考题：

1.城市设计的要素控制内容有哪些？

2.风貌引导的城市设计与控制开发的城市设计技术约束有何异同？

3.区段城市设计的控制内容是什么？

本章参考文献：

[1] Barnett J. An Introduction to Urban Design[M]. New York：Harper & RowInc，1981.

[2] 童明. 扩展领域中的城市设计与理论[J]. 城市规划汇刊，2014（1）：53-59.

[3] 张京祥，陈浩. 空间治理：中国城乡规划转型的政治经济学[J]. 城市规划，2014，38（11）：9-15.

[4] 郭婧，叶楠. 城市治理转型下的北京城市设计思考[J]. 城市与区域规划研究，2018，10（3）：208-225.

[5] 扈万泰. 城市设计实施管理技术研究[J]. 建筑学报，2004（8）：79-81.

[6] 唐燕. 城市设计运作的制度与制度环境[M]. 北京：中国建筑工业出版社，2012.

[7] 王科，张晓莉. 北京城市设计导则运作机制健全思路与对策[J]. 规划师，2012，28（8）：55-58.

[8] 司马晓，孔祥伟，杜雁. 深圳市城市设计历程回顾与思考[J]. 城市规划学刊，2016（2）：96-103.

[9] 陶亮. 控规编制中城市设计附加图则成果规范研究——《上海市控制性详细规划附加图则成果规范》解析[C] //2012中国城市规划年会论文集，2012.

[10] https：//www.sohu.com/a/241583966_654278

[11] 南京市规划局. 南京市地块城市设计图则技术标准（试行）[S]. 2013：1-2.

[12] 阎树鑫，关也彤. 面向多元开发主体的实施性城市设计[J]. 城市规划，2007（11）：21-26.

[13] 孙施文，张美靓. 城市设计实施评价初探——以上海静安寺地区城市设计为例[J]. 城市规划，2007，31（4）：42-47.

[14] 唐子来，张辉，王世福. 广州市新城市轴线：规划概念和设计准则[J]. 城市规划汇刊，2000（3）：1-7，79.

[15] 郑宇，汪进. 广州珠江新城城市设计控制要素实施评估[J]. 规划师，2018（S2）：44-49.

第七章　城市设计的运行与管理

本章以深圳为例，深圳是我国最早试点城市设计工作的城市之一，40年来始终坚持以城市设计引领高质量城市建设，进而培育出了具有广泛影响力的设计生态，演化出了一套制度完整、内涵丰富、特色鲜明、综合性强的体系。深圳的城市设计工作由点到面系统化展开，1998年由政府牵头开展了城市设计研究工作，涉及“编制要求、技术指引、系统管理规定、设计标准”等多方面内容。深圳在1998年借助经济特区的特别立法权通过《深圳市城市规划条例》，使城市设计获得了法律地位。《深圳城市规划条例》将城市设计分为整体城市设计和局部城市设计两个层次，这一分层体现了城市设计的分层次管理问题，分层次的管理也反映出不同的成果审批层次。

深圳各阶段规划中的城市设计主要内容是：

（1）城市总体规划及次区域规划阶段

确定城市空间形态，构造城市景观体系，布置城市人文活动空间。

（2）分区规划阶段

确定分区的道路、绿化和水体系统，提出重点地段的建筑基本格调建议，对分区的公共活动空间定位，对地形地貌的利用提出要求，进行街景设计确定主要景观点，设立相关视廊及空间轴线。对自然景观和人文景观及城市文化特色的保护与利用、主要人流集散点的空间布局和交通组织提出指导性意见。

（3）法定图则阶段

对建筑群的色彩、风格、高度提出控制要求，确定广场、中心街等公共活动空间的形态及界面，提出空间环境特征要求，确定重点文物保护单位及传统街区的保护范围和四周建筑高度控制条件。

（4）详细蓝图阶段

应包含建筑群体形态设计，提出尺度、体量、高度、色彩、风格、照明和室外空间设计的指导性意见，对公共空间的系统组织、功能布局、景观设计、尺度控制、界面处理、出入口和交通流线组织、街景立面设计和建筑小品设计提出要求，协调道路交通设施与建筑群体及公共空间的关系，确定建筑物公共通道的位置、尺度与标高。

7.1 深圳城市设计的成果形式

深圳城市设计法定化的努力所应对的首要问题是城市设计成果如何转译为规范、标准的规划管控文件，并能够进行有效的制度化运作。因城市设计成果存在特点和缺少制度化的规定，在转译的过程中容易产生偏差和变异。国内其他城市也不断进行着制度化的探讨，其中，深圳的实践具有较强的创新性和前瞻性。为此，我们将可借鉴模式进行梳理和总结，阐述其设计原理。

7.1.1 纳入政策规章或技术规定

深圳市规划部门将城市设计纳入政府规章或城市设计技术规定、标准形成一般性城市设计通则、政策等。政策条文或一般规定等主要是在城市总体规划及次区域规划阶段。规定是城市规划政策、法规的具体化形式，是处理问题的法则。

规章政策与一般规定属于通则模式，其优点是具备较好的管控弹性，缺点是针对性不强，仅能保证规避最不利因素，最低限度实现城市设计，难以进行差异化管控和精细化运作。

总体评价，技术规定通过建立设计标准的设计准则进行设计指引，其优点是清晰、直接、通用性强，缺点是系统性不强，缺乏整体控制，城市自身特色构建不够突出。但是，对于规划管理体系较为庞大的特大城市而言，“技术标准或设计准则”更为实用一些，可以根据需要与其他类型层次的城市设计共同使用，逐级引导。

7.1.2 整体独立运作

深圳城市设计以独立和融入两大类型共存互补，形成双轨制编制、评价和审批、实施管理的运作。《深圳市城市规划条例》规定，深圳市重点地区单独编制的区段城市设计可相对独立运作，并将其再融入法定图则运作。城市重点地区法定图则中特别重要的项目、核心地段可采用方案型城市设计，成果全部转译成为法定图则技术文件，直接成为具体项目的方案或设计审查的主要依据。

独立型城市设计成果包括技术文件和法定文件，技术文件是法定文件的技术支撑和编制基础，法定文件是城市设计强制性内容的文件，法定文件的成果由文本和图则组成，技术文件由研究报告和城市设计方案等组成。

独立型城市设计由政府部门独立审批，整体城市设计以及特别重要的局部城市设计由规划部门初审后报城市规划最高决策机构——规划委员会审批。

城市设计的独立编制运作适合于实施型城市设计，具备相对明确的开发主体，具有确定的用地范围，有着明确的任务要求，便于用地间统筹协调，协同控制设计要素等。独立编制运作的城市设计需要一定程度地与建筑设计相衔接，提出具体的建筑设计指引要求，并协调景观环境设计等具体要求。

在独立运作的城市设计中，城市政府通常以针对城市设计对象划定特定意图区组织设计竞赛的形式收集“创意风暴”，最后由中标单位或指定单位对多家设计成果集合优缺点进行城市设计整合，以形成最优设计成果。城市设计整合通常是城市政府挖掘城市内涵、征集设计创意、发挥城市设计价值的有效手段。

7.1.3 融入法定图则

融入法定图则是将城市设计成果纳入法定图则管理，这是目前法定化城市设计成果实施运作的法理基础和基本思路。它将城市设计从城市总体规划及次区域规划、分区规划阶段的城市设计最终传导为法定图则层次的城市设计。深圳城市设计的层次简化为宏观层次和微观层次两个层次，即整体城市设计和局部城市设计。融入型城市设计与各规划阶段一起审批，由于法定图则具有法律效力，融入的城市设计相应也具有法律效力。

法定图则包括法定文件和技术文件，法定文件的规划控制条文和规划控制图表具有法律效力，是进行建设许可和规划管理的主要技术依据，技术文件作为法定文件的基础支撑和解释性说明，属于规划管理部门的内部技术依据。

法定文件包括文本和图表。文本是指按法定程序批准的具有法律效力的规划控制条文及说明，但文本中的配图及照片均不具有法律效力。图表是指按法定程序批准的具有法律效力的规划图及附表。

城市设计的成果融入法定图则的内容包括：

（1）城市设计方案的功能布局与空间形态作为控制图的基础或依据。

（2）法定图则规定性指标的控制要素内容包括土地使用性质、用地面积、建筑密度、建筑高度、容积率、绿地率、公共配套设施、土地相容性规定等。

（3）城市设计引导性内容可以在文本中设专门章节，可从空间形态和景观体系、公共空间和无障碍通道、总体布局和建筑界面、建筑形态和立面设计、交通组织和步行系统、环境设施和景观小品等几方面进行。

7.2 城市设计成果转化建筑管理

7.2.1 “一书两证”的规划实施管理

规划许可是对城市规划区范围内的开发活动进行的行政许可。“一书两证”是对我国城市规划实施管理的基本制度的通称，即城市规划行政主管部门核准发放的建设项目用地预审与选址意见书、建设用地规划许可证和建设工程规划许可证，根据依法审批的城市规划和相关法律规范，对各项建设用地和各类建设工程进行组织、控制、引导、协调，使其纳入城市规划的轨道。根据《城乡规划法》，城市规划管理实行由城市规划建设行政主管部门核发选址意见书、建设用地规划许可证、建设工程规划许可证的制度，简称“一书两证”（图7-1）。

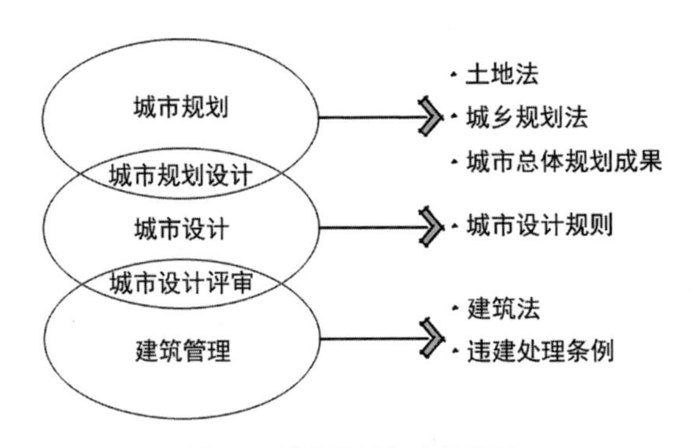

图7-1 城市设计与建筑管理

（图片来源：金广君．图解城市设计[M]．哈尔滨：黑龙江科学技术出版社，1999.）

《中华人民共和国城乡规划法》第36条规定，按照国家规定需要有关部门批准或者核准的建设项目，以划拨方式提供国有土地使用权的，建设单位在报送有关部门批准或者核准前，应当向城乡规划主管部门申请核发选址意见书。第38条规定，在城市、镇规划区内以出让方式提供国有土地使用权的，在国有土地使用权出让前，城市、县人民政府城乡规划主管部门应当依据控制性详细规划，提出出让地块的位置、使用性质、开发强度等规划条件，作为国有土地使用权出让合同的组成部分。未确定规划条件的地块，不得出让国有土地使用权。以出让方式取得国有土地使用权的建设项目，建设单位在取得建设项目的批准、核准、备案文件和签订国有土地使用权出让合同后，向城市、县人民政府城乡规划主管部门领取建设用地规划许可证。城市、县人民政府城乡规划主管部门不得在建设用地规划许可证中，擅自改变作为国有土地使用权出让合同组成部分的规划条件。

独立型城市设计和融入型法定图则均需转化为建筑工程“一书两证”的规划设计要求。城市设计内容转化为建设项目选址意见书和建设用地规划许可证的规划控制要求，其转化的准确性和有效性成为实施有效的城市设计运作的重要前提。整体城市设计，结合城市总体规划、次区域规划和分区规划阶段的城市设计属于宏观层次，主要成果是城市设计导则，提出原则性意见和指导性建议，指导下一层次城市设计，并不直接控制和指导具体的开发建设，存在两次转化的过程，城市设计成果比较容易流失、变异、偏差，运作实效总体不强。城市设计分级传导的控制内容需要借助法定规划体系分级落实，宏观城市设计的策略性、微观城市设计的实施性均体现在其成果转化的不同实效性上。

以城市设计方案进行直接控制指引一般是在城市设计实施阶段，城市设计方案可附加转化为建设用地规划许可证的规划设计要求，或城市设计方案直接作为附件附加（设计方案直接附加的运作实效最强）。尚未编制或来不及编制法定图则的城市重点地区，局部城市设计方案经审批后代替法定图则，相对独立实施；城市一般地区则以融入法定图则的城市设计作为建设用地规划许可证的规划设计要求（融入法定图则城市设计的量化指标等运作实效强，而原则性、指导性要求则实效不明显）。无论有无城市设计覆盖的地区，均以《深圳城市设计标准与准则》的一般性城市设计通则、技术规定进行全覆盖和最低限度的实施。《城市设计管理办法》规定以出让方式提供国有土地使用权，以及在城市、县人民政府所在地建制镇规划区内的大型公共建筑项目，应当将城市设计要求纳入规划条件。

7.2.2 规划选址许可与设计审查

规划选址需要分析建设项目与城市长远发展、城市总体规划、专项规划的关系，论证项目选址是否符合风景名胜、历史文化和环境保护，以及公共安全和防灾减灾等要求。规划选址许可需要针对建设项目规划选址中的依据和程序、资源利用、环境保护、交通评价、设施配套等方面主要存在的问题与矛盾进行梳理与评价，并从加强程序协调、改进技术审查和优化利益统筹等角度提出了针对性的工作对策和建议。

规划选址许可的核心工作是对规划用地选址的合法性、合理性进行评价，规划选址也是城市规划的核心技术之一。建设项目选址规划论证报告的内容根据项目的类别等情况具体确定，一般应当包括以下要点：

（1）项目概况

①项目选址的背景；②项目的基本情况，包括建设规模，投资规模，拟用地规模，运输量及运输方式，用水、电、气、热量等；③选址需求，包括区位、场地条件、外部条件、项目选址的特殊要求等。

（2）项目选址的依据和原则

①选址依据，包括法律法规、标准规范、政策依据等；②选址原则。

（3）项目所在地块及周边区域情况

①水文、气象、地质、地貌等自然地理条件；②土地权属、用地现状、可能涉及的房屋和土地征收情况；③城乡规划及相关行业发展规划要求；④交通组织、配套设施情况；⑤与项目选址相关的其他情况。

（4）选址方案的比选论证

①建设项目选址与城镇总体规划确定的空间布局、土地利用、镇村布局等的协调情况；②建设项目交通影响评价及与城市交通的衔接情况；③建设项目与城镇基础设施和公共服务设施的协调情况；④建设项目对城镇环境的影响及对策；⑤建设项目与城镇综合防灾规划及其他相关规划的协调情况；⑥建设项目与周边风景名胜、文物古迹保护的关系；⑦建设项目与机场净空、微波通道、军事设施保护及国家安全等特殊要求的关系；⑧建设项目选址的经济性分析。

（5）结论与建议

①提出选址推荐方案；②提出对相关规划的反馈建议；③提出项目前期工作和后续建设的规划要求及建议。

规划选址许可阶段需考虑建设项目选址与城市（城镇）总体规划确定的空间布局、土地利用、镇村布局等的协调情况；城市设计要求综合考虑是否符合城市空间的艺术布局、历史保护与空间协调、布局选择的合理性等要求，并具体通过结合相关法定规划设计要求和城市设计方案等方面做出设计审查。可在《建设项目选址意见书》《建设用地招标拍卖挂牌书》中预设城市设计要求。

7.2.3 建设用地规划许可与设计审查

建设用地规划许可证是建设单位在向土地管理部门申请征用、划拨土地前，经城市规划行政主管部门确认建设项目位置和范围符合城市规划的法定凭证，是建设单位用地的法律凭证。核发目的是确保土地利用符合城市规划，维护建设单位按照城市规划使用土地的合法权益。

建设用地规划许可证应当包括标有建设用地具体界限的附图和明确具体规划要求的附件。附图与附件是建设用地规划许可证的配套证件，具有同等法律效力。附图与附件由发证单位根据法律、法规规定和实际情况制定（表7-1）。

表7-1　法定图则成果、局部城市设计成果与建设用地规划许可证指标的关系

<table>
<tr><th>序号</th><th>法定图则成果构成</th><th>法定图则规划控制指标</th><th>城市设计成果（准则、导则、图则）</th><th>建设用地规划许可证指标分类</th><th>建设用地规划许可证的指标和要求</th><th>备注</th></tr>
<tr><td>1</td><td rowspan="9">图表</td><td>用地性质</td><td>用地性质</td><td rowspan="9">规定性指标</td><td>土地利用性质</td><td>以法定图则为准</td></tr>
<tr><td>2</td><td>用地面积</td><td>用地面积</td><td>—</td><td>根据城市设计成果可适当调整</td></tr>
<tr><td>3</td><td>容积率</td><td>容积率</td><td>建筑容积率</td><td>应用城市设计激励模式可适当调整</td></tr>
<tr><td>4</td><td>配套设施项目</td><td>配套设施的布局和设计要求</td><td>公共设施：项目、面积、要求</td><td>配套设施项目和数量不应减少</td></tr>
<tr><td>5</td><td>土地利用相容性规定</td><td>建筑功能面积分配和布局要求</td><td>建筑功能分项面积</td><td>倡导高效集约、混合利用土地</td></tr>
<tr><td>6</td><td>建筑密度</td><td>建筑密度</td><td>建筑密度</td><td>根据城市设计成果可适当调整</td></tr>
<tr><td>7</td><td>建筑高度（如生态敏感、滨海、历史街区周边地区）</td><td>建筑高度</td><td>建筑高度（如生态敏感、滨海、历史街区周边地区）</td><td>根据城市设计成果提出</td></tr>
<tr><td rowspan="2">8</td><td rowspan="2">绿地率（如生态敏感、滨海、历史街区周边地区）</td><td rowspan="2">绿地率</td><td>建筑退红线要求</td><td>根据城市设计成果提出</td></tr>
<tr><td>绿地率（如生态敏感、滨海、历史街区周边地区）</td><td>根据城市设计成果提出绿地空间位置和布置要求</td></tr>
</table>

续表

序号	法定图则成果构成	法定图则规划控制指标	城市设计成果（准则、导则、图则）	建设用地规划许可证指标分类	建设用地规划许可证的指标和要求	备注
9	文本	城市设计章节	空间形态和景观体系	指导性要求	城市设计总体要求、空间形态特色、建筑布局（如标志性建筑、景观视线通廊、滨海区建筑面宽要求）	根据城市设计成果提出
10			公共空间和无障碍通道		公共空间功能布局、景观设计、尺度控制、界面处理等，为所有人（包括残疾人）提供安全舒适的街道	根据城市设计成果提出
11			总体布局和建筑界面		高层塔楼、裙楼建筑界面的设计要求	根据城市设计成果提出
12			建筑形态和立面设计		建筑体量、立面材料色彩、屋顶形式、骑楼设置、低层架空等	根据城市设计成果提出
13			交通组织和步行系统		步行系统、慢行交通、机动车出入口	根据城市设计成果提出
14			环境设施和环境小品		环境景观小品、地面停车场位置等具体要求	根据城市设计成果提出
15			其他要求（如历史风貌街区）		历史风貌建筑、文物保护等具体要求	根据城市设计成果提出
16			城市设计附件			根据城市设计成果精简提炼
17			城市设计指引			根据城市设计成果精简提炼
18			城市设计附图			根据城市设计成果精简提炼
19			城市设计方案			根据城市设计成果精简提炼

（资料来源：叶伟华.深圳城市设计运作机制研究[M].北京：中国建筑工业出版社，2012.）

建设用地规划许可审查要点包括：①审查建设主体是否复合法定资格，申请事项是否符合法定程序，企业法人营业执照和房地产开发企业资质证书。②复核建设项目投资批准、审核和备案文件（按国家投资规定需要的）。③复核建设用地性质、范围是否复合选址意见书要求（按国家规定需要办理选址意见书的）。④复核国有土地使用权出让合同是否附具规划条件，其中规定的用地性质、开发强度等各项指标是否符合规划主管部门此前拟定的规划条件（出让用地项目）。⑤审查建设项目是否通过环保部门的环境评价（不需办理选址意见书而法律、法规要求环境影响评价的）。⑥审查是否符合国家技术标准规范和地方技术规定、规划条件和各部门要求（建设项目需在用地许可阶段审查修建性详细规划方案或建设工程设计方案总平面图的）。

审查依据是：①城市总体规划；②建设项目所在区域的控制性详细规划/法定图则；③国家技术标准规范和地方相关技术规定；④各类专项规划和相关主管部门要求。

规划设计要求：①用地情况。包括用地性质、边界范围（包括代征道路及绿地的范围）和用地面积。②开发强度（规划控制指标）。包括总建筑面积、人口容量（指导性指标）、容积率、建筑密度、绿地率、建筑高度控制等。③建筑退让与间距。包括建筑退让“四线”，即道路红线、城市绿线、河道蓝线、历史街区和历史建筑保护紫线，建筑间距、日照标准、与周边用地和建筑的关系协调。④交通组织。包括道路开口位置、交通线路组织、主要出入口、与城市交通设施的衔接、地面和地下停车场（库）的配置及停车位数量和比例。⑤配套设施。包括文化、教育、卫生、体育、市场、管理等公共服务设施和给排水、燃气、热力、电力、电信等市政基础设施。⑥城市设计指导性要求。包括空间形态和景观体系、公共空间和无障碍通道、总体布局和建筑界面、建筑形态和立面设计（如屋顶形式、骑楼设置、底层架空要求、视线通廊等）、交通组织和步行系统（如慢行系统）、环境设施和环境小品、其他特殊要求（根据片区实际情况提出，如历史风貌街区）。⑦公共安全。满足防洪、抗震、人防、消防等公共安全的要求。⑧其他特殊要求。如地段内需保留和保护的建筑和遗迹、古树名木，地下空间开发和利用，其他特殊审批程序要求等。

7.2.4 建设工程规划许可与设计审查

建设工程规划许可证是有关建设工程符合城市规划要求的法律凭证，是建设单位建设工程的法律凭证，是建设活动中接受监督检查时的法定依据。核发目的是确认有关建设活动的合法地位，保证有关建设单位和个人的合法权益。

建设工程规划许可证所包括的附图和附件，按照建筑物、构筑物、道路、管线以及个人建房等不同要求，由发证单位根据法律、法规规定和实际情况制定。附图和附件是建设工程规划许可证的配套证件，具有同等法律效力。

在建设工程规划许可阶段，一般由规划部门进行判例式的个案审查，审查具体项目设计是否满足建设用地规划许可证的规划设计要求，对项目申请作出许可、有条件许可或否决的意见。

7.3 深圳城市设计的运作与管理

7.3.1 规划管理运作体系建设

规划管理是一种政府行政行为，是一种公共干预的手段。深圳城市设计在追求科学化运作体系、法定化的设计控制和尊重设计价值引领等方面不断探索城市设计边界，逐渐形成了自身特色鲜明的城市设计管理体系，受到行业的广泛认可。

深圳的城市设计管理体系构建，主要围绕着管理主体、管理工具和管理内容三个维度。不论是1994年深圳市规划国土局成立国内首个城市设计管理机构，还是1998年《深圳市城市规划条例》以地方立法的方式确定了城市设计的法定地位，抑或是1997—2019年间28项城市设计系列标准（三类，技术指引9项、管理规定5项、系统规划研究14项）相继公布，深圳从未停止在城市设计管理运作体系方面的建设步伐。

1. 管理主体维度

设立市级城市设计政策制定和管理的专设机构。1994年，深圳市规划国土局城市设计处成立，是国内首个城市设计的管理机构，现名称为城市和建筑设计处（市雕塑办公室）。主要负责“拟订城市设计相关政策与标准，并组织实施”，是深圳市城市设计管理的直接主管机构；承担“组织编制重点（节点）地区城市设计、详细蓝图和公共空间、公共景观规划”工作，并“负责建设用地规划许可管理和建设工程规划许可管理工作（城市更新项目除外）”。

完善区级城市设计政策执行和管理的相关机构。各区派出机构设置管理城市设计的相关科室，完善城市设计的管理和监督系统；个别区级政府设立城市设计管理的专门机构（如深圳市南山区设立重点片区规划建设管理中心），针对重点建设片区中的城市设计、专项设计事务进行协调和管理。市区两级城市设计管理机构的设立，为城市设计在全市范围内的管理和实施提供了有力保障，而管理中心的补充，则为深圳具有独立编制城市设计和指导建设管理的重点片区提供了从设计走向落地的有效补充。

从自发伴随逐步走向常态化机制的规划技术团队。自城市设计在深圳的规划管理体系中占据重要管理地位后，深圳逐渐形成了针对重点地区的伴随规划服务团队，以技术服务管理的身份跟踪重点地区的设计落实。其中以后海中心区城市设计面向实施的15年伴随服务最为典型，通过中国城市规划设计研究院对空间控制总图的长期连续服务，保障了城市设计的长期稳定和传承演进，形成了一套完整的“类总师”城市设计伴随服务。2017年以来，深圳市试点针对重点片区的总设计师制度，将这一探索结合其他城市经验，形成常态化规划技术管理服务机制，其中大空港地区更根据片区特征创新采用“总规划师、总建筑师”的双总师形式，体现了在城市设计管理实施过程中的务实探索。

2.管理工具维度

以法规确立城市设计的法定地位和管理效力。1998年《深圳市城市规划条例》以地方立法的方式确定了城市设计的法定地位，开启了城市设计在规划管理过程中的法定指导历程；《深圳市城市规划标准与准则》设独立的“城市设计与建筑控制”专章，并从总体风貌、景观分区等维度强化城市设计的管理作用，其中城市设计景观分区分为四类，对不同类型地区城市设计的指导作用和管理要求提出明确要求。最为突出的是，一类城市景观区为深圳市的核心景观地区，其城市设计具有独立编制和指导详细规划、用地设计条件的地位，如深圳后海中心区、福田—罗湖中心、前海中心等，这一规定赋予了重点地区城市设计在深圳城市规划技术管理中的特殊地位（表7-2）。

表7-2 《深圳市城市规划标准与准则》对城市设计适用条件的要求

景观分区	景观特征	主要控制范围	管理要求
一类城市景观区	核心景观地区	主要包括福田—罗湖中心、前海中心等	应单独编制城市设计，作为详细规划及用地规划设计条件的依据
二类城市景观区	重要景观地区	主要包括沙井中心、松岗中心、观澜中心等	在编制法定图则时应加强城市设计内容的研究
三类城市景观区	一般景观地区	除一、二、四类城市景观区以外的其他规划建设用地	应符合本章相关要求
四类城市景观区	生态敏感地区	非建设用地及大型公园绿地	应符合深圳市基本生态控制线管理规定及国家相关规范的要求

（资料来源：本书作者根据相关资料整理）

分层次、分类别的城市设计体系和系列标准。经过多年的实践，深圳市城市规划形成了多个技术层次，包括融入与总体规划的城市设计专章、独立的总体城市设计、各类详细城市设计；技术管理体系也形成了多元化的内容体系，包括融入条例总体要求的技术指引、专项的城市设计标准与准则、针对特定城市设计工作的办法（表7-3）。从1998年《深圳市城市规划条例》到2009年《深圳市城市设计标准与准则（试行）》标志着城市设计管理和实施走向了独立系统，而2018年《深圳市重点地区总设计师制试行办法（送审稿）》的发布，更将城市设计工作从技术内容研判带入了实施管理和品质控制阶段。

表7-3　深圳城市设计系列标准

分类	法规文件	颁布年份
技术指引	深圳市规划国土局城市设计指引	1997年
	深圳市城市设计控制指标体系	2000年
	深圳户外广告设置指引	2000年
	深圳市绿色建筑设计导则	2007年
	深圳市城市设计标准与准则	2009年
	深圳市绿色住区规划设计导则	2009年
	深圳市绿色城市规划导则研究	2010年
	深圳市城市设计物理环境优化技术指南	2011年
	深圳市步行和自行车交通系统规划设计导则	2013年
管理规定	城市设计编制技术规定	1997年
	深圳市城市设计编制技术规定（内部试用版）	2000年起多版
	深圳市城市设计指引技术规定（内部试用版）	2000年起多版
	深圳经济特区户外灯光设置管理规定	2000年
	深圳经济特区城市雕塑管理规定	1994年、2004年、2017年
系统规划	深圳经济特区整体城市设计研究	1999年
	深圳市城市设计体系及背景研究	2000年起陆续开始编制
	深圳市未来城市形象研究	
	深圳市城市设计中的文化内涵研究	
	深圳经济特区灯光景观系统规划	
	深圳经济特区城市雕塑总体规划	
	深圳经济特区户外广告设置指引研究	
	深圳经济特区地下空间开发利用规划研究	
	深圳市给水系统整合研究与规划	2017年

续表

分类	法规文件	颁布年份
系统规划	深圳市海绵城市建设专项规划及实施方案	2018年
	深圳市海洋环境保护规划2018-2035	2018年
	深圳市海岸带综合保护与利用规划	2018年
	深圳市海岸线研究	2018年
	深圳市海绵城市建设专项规划及实施方案优化	2019年

（资料来源：本书作者根据相关资料整理）

3.管理内容维度

控制内容与控制条件不断演进。自城市设计相关指引和系列标准不断完善以来，深圳市城市设计的管控内容就在不断地丰富和延展，而对于城市设计类项目管控内容的探索，一直处于大胆探索、试点实践和谨慎推广的态势。2000年初，随着法定图则和城市设计对实施管理指导作用的分工，城市设计逐渐承担更多详细设计内容的要素管控，并与详细蓝图相似，从传统三维体量控制走向场所元素控制、景观界面要素控制等多方面，并形成了典型的“一张蓝图”管理方式，其突出代表为2008年形成初稿的《南山后海中心区城市设计》，其后随着系统研究的逐渐深入，城市设计控制内容逐渐由地面控制向地下空间、二层系统、活力场所方面纵深发展，走向三维管控纵深细化和活力场所塑造阶段，这些转变在未发布的《深圳市城市设计指引技术规定（内部试用版）》等都有体现，而前海相关街坊、深圳湾超级总部基地等地区和后海中心区后续系列设计也在发生着相关转变。直到深圳湾超级总部基地、大空港地区引入总设计师制度，城市设计已经完全打破规划和设计类别的边界，从实施导向和目标控制双向角度出发伴随城市建设工作。

7.3.2 重点地区的城市设计管理探索

深圳重点地区设计和管理制度的演进历程，代表了对城市设计实施管理的先锋探索。自20世纪80年代初的蓝图式城市设计萌芽开始，以福田中心区设计为代表的一批城市设计孕育了深圳城市设计的技术雏形；1994年管理部门为城市设计“建章立制”，通过完善管理机制、技术体系，迅速确定了深圳城市设计的完整系统；自2005年深圳湾滨海地区、后海中心区城市设计开始，深圳城市设计已经向更深层次开展探索，走向城市设计实施管理探索阶段；而近年来“总设计师”制度的完善，则代表着深圳在城市设计运行机制方面的进一步深化探索。

1. 萌芽演进阶段——面向实施的蓝图式城市设计

面向实施、重视空间的蓝图式城市设计满足特区初期快速发展需求。这一阶段，深圳市罗湖口岸、东门老街、华侨城等地区的城市设计是典型代表，形成了深圳特定时期发展印记。

2. 规范体系阶段——管理机制和技术体系的完善

技术体系和管理机制逐步完善，奠定了深圳城市设计发展的基础架构。随着深圳市城市设计管理的逐渐完善，一系列具有探索性但不乏标准化的城市设计工作逐步开展，福田中心区后期、竹子林地区等都具有典型的特征。

3. 深化探索阶段——设计管理和实施保障的探索

经验总结和先行示范、城市设计逐步走向全过程、全周期伴随服务。而深圳还具有一类特殊的城市设计探索，是在城市有限时间内高速发展迅速形成的格局基础上开展的先锋探索，深圳湾地区的超级总部、后海中心区就是这一类型的典型代表，长期发展所采用的相对稳定设计基础、技术团队和管理方式，造就了特殊发展和建设地区的成长路径，在不断地建设中同步进行活力塑造，完善设计管理，城市设计得以在确定的原则和结构下进行快速反应和修订。

试点重点地区实行总设计师制，以保障城市规划的实施，提升城市空间品质。在伴随服务的宽泛定义中，总设计师制度是特别的存在，代表着对重点发展地区伴随设计的常态化探索。2018年，《深圳市重点地区总设计师制试行办法》（以下简称《办法》）颁布，《办法》规定“总设计师应深入理解重点地区规划设计建设情况和发展需求，向建设管理部门提供技术协调、专业咨询、技术审查等服务”。

重点地区总设计师制是政府相关部门通过组织构建、程序管理等手段，根据相应法律法规、规章制度和政策文件等，确立地区城市总设计师的地位、职责、程序等的制度，以规范重点地区城市设计运作过程的参与者行为，达到对城市空间形态高效管控和制度化管理的目的。

国内学者对“责任规划师”制度的研究做了广泛的探讨，从社区更新改造层面的社区规划师制度，以控制性详细规划跟踪维护的责任规划师制度，到以重点地区规划实施对接管理的总设计师制度等。

思考题：

1.深圳城市设计的成果融入法定图则的内容是什么？

2.什么是“一书两证”？

3.建设用地规划许可审查要点包括哪些？

4.什么是重点地区总设计师制？

5.深圳在城市设计运行机制方面的探索经历了哪些阶段？

本章参考文献：

[1] 司马晓，孔祥伟，杜雁. 深圳城市设计历程回顾与思考[J]. 城市规划学刊，2016(2)：96-103.

[2] 叶伟华，赵勇伟. 深圳城市设计成果实施运作模式初探[J]. 规划师，2009，25(9)：87-91.

[3] 张宇星. 城市规划管理体系的建构与改革——以深圳市规划管理体系为例[J]. 城市规划，1998(5)：20-23.

[4] 叶伟华. 深圳双轨制城市设计运作机制分析及启示[J]. 建筑学报，2008(5)：58-61.

[5] 叶伟华，赵勇伟. 深圳融入法定图则的城市设计运作探索及启示[J]. 城市规划，2009(2)：84-88.

[6] 叶伟华. 深圳城市设计运作机制研究[M]. 北京：中国建筑工业出版社，2012.

第八章　城市设计的案例评析

8.1 基于要素整合、系统构建的深圳华侨城总部城区总体城市设计①

8.1.1 项目背景

深圳华侨城作为生态文明时代的先行者，自1985年建设之初就以宜居、生态著称，依山就势的城市空间格局，减少对地表破坏的同时，形成了丰富多变的城区生态公园型景观体系，蜿蜒的小尺度的机动车道系统和步行街道系统（图8-1）。它伴随着不断演进的人性尺度的现代文明价值，在空间上结构性和系统性整体地呈现社区公共性和艺术性；在制度上以“自组织”和“他组织”地集聚个性，众筹智慧，协同设计和保护华侨城未来的社会生态和自然环境生态。华侨城总体规划核心内涵是城市设计对华侨城欢乐海岸持续设计和研究，城市设计需要足够的时间去提炼、思考。30多年的发展使华侨城具有了社会人文的丰富积淀，其物质和人文方面的双重宜居性在深圳独一无二。华侨城的各项生态环境指标均远高于深圳市的人均水平，即使在国内外生态城中也处于较高水平。华侨城成为深圳最有可能在宜居环境方面与世界级湾区比肩的地区之一。

宜居生态价值。华侨城的宜居本底源于对生态的尊重，在花园中建城市的宜居理念贯穿华侨城建设的始终。华侨城选择依山就势的城市空间格局，减少对地表破坏的同时，形成了丰富多变的城区生态公园型景观体系，蜿蜒的小尺度的机动车道系统和步行街道系统。华侨城的建设过程中兼顾人工与自然，至今生态斑块功能仍然在发挥重要的作用。随着周边城市建设的推进，湿地的生态功能将越

① 项目编制人员：朱荣远、王泽坚、张若冰、王飞虎、梁浩、杨晓凯、吴天帅、周天璐、娄云。

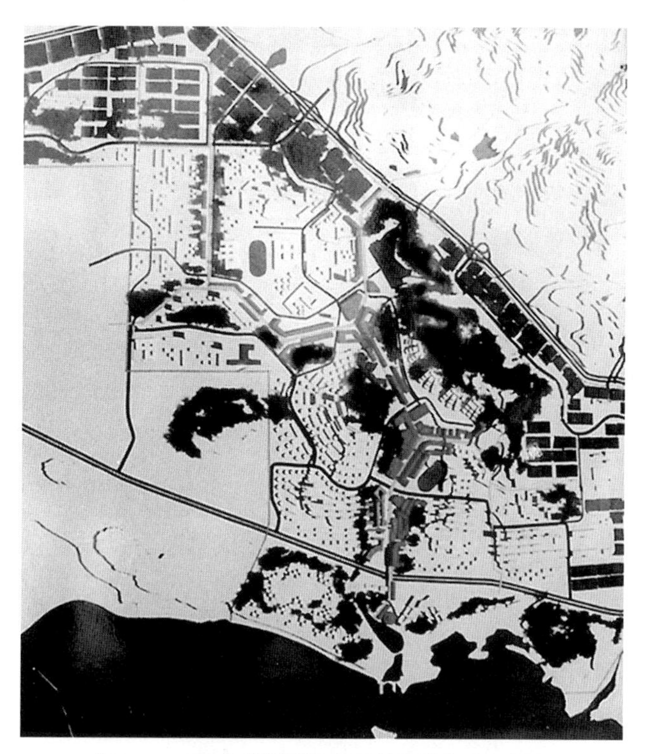

图8-1　1985年华侨城依山就势的城市空间格局

（图片来源：《深圳华侨城总部城区总体城市设计》成果）

发凸显。华侨城注重保护和修复生态湿地，使之成为候鸟的栖息家园。华侨城对保护生态和创建宜居环境的努力也得到社会的认可，获得首次颁发的“国家级滨海湿地修复示范项目”等称号。值得一提的是，在我国2016年批准的134处国家湿地公园试点中，华侨城湿地是唯一一个位于特大都市核心地区的湿地公园，华侨城则成为首个受托管理湿地的企业。

社会人文积淀。在最初的深圳总体规划布局结构中，几个城市板块组团各自依托自身的资源起步，华侨城唯一的资源就是旅游景区，是深圳城市重要的组成部分，是重要的城市旅游地区，也是滨海城市深圳最早开发的片区中唯一以旅游为特色的城市关键组团。华侨城地区是深圳全市的三大特征景观风貌区之一，是唯一同时具备山、海、城特征的城市地区。同时，作为深圳最早一批开发的地区之一，华侨城与蛇口等地区一起，成为深圳改革开放的历史记忆符号，例如光华街的石头房子是深圳历史少有的物质载体。华侨城主题公园已经成为中国旅游业发展的一个典范。泛华侨城地区是深圳市文化设施最为集中的地区之一，艺术馆、博物馆等的数量、密度和主题性非常突出，在深圳文化创新格局中具有重要的复合价值。并且，华侨城的各类艺术活动的密度和影响力也是深圳其他地区无法比拟的。

创新企业营盘。华侨城总部城区的第三点价值，体现在其是企业独一无二的大本营，是静态的价值空间与不断输出创新的营盘。一直以来华侨总部城区不只是一个城市空间，更是一种生活、一种文化、一种引领，发挥着向外输出产品模式和创新的重要职能。华侨城在总部之外做的，更多是一种成功后的传播与复制。20世纪80年代，康佳作为第一家合资电子企业诞生，以康佳为代表的工业企业在华侨城深深扎根，如今成为改革开放记忆、深圳记忆的重要元素。2000年，波托菲诺小镇引领了“旅游+地产”模式的先河。2007年，LOFT的开园，标志华侨城在创意文化空间的领先地位。2012年，湿地开园和当代艺术馆成立，华侨城的生态和文化地位再次升级。如今，华侨城模式已经升级为“文化+旅游+城镇化”的营城模式，在这一新模式下，如何延续人文和社会积淀，提高华侨城品牌价值在全国的影响力，实现华侨城价值的持续领跑，成为华侨城总部城区总体城市设计所要综合考虑的问题。

8.1.2 总体定位

华侨城总部城区城市设计应延续过去的成就，迎接挑战，持续建设，继续发挥集团标杆引领输出作用。随着深圳最大城中村白石洲的旧城改造项目，以及超级总部基地等新项目的启动，泛华侨城地区人口的数量和丰富性都将提高，华侨城总部城区在城市层面的能级也将大大加强。其中，深圳湾总部基地得益于华侨城城区的历史积淀，是唯一一个具备上山下海条件、优越文化氛围的总部基地。同时，大片区人口的增长既是机遇，也是挑战，如何整合周边顶级城市资源，凸显华侨城总部城区的代表特征，而不是被周边所整合，解决这个问题需要一个足够有力的发展愿景和总体定位，能将周边的发展蓝图也容纳其中。

鉴于华侨城地区有着丰富多元的城市功能，具有高品质的公共产品资源的混合，拥有成为世界级综合城区的潜力。规划将华侨城定义为新标准、新价值的孕育及输出地区，力图将华侨城的品质与文化辐射到更大的范围，同时，“共同”与“公共”是华侨城现象将带来的簇群效应，这将促使泛华侨城地区融合为顶级的高品质综合城区。因此，设计单位综合对华侨城总部城区的价值、机遇进行判断，提出华侨城总部城区城市设计的发展定位为国际生态文明示范区、粤港澳大湾区文化森林、深圳都市圈活力城区（图8-2）。

图8-2　深圳华侨城总部城区及湿地公园

（图片来源:《深圳华侨城总部城区总体城市设计》成果）

8.1.3 系统构建

1.强化、优化人本体验

多样的人群需求指向丰富的公共空间叠加，强调、体验人本策略，希望通过公共空间塑造丰富、多元、连续体验。即通过识别、保护已有单位既有价值的城市品牌级场所空间，依托公共空间塑造丰富、多元、连续体验，从而创造多元包容、文化艺术气氛浓郁、自然环境优越的综合性城区。

华侨城在建设初期就明确了城区与自然结合的理念，留下了很多尺度宜人的街道，设计单位将延续城区与自然环境有机结合的理念，塑造良好城区环境，突出慢行交通主导、人本尺度的街区特征，从而创造富有活力的生活氛围、优质的生态环境和多元的人文体验。为此设计单位识别出城区的特色节点，形成四条特色漫游路径。第一条是创意文化体验路径，在城区东部集中串联了创意文化园、未来的锦绣中华文化综合体、OCT当代艺术中心等创意文化设施和部分具有特色的商务商业设施，如康佳总部和东部社区商业服务中心。第二条是山水生态体验路径，在以燕晗山为核心的中部，连接了一系列景观资源，如生态广场、天鹅湖、清花池、华侨城大草坪等。第三条是优质生活体验路径，连接了与日常生活紧密相连的设施，包括特色街区和广场、口袋公园、艺术商业设施等。第四条是艺术旅游体验路径，连接经典的主题公园、艺术展览设施和文化商业设施。由四类特色路径共同构成了总部城区的12km的体验网络，串联了28处兴奋点，形成了完整清晰丰富的城区活力网络，优化人本体验。从而促进社区里创意人群的集聚和碰撞，形成自然与人文的亲密接触，提供优雅的办公环境和绿色办公体验，以及安全舒适和充满活力的社区居住环境（图8-3）。

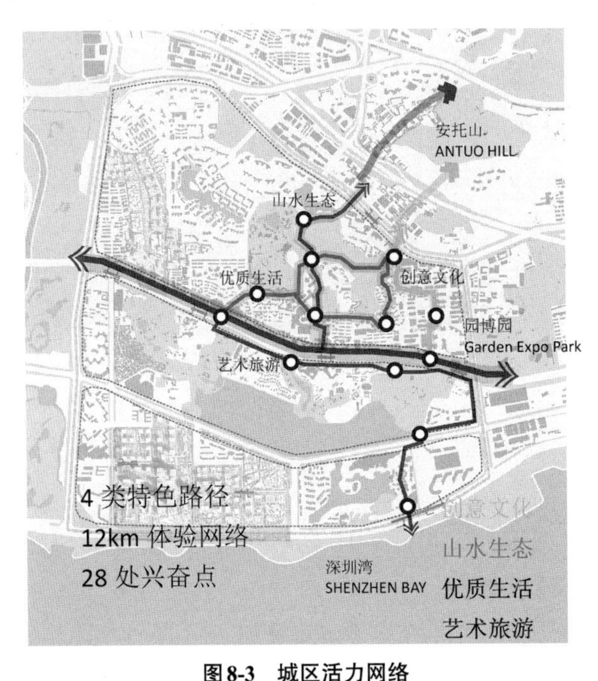

图8-3　城区活力网络

（图片来源：《深圳华侨城总部城区总体城市设计》成果）

2.识别、点亮公共资源

如何承载公共性活动是华侨城城市设计的关键内容。在人本尺度的四条特色漫游路径之外，设计单位识别出更大范围的公共资源框架，其中，最底层和最稳定的公共资源是核心绿地和水系，包括主题景区、燕晗山、生态广场等，共同构成了城区结构的本底；其次是重要道路和通道，包括深南大道、恩平街等；最后是主要的公共建筑，是城市活动和功能的载体。从深圳质量到华侨城品质，主题景区与城区互动交融，成为未来总部提升品质、寻找动力、激发价值的契机。特别要提到的是，主题景区是总部城区的重要组成部分，世界之窗、锦绣中华、欢乐谷三大景区约1.1km^2，约占总部城区用地的1/4。几个景区都多少遇到了发展瓶颈，如阻隔城市发展，效益增速减缓等。因此，如何重振景区，将是总部城区发展的关键一步。为此设计单位重新审视了主题景区应当发挥的作用，它们不应当是城市功能区中一个个孤立的单元，而应该是代表深圳融合艺术、文创、生态最高水平的复合功能区。于是，设计单位从两个角度激活景区，一是开放边界，使景区与城市无缝衔接；二是注入新功能，使城市功能和景区相互渗透，激发活力。

为此，基于遵循城区+景区互联互通的原则，规划提炼了六条不同特色的体验路径。第一条是由LOFT向南一直到锦绣中华、欢乐海岸、深圳湾的文创体验线。第二条休闲生活线，围绕燕寒山及欢乐谷成环，串联生态景观节点，向西南延伸跨越深南大道，与世界之窗相接。第三条为生态慢行线，以香山街为骨干，向南北延伸侨乡路，向南跨越深南大道和洲际酒店与锦绣中华、湿地公园相接。第四条是特色商业线，以白石洲和超级总部项目中的绿轴为主干，形成从沙河高尔夫起，穿越世界之窗，直到深圳湾的流线。第五条艺术旅游线，以深南大道文化为主干，构建连接和穿越各景区和文化艺术设施的网络。第六条特色商务线，以超级总部特色街区为核心，连接白石路、深圳湾和超级总部绿洲，成为商务和相关休闲活动的集中处。六大特色连续漫游路径，连接五大功能圈，点亮整合公共资源，为泛华侨城使用者提供了连续、完善、多元的公共资源体验网络（图8-4）。

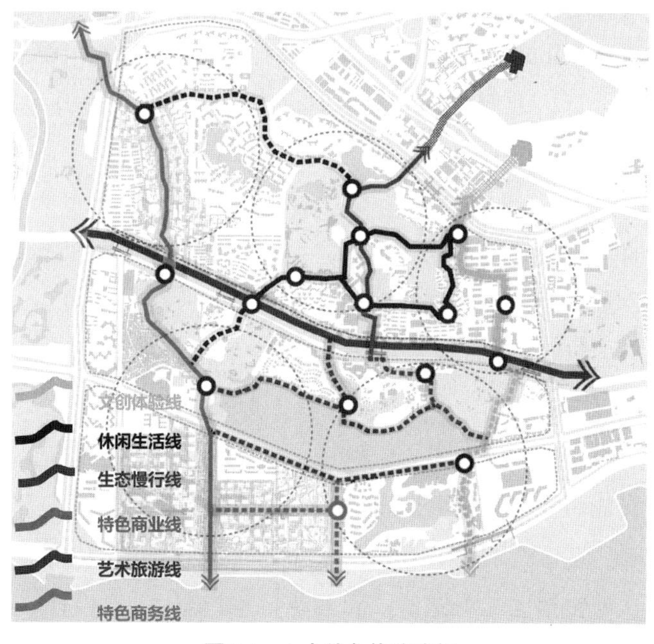

图8-4 六大特色体验路径

（图片来源：《深圳华侨城总部城区总体城市设计》成果）

3. 完善、提升空间系统

（1）文化带

人本特征、公共资源需要一个有识别性、丰富性和生长型的空间系统来支撑和实现。

空间要素强化分化特征。文化特征突出的片区包括泛东门片区、市民中心片区、泛华侨城片区、新安南头古城片区等。基于现状特质，规划一条可以沿着深南大道形成的一条文化复合带，为此设计单位对深南大道各段落空间特征进行了分析：在香蜜湖段，道路中央有宽阔的绿化带，两侧行道树茂密，建筑界面间断出现；在车公庙段，道路中央绿带消失，两侧高层建筑形成连续的街墙；在华侨城段，道路中央绿带变成茂密的树丛形式，与两侧行道树共同形成树笼，建筑隐藏在绿化之后；在科技园段，道路中央绿带保持树丛形式，行道树后面形成高层建筑街墙。可以看出，深南大道的树笼形态在华侨城段是独一无二的，很好地吻合了的华侨城地区的旅游、生态特点。通过分析，设计单位认为深南大道这一空间特征在未来发展当中应得以保持和加强，形成特色街道景观。现在深南大道北侧以城市功能界面为主，其中华夏艺术中心成为北侧唯一的文化艺术界面，南侧生态休闲界面和城市功能界面并存，何香凝美术馆段是唯一一处艺术界面。总之，深南大道文化艺术、生态休闲方面仍有较大潜力可激发。于是设计单位在地铁站周边，识别出了几处重点提升片区，南侧包括世界之窗、民俗村、锦绣中华三处文化艺术综合区，北侧包括光华街时尚文化街区，以提升主题公园的公共性，完善文化艺术功能（图8-5）。

（2）山海廊

纵观深圳的生态格局，华侨城是唯一一个既滨海又靠山，同时还具有高度人文特征的地区。总部城区应当充分利用这一特征，改变传统单一上山下海通道，有机地应对周边空间格局的变化，构建多样性的上山下海通道。设计单位比选了五条可能作为山海廊的路径，最终推荐三条，分别是东侧的创意文化廊，中部的生态休闲廊，西侧的都市文化廊。东侧的A轴为创意文化特色轴，北起塘郎山郊野公园，贯通安托山博物馆群、LOFT文化创意园、康佳总部、锦绣中华文创综合体、湿地公园、直达欢乐海岸和深圳湾。同时该轴也是文化产业链上下游产业联通的媒介，从博物馆的知识储备，到上游LOFT诞生创意设计，到中间康佳总部和锦绣中华的体验和展览发布，最终在欢乐海岸面向终端消费者。该文化轴及相关的产业链，帮助华侨城成为享誉国际的创意人才和企业集聚地。该轴通过

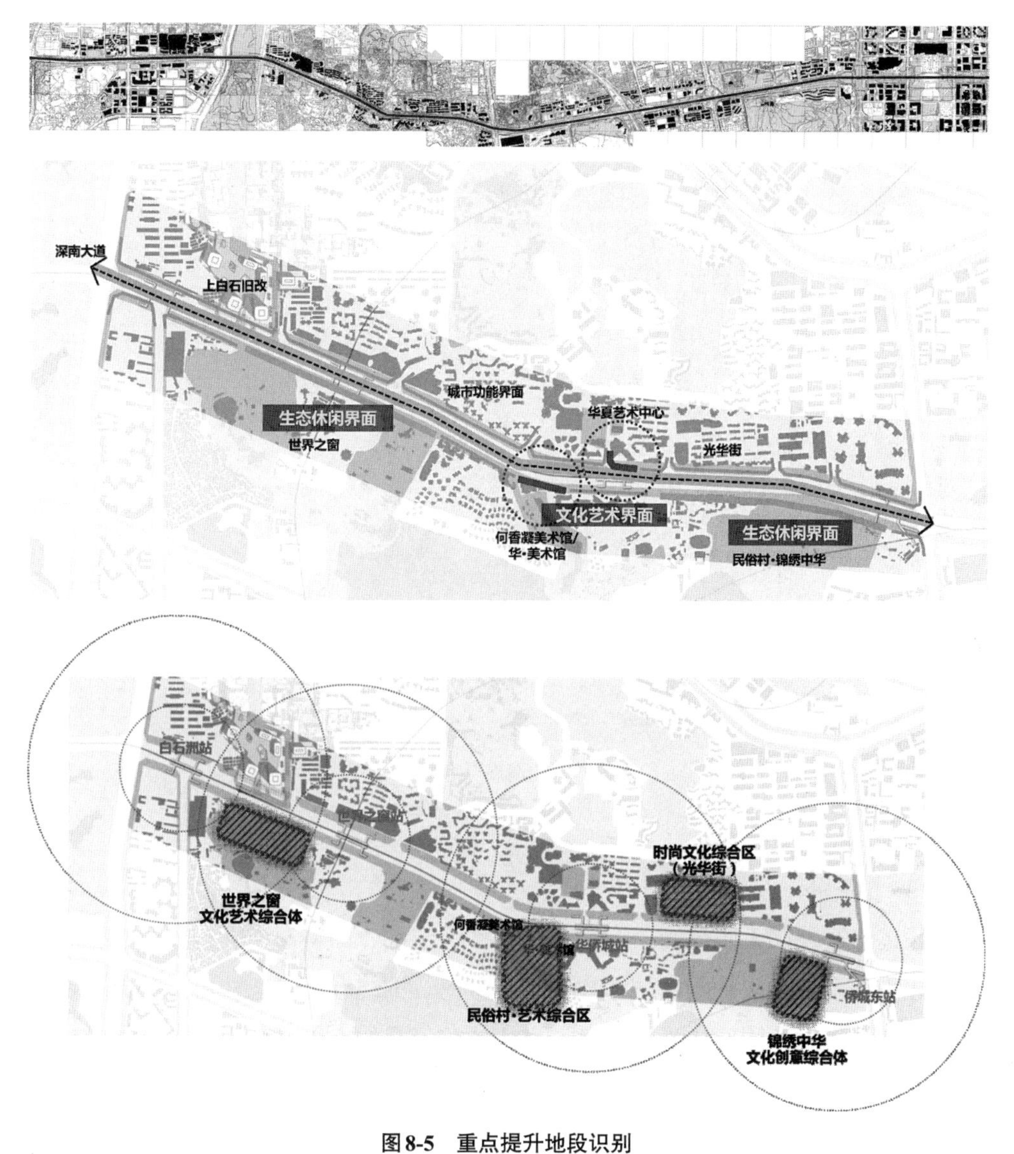

图8-5　重点提升地段识别

（图片来源：《深圳华侨城总部城区总体城市设计》成果）

两侧的文化艺术活动、界面，提供丰富的慢行体验。提升华侨城创意文化能级，激发文化活力。B轴为生态休闲轴，打造华侨城口袋公园/广场群，将玫瑰广场、华侨城大厦广场、汉唐大厦广场及生态广场及华侨城大草坪串起来，形成一系列氛围迥异的公园、广场群，湿地公园与主题公园的休闲体验。C轴为都市文化轴，白石洲下白石村商业综合体、京基百纳小区商业综合体、超级总部云城市中心共同形成都市商业文化综合体集群（图8-6）。

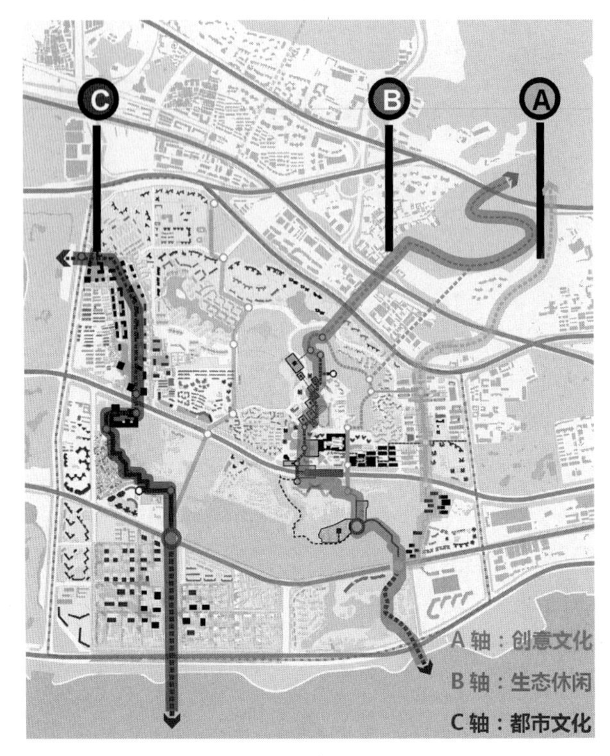

图 8-6 “山海廊”路径规划

（图片来源：《深圳华侨城总部城区总体城市设计》成果）

（3）超级环

构建连通外部大区域的一岸一路文化展示走廊，即将深南大道文化艺术复合轴和深圳湾滨海文化休闲带纳入规划结构版图。围绕湿地生态核心，一路一岸与文化带和山海廊共同形成生态滨海、文化体验复合的文化环。总之，多种结构性要素共同促成了一个滨海文化与文化复合的超级文化环，成为文化森林的主要载体。超级环的功能在不同区段有不同的侧重，形成时尚创意、生态湿地、生态休闲、文化艺术、商业商务有机结合的复合功能超级环（图 8-7）。

8.1.4 空间方案

未来的华侨城总部城区将是粤港澳大湾区的文化森林。有了上述定位和策略后，就可以进入具体空间方案的探讨。

1. 规划结构

三区二廊一环的规划结构（图 8-8）。

三区，即上区是以时尚文创为特色的品质生活综合社区，中区是以生态休闲

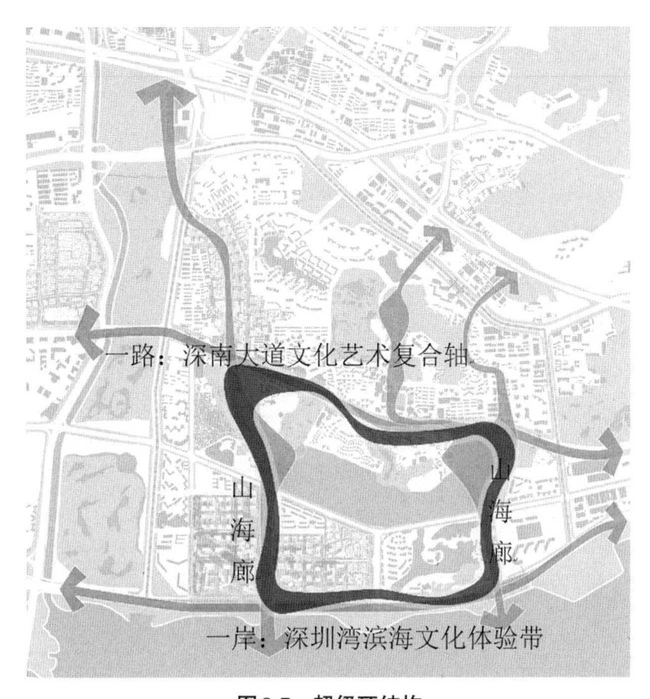

图8-7　超级环结构

（图片来源：《深圳华侨城总部城区总体城市设计》成果）

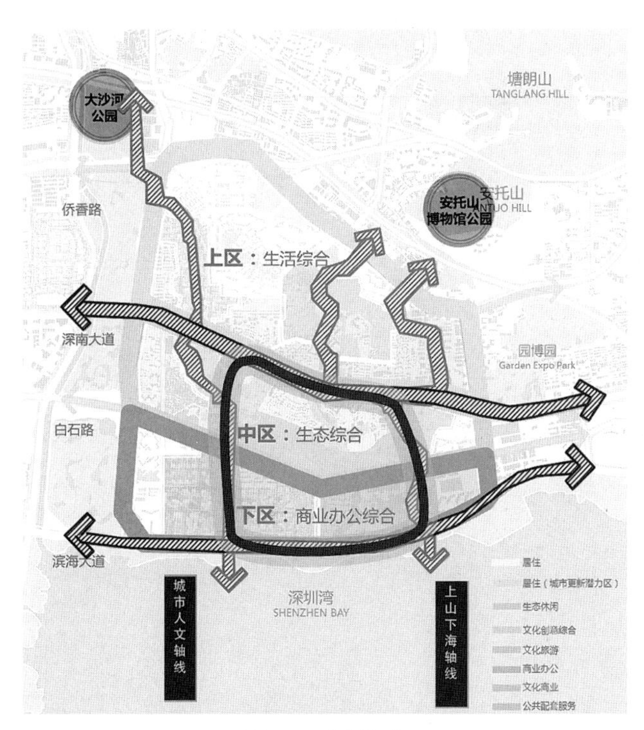

图8-8　规划结构

（图片来源：《深圳华侨城总部城区总体城市设计》成果）

文化艺术为特征的生态综合社区，下区是具有滨海体验特色的文化CBD。同时设计了南北向的上山下海双廊，连接和整合三大片区。

双廊，即上山下海双通道。包括文化创意轴、生态休闲轴、都市文化轴。三条轴线共同构成了山海双廊，成为总部城区融合山海湿地、城市文化艺术，彰显生态文创艺术特质的重要公共空间结构。

文化创意轴全长3.4km，北段1.3km，以创意产业、时尚展览为特征，中段0.8km，以生态休闲、科普教育为特征，南段1.3km，以创意展示、产品交易为特征。

生态休闲轴全长4.1km，北段1.8km，以生态居住、商业服务为特色，中段1.0km以休闲娱乐、自然体验为特色，南段1.4km以都市娱乐、特色商业为特色。

都市文化轴全长3.8km，北段1.4km，以都市居住、服务商业为特色，中段1.3km以文化创意、旅游演艺为特色，南段1.1km以商务办公、文化商业为特色。

最后，整合外部的深圳湾和深南大道廊道，形成围绕湿地公园的超级文化功能环，使文化森林与世界级的滨海景观、CBD形成整体的世界级文化旅游综合城区。三条轴线共同构成了山海双廊，成为总部城区融合山海湿地、城市文化艺术，彰显生态文创艺术特质的重要公共空间结构（图8-9）。

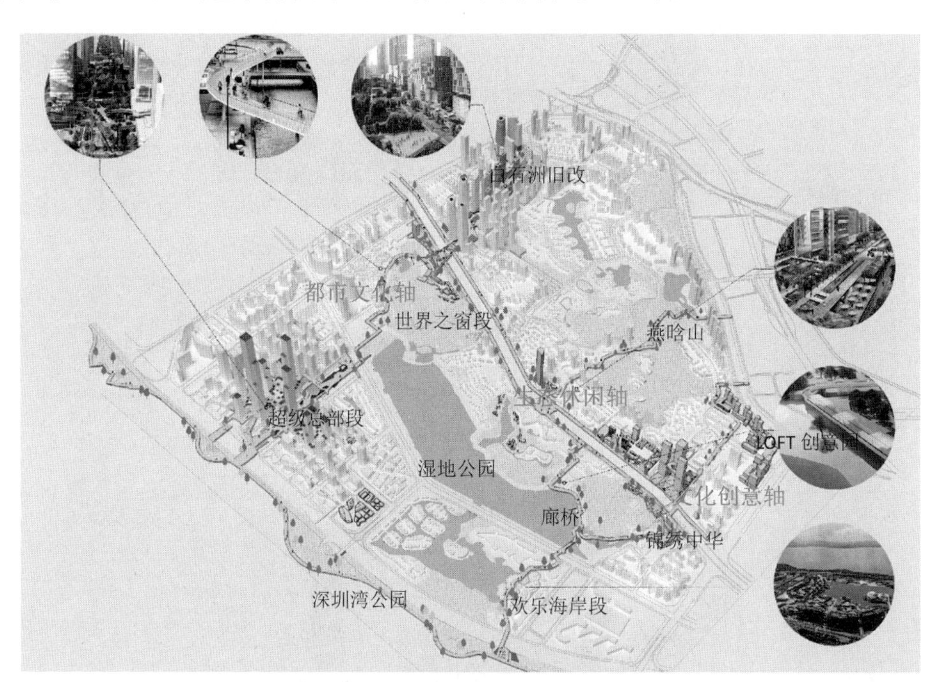

图8-9　三条轴线构成山海双廊示意图

（图片来源：《深圳华侨城总部城区总体城市设计》成果）

一环，即超级文化功能环。在超级环中，作为一路的深南大道文化艺术复合轴集中了六处更新或整治的文化艺术项目，是华侨城文化艺术功能的集中体现。在这些新增片区中，设计单位设想了若干细分项目，以丰富界面和内部的功能和活力。为保持华侨城深南大道的树笼景观特征，新增建筑应有适宜的高度。通过推敲，设计单位认为，锦绣中华综合体设置100m左右的高层是比较合适的。而在世界之窗段，周边建筑普遍较低，水平延展的建筑体量与环境更加协调。这些项目将与整个华侨城的公共空间系统相连，成为嵌入的文化活力激发点。作为一带的深圳湾滨海文化休闲带，集创意、艺术、健康要素于一身，是华侨城功能向外延展和渗透的首要地区。

2.系统整合

公共空间基底。由绿核、绿网和街区形成的公共空间基底是未来发展的骨架和保证城市品质的保底空间。燕晗山公园、湿地公园、立体公园构成三大块绿核，街道、街坊空间形成通达的绿网。创意园、光华街、欢乐海岸、顶级街区等特色街区成为公共街区，形成公共活动的主要空间（图8-10）。

优化总部城区内的慢行系统，以南北向“上山—下海”轴线为主要步行通道，完善其他主要步行通道和跨越干道的节点，形成覆盖全区步行网络，建议增

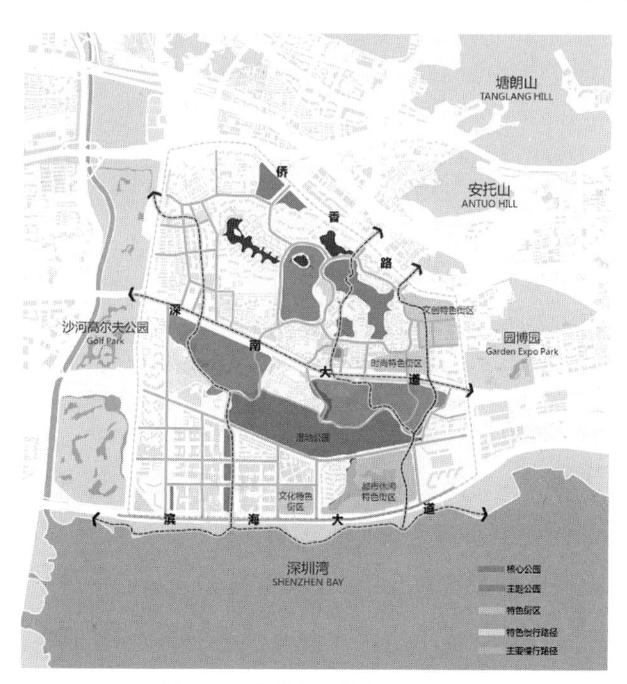

图8-10　公共空间基底网络系统

（图片来源:《深圳华侨城总部城区总体城市设计》成果）

加13处人行天桥。在自行车系统方面，形成区域、地方、游览、特色体验四个层次的自行车道体系，扩展30分钟可达的休闲圈和通勤圈的覆盖范围。自然体验系统方面，发扬生态广场凤凰木的规模化种植经验，营造若干条特色路径，使城区内的自然触手可及。

3.高度控制

在系统构建之上，设计单位还希望延续已有的建筑秩序。高度控制遵循从生态核心到外围，高度逐渐提高，保留低强度通廊的原则。在规划范围内按照从生态核心到外围，高度逐渐升高的原则，设计了三个层次的高度控制区，最内层是风貌核心保护区，应维护山水自然环境，维持较低的建筑高度，中间层建筑高度过渡区，以低层低密度为主，外层干道附近为高层集中区，可以布置高层和超高层（图8-11）。

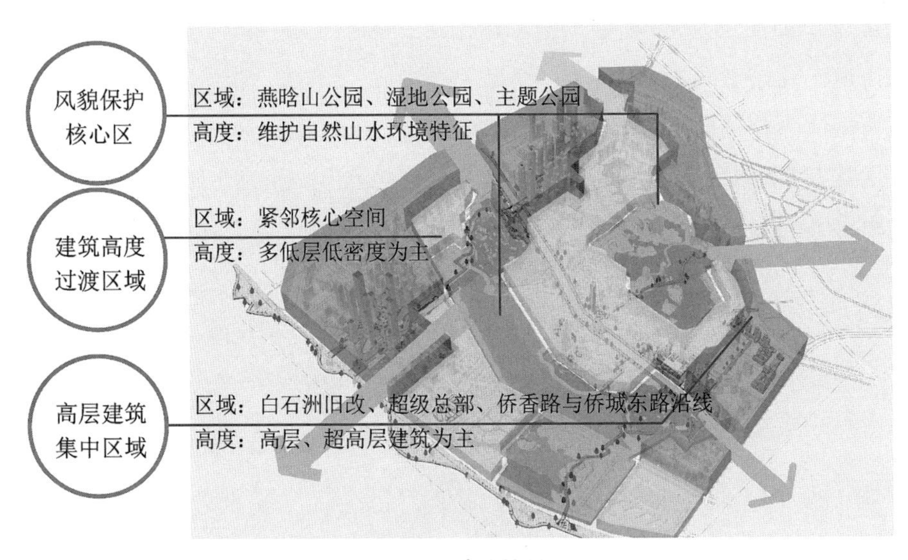

图8-11　高度控制

（图片来源：《深圳华侨城总部城区总体城市设计》成果）

在全区的控制之外重点对深南大道两侧的高度进行引导。深南大道应维持华侨城地区天际线节奏。在北侧，由西向东塑造白石洲、华侨城大厦、康佳总部的突出形象，其他新建建筑不应干扰地标的标志性（图8-12）。在南侧，应延续舒缓空间关系、强调城市生态景观的特征，新建建筑应以水平延展为主，局部布置高层，但不宜过高（图8-13）。

4.分区指引

在有机的整体城区的基础上，设计单位希望上中下区能强化各自的特色，形

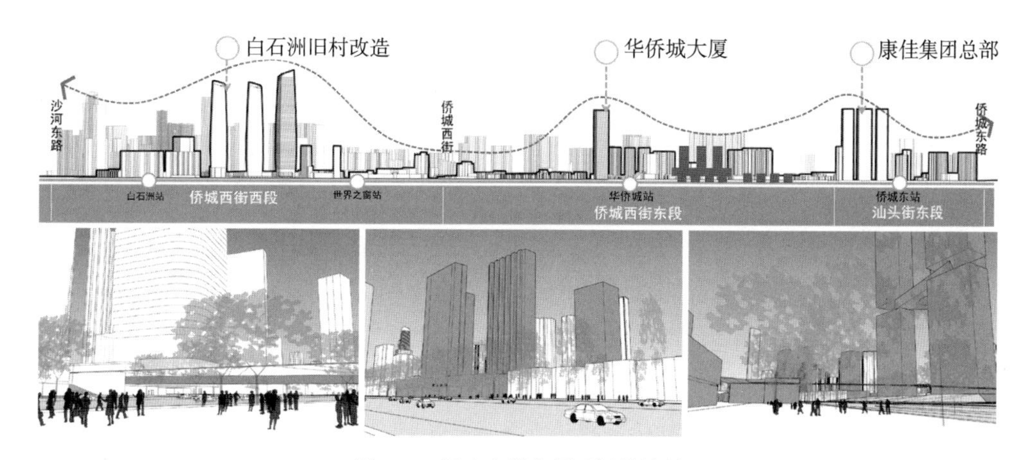

图 8-12　深南大道北侧天际线控制

（图片来源：《深圳华侨城总部城区总体城市设计》成果）

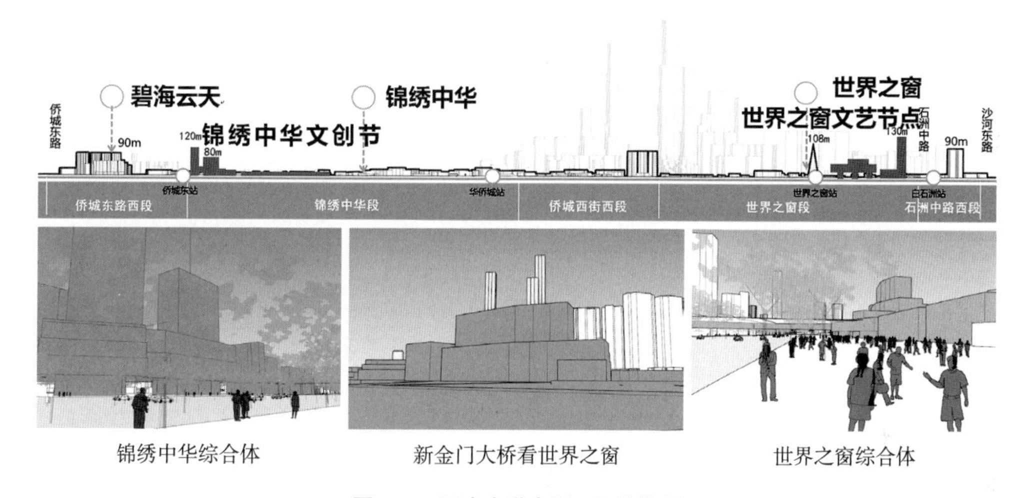

图 8-13　深南大道南侧天际线控制

（图片来源：《深圳华侨城总部城区总体城市设计》成果）

成互补的关系。在分析了三个区的建筑密度、容积率、人口密度后，设计单位为每个区提供了针对性的发展策略。

上区的居住密度、建筑密度都最高，生活氛围浓厚。在规划中延续了现状特征，定位为品质生活区，未来成为以文创都市产业为特征的生态综合城区。中区人口密度和建筑量最低，规划定位为以生态旅游为特色的片区。下区未来建筑量较大，将吸引大量就业人口，规划定位为文化创意、都市休闲特征的总部办公滨海城区。

具体到各个分区有着不同的设计策略。上区的主要目标是优化品质生活环境、激活文创时尚功能，维护创意时尚、品质生活特质城区。并识别出更新意愿高、建筑强度较低的地区，以及区域连接的关键节点、核心公共空间和轨道站节点，作为重点提升对象。最终形成4类、9处重点提升区域。在LOFT北区、东H区、康佳总部和光华街区采用拆除重建的方式植入增量和新的功能，东组团和华山村采用综合整治的方式提升环境质量，植入文化艺术等混合功能。生态广场和侨城东街节点做景观提升。新建一处城市地标项目华侨城大厦。

中区的主要目标是保护湿地公园生态核心、逐步开放主题公园、激活文化艺术体验，形成新一代生态休闲、文化艺术综合城区。为此我们识别出世界景区内部相对功能完整的片区，包括荔枝林、麒麟山、欧风街等，景点密度相对较低，且位于地铁站周边，有较大的开发潜力。同时验证权属的可行性，并对接周边规划的公共空间。在近期保持主题公园完整性、远期整体开放的设想下，将沿深南大道的潜力地块进行文化开发，提高深南大道沿线文化艺术价值与公共性。在空间结构上，保留欧风街肌理，加强地块连通性，加强主题公园与地铁站联系。世界之窗园区未来将分为世界庆典、世界之光、世界之家三部分。其中世界庆典以文化演艺为主题，成为开放为主的都市休闲娱乐综合体。世界之家营造开放为主的家庭主题的生态休闲度假体验区。中部的世界之光形成以灯光加怪兽为主题的主题景区。在这个思路上设计了项目意向总平面图，整个体量水平展开，东西连通欧风街和荔枝林。南北向上成为白石洲绿轴跨越深南大道的新金门大桥的第一个支点，轴线沿着城中村国际社区向南延伸到下区。对中区的东部锦绣中华设计单位也采取了类似的思路，识别出几个亮点地块，提升边界的公共性和开放性。形态设计上，保留苏州街肌理，从苏州街到锦绣中华综合体之间的功能带连接东西两侧的功能，强化深南大道沿线的活力界面。山海通廊穿越锦绣中华综合体，连通湿地并跨越白石路。对锦绣中华景区也做了重新设计，可以看到，新的方案沿深南大道形成了民俗文化街，衔接东西功能与肌理。在翠湖形成文化艺术馆集群，扩大原有展览设施的影响力。

下区的发展策略是借助超级总部的建设，渗透华侨城的基因，借机将总部的公共系统植入超级总部之中。建议获取立体文化公园、顶级文化街区的开发权，建设立体文艺街区，共同建构顶级滨海体验，打造文化CBD。

5.项目计划

通过系统规划和三个片区分别设计，共梳理了27个项目，其中14个公益类项目，13个经营性项目。按开发方式分，5个综合整治项目，15个新建项目，7个城市更新项目。例如，民俗村翠湖艺术综合区项目充分利用原景区内部的小体量建筑，置换功能后形成艺术展览群，与原来的何香凝美术馆、华美术馆两大文化设施共同形成有影响力的艺术集群等。

8.1.5 对接法定图则

最后，城市设计方案和最新的法定图则进行了对接，部分改造和整治的地区需要进行法定图则的调整。对接法定图则涉及城市设计与法定图则存在的三种作用方式，一是作为价值观念渗透到法定图则的编制过程；二是作为技术手段深化法定图则的专项内容；三是作为公共政策完善法定图则的管理技术（图 8-14）。

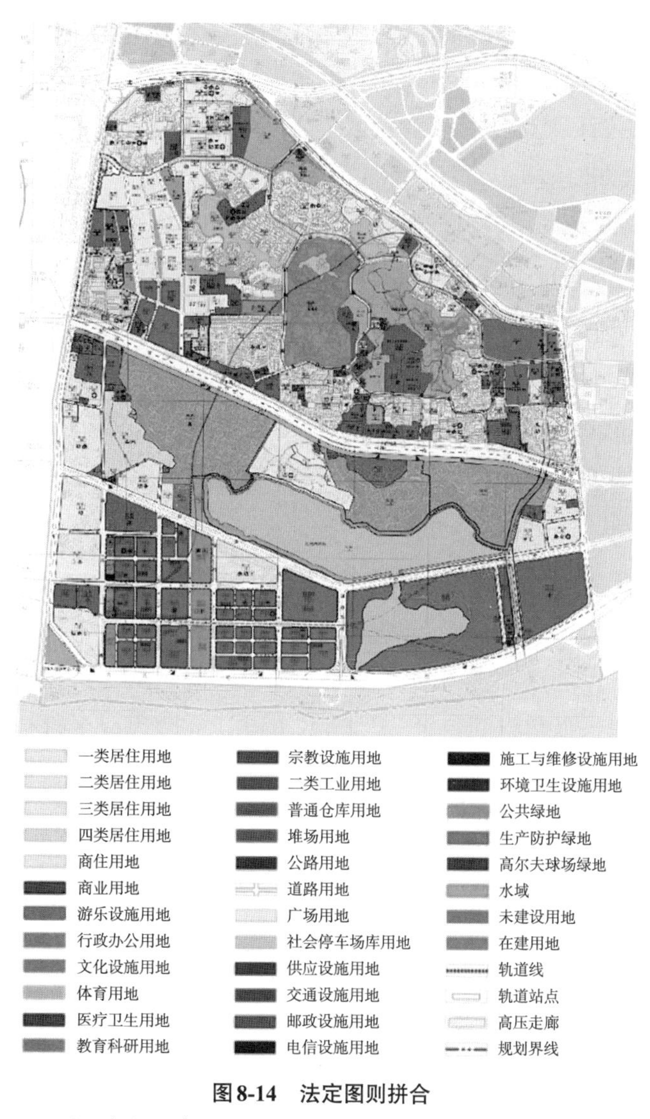

图 8-14 法定图则拼合

（图片来源：《深圳华侨城总部城区总体城市设计》成果）

8.2 从“造园”到“营城”的杭州紫金港科技城西科园区块城市设计①

8.2.1 项目概况

杭州西湖科技经济园区（以下简称西科园）位于西湖区西北部，紧邻环城高速，随着杭州“城西科创大走廊”的提出，西科园地区逐渐从“城市边缘”走向“城市门户”。城西科创大走廊是杭州西部东西向连接主要科创节点的科技创新带、快速交通带、科创产业带、品质生活带和绿色生态带，东起浙江大学紫金港校区，经未来科技城、青山湖科技城，西至浙江农林大学，以紫金港科技城、未来科技城和青山湖科技城为代表的地区，当前已逐渐显现出产城融合发展、创新创业活跃的科技新城雏形。

根据西科园在杭州城西科创大走廊中的区位和价值预期，该地区原有城市建设和产业发展已经严重滞后于杭州市和西湖区的发展定位，区位优势和土地价值亟待激活，政府管理者期望通过本次城市设计，在整体平面和立体空间上统筹城市建筑布局、协调城市景观风貌，体现地域特征和时代风貌，重塑区域价值。紫金港科技城西科园区块是西湖区最大的成片存量产业用地，目前发展具有强企业、弱空间的特点。作为存量城市设计，如何充分挖掘土地潜力，提升土地价值，使企业发展与空间供给相互匹配，进而促进地区转型升级，创新要素集聚等就成为紫金港科技城西科园区块城市设计的主要研究议题。

项目立足三墩镇西单元法定单元的土地功能与空间关系，研究西科园区块与区域的连接关系，重点考虑内外部公共系统的接驳关系，从整体层面优化西科园区块城市功能，强化空间特征。具体城市设计范围为南至留祥路，西临环城快速，东到5号河，北靠苏嘉路以及宣杭铁路、环城快速和蓬驾桥港所围合的区域，总用地面积292.56hm^2。其中，蓬驾桥港西侧用地为启动区，该部分用地以分图则的形式做详细控制，其他区域以城市设计控制总图的方式做总体控制。

本次城市设计最终提交成果分为研究报告与城市设计导则两部分。其中研究报告包括城市设计的详细说明、扩园区街道设计导则、景观设计导则、公示与批复文件和图则等内容；城市设计导则包括总则文本及分图则等内容。

① 项目编制人员：王泽坚、陈满光、周天璐、高健阳、王飞虎、肖彤、吴天帅。

8.2.2 存量挖潜

1. 用地条件

规划范围内现状总用地面积292hm^2，大部分用地为已经开发建设的工业用地，同时包含西侧紧邻绕城高速的扩园区块，扩园区块现状以农田、已拆除的农居用地为主。从建设区域划分来看，扩园区块作为启动区总用地面积约97hm^2，正在建设的浙大网新地块约22hm^2，以振华路为界已建北区约为118hm^2，已建南区约为55hm^2。

2. 产业发展

园区目前拥有国家高新技术企业51家，市级高新技术企业58家，雏鹰企业27家，青蓝企业11家。省级研发中心13家，市级研发中心16家。浙江省院士专家工作站6家，浙江省博士后科研工作站4家，省级技术中心4家，市级技术中心4家。从上市进展角度来看，园区共有浙大网新、杭州永创等11家上市企业，其中主板2家，创业板2家，新三板7家。创盈光电、富特科技等12家企业即将上市，或在5年内有上市计划。

3. 更新调查

目前园区已建成厂房及楼宇约205万m^2，受产业发展层级制约，园区内建筑以厂房为主，兼有部分研发办公建筑，建筑质量大部分较差，空间环境质量一般。根据对目前园区内企业的走访，考虑各企业更新意愿，对发展较好的企业的建筑质量优良的部分楼宇予以保留，保留了艾建医疗、艾成生物科技、直通电子、联动机电、阿海法消防、智通消防、花园村（北）、亿科置业、西湖喷泉、国电机械以及浙大网新等企业的建筑，保留总面积约87万m^2。

4. 景观资源

规划区内水网交错、景观资源优质，水系包含蓬驾桥港、女儿桥港和五号河，其中蓬驾桥港与西溪湿地、西湖相连，两侧生态植被丰富，河流具有较好的景观价值。从现状绿地分布来看，女儿桥港两侧及留祥路两侧沿线已形成东西向带状绿地，绿化景观较好，但由于受到振华路、留祥路的阻隔绿地使用率不高。

5. 现状综述

在产业提升与再发展方面，西科园区块作为西湖区经济发展的重要组成部分，区块内企业发展前景较好，但整体产业基础较弱，外部支撑，尤其是配套服务、空间质量、交通系统等方面严重欠缺，企业发展与空间供给之间严重错位，未来发展中，需要改变“强企业、弱空间”的发展现状，注重挖掘土地潜力，提升土地价值，进而促进地区产业转型升级，创新要素集聚。

在景观资源的合理利用方面，规划范围内河道水系众多，处于高密度生态水网地带。单元内的河流、水系向外延伸，向东与京杭大运河相连；向东南可与西湖、钱塘江相连；向西通过双桥单元，与余杭组团的水网连成一片。丰富的景观资源，给西科园地区提供了很好的生态环境。规划应使河流与基地相生相融，实现高品质公共资源价值的最大化，从而提升整个区域的环境质量和土地价值。

8.2.3 产业发展

1.现状产业门类

紫金港科技城西科园区块于2001年8月启动建设，至2018年底，园区共有企业701家。按产业划分，园区二产企业271家，三产企业430家，比重分别为38.7%与61.3%；按行业划分，电子信息与软件218家（占31.1%），机械设备153家（占21.8%），生物医药69家（占9.8%），文创与高端印刷73家（占10.4%），其他行业188家（占26.9%）。

尽管园区企业发展良好，产值不断提高，但园区总体规模体量还不够大，“航母”企业、“龙头”企业偏少。目前，园区工业企业和服务业企业只有71家，约占园区企业总数的10%，园区大部分企业还是规模小、行业杂、技术含量不高。

2.产业发展优势

园区产业发展最大的优势是创新环境优势，西科园地区紧邻的浙江大学，该校学科门类齐全、学科实力雄厚、高层人才集聚、科技成果丰硕，研究成果荣获的国家级奖项居全国高校前列。同时，规划区西部的西湖大学、杭州大学城均已获得批准，周边各类高等院校为区域内产业良性发展提供源源不断的智力支持和人才保障。

再者，园区具有平台优势。园区集聚了校企合作研发总部（浙大创新技术研究院）、企业研发总部（浙大网新总部、杭州市自动化技术研究院、国家能源分布式能源技术研发中心、银江科技智慧城市研究中心、永创智能包装研究中心、迪安影像诊断研发中心、艾康生物医药监测研究中心）、行业联盟总部（浙江省微波毫米波射频集成电路产业联盟）、科技成果交易平台（浙江省知识产权交易中心）等研发合作平台，对相关产业科研创新、成果转化具有强有力的支撑、支持作用。

3. 产业发展方向

根据紫金港科技城西科园区块的产业现状和优势条件，今后产业发展应紧紧围绕城西科创大走廊，结合扩园区块的开发建设和建成区块的改造提升，通过创新发展、集约发展，实现再开发、再发展。重点发展如下产业：

（1）发展人工智能（智能制造）业

着力引导现有智能制造业企业深化与“互联网”“人工智能”的结合，将机器人技术和远程控制管理技术更多地运用到生产过程和产品应用服务中，进而促使有关企业将生产基地外移，将研发、销售、服务业务留在园区。依托园区中在智能包装、教育办公等行业处于龙头地位的优势企业，吸引、集聚一批工业机器人、智能数控系统、虚拟现实、智能翻译等人工智能产业优质企业到园区落户。依托浙江大学、西湖大学学科优势，吸引高技术人才、企业，发展以半导体、化工、军工、纳米技术领域为主的新材料企业。

（2）发展信息技术产业

继续鼓励以浙大网新、银江科技、华云信息、广桥集客为代表的园区企业做大做强，巩固、扩大在智能电网、智慧交通、智慧医疗、智慧高铁、大数据精准营销等行业领域的优势地位。加强与云谷的对接，大力引进与云计算、大数据相关的，和涉及北斗、下一代互联网技术应用的相关优质企业。依托杭州西湖国家广告产业园平台，积极引进运用互联网、新媒体、新技术开展文创广告业务的优质企业。依托省微波毫米波射频集成电路产业联盟，进一步在园区聚集射频集成电路研发、制造、应用的相关企业。

（3）发展生命科学产业

依托园区现有企业，重点发展高端医疗器械、高端医药制剂、干细胞基因、体外诊断服务，以及与大数据结合的精准医疗、互联网医疗。并依托西湖大学，加强与生物医药前沿技术研发、应用的对接，积极承接相关企业进行孵化。

（4）发展科技服务业

依托紫金众创小镇、浙江省知识产权交易中心、浙江大学创新技术研究院，积极引进科技金融平台，加快形成高校院所、企业与第三方专业服务机构共同驱动的多元化技术转移转化路径。探索“创投+孵化”模式，着重推进发展科技金融、科技咨询、研发服务、技术转让、检验检测认证服务、创业孵化服务等配套服务，增强园区专业科技服务和综合科技服务能力，逐步形成高端融合的产业链。

8.2.4 规划目标

对于创新空间的营造来说，创新企业的空间需求与服务方式有别于常规人群，创新企业的生产活动归根结底是高智力人才从事创造性劳动的思维过程，这种思维方式对自主和交流的要求都很高，创新空间归根结底也就是从事创造性工作的场所。在此处，可以很容易地进行交流，也可以很方便地得到相对封闭和安静的空间；可以舒畅地进行工作，也可以愉悦地生活。工作的时间和内容随时变化，完全根据需要和灵感，因此需要有非常规的公共服务以及复合的功能为创新人群服务。创新空间从根本上也就是追求“人、功能、配套”这三者之间的相互匹配关系。

创新企业的服务类型基本可分为两种，一种是基础性的公共服务，也可以称之为生活性服务，如休闲、餐饮、零售、健身和娱乐等；另一种是特色化的专业服务，也可以称之为生产性服务，如会议、展示、融资、管理和孵化等。根据创新企业和创新人群的需求，往往要求生产性服务设施集中设置，而各类生活性服务设施宜分散布局，即具有“生产性服务集中、生活性服务便利”的服务特征。

创新型科技园区等类似空间内的活动，总体而言具有“垂直向工作，水平向生活”的特征。在垂直体系内，需要通过竖向空间的功能混合，结合绿色建筑、低碳、低冲击等多重技术手段建造垂直体系的立体城市。在水平体系内，需要借助便捷的道路网络、宜人的慢行体系，将各创新组团之间、创新组团与服务设施之间进行友好连接，并将公共空间系统渗透入创新组团之中，形成复合、多元的生活。

结合国内外科技城创新空间的匹配关系，西科园地区未来着力打造“四多特征”，即多元的配套、多样的空间、多维的形象和多重的功能。多元的配套包括高端生产性服务（酒店、会议、展览等）、便利的生活性服务（餐饮、娱乐、休闲）；多样的空间指空间设计多元化（公园、庭院、连廊等）、差异化分区（大型、中小型、孵化器等）；多维的形象要求符合本地特征（龙头、水网、节点）、利于创新形象展示（标志、天街、配套）；多重的功能包含研发办公（办公、众创、车库咖啡等）、居住生活（人才公寓、音乐剧院等）。

围绕紫金港科技城西科园区块“四多特征”，未来西科园地区依托区域外部功能支撑，基地内部将具备研发办公、创新孵化、创新平台和配套设施四大核心功能。塑造以“城”为核心，以创新发展为驱动，聚集新理念和新形象，面向未来、引领变革的创新型现代化科技新城。

8.2.5 空间设计

1. 设计理念

（1）再生与连接

西科园地区的空间构思与用地规划需体现在地性和本土性，依托水网而生的绿地与目前已经建成的路网是本次规划设计的先决条件，规划起始首先应对现状的各类空间要素进行梳理和分析，并将基地作为区域空间的一部分，将“个体”融入“整体”，建立符合区域特征与要求的空间结构，连接区域，促进地区再生。

（2）人本与交往

西科园地区是城西科创大走廊的东部端点，处于主城区向西辐射的龙头，设计单位希望提供一种基于人本主义的、具有自拓展动力的空间系统，并使其向城西科创大走廊延伸，为使用者创造丰富连贯的城市体验和乐于交往的人性空间，以关注个体、集体、交往、游憩为导向，使其成为西湖区最具吸引力的科创园区。

（3）高标准与可持续性

对于一个即将再生的高新科创园区，西科园的开发建设要体现高标准、高起点和创新性，以交通便捷、配套齐全、功能多样和特色突出为目标，遵循和拓展高新园区可持续发展的理论和实践，寻求与创新企业发展相匹配的空间逻辑，进而塑造本地区新型的、具有可持续性的工作和生活特征。

2. 总体设计结构+五大特色系统

总体设计结构运用打造轴线、划分片区、塑造节点等城市设计手法，明晰科技创新空间的特色与需求。五大特色系统作为补充与梳理，围绕总体设计结构，对各城市系统进行定义与细化。形成完善且稳定的城市设计体系，为后续的控制实施提供指导和依据。

需要说明的是，由于本次城市设计属于实施型城市设计，且存在众多企业自改自建的区块，实施进度与企业自身的运营情况和计划密切相关，具有一定的不确定性。因此，城市设计侧重对公共部分的把控，如公共交通、公共空间、配套设施等，并结合企业自身诉求来安排地块开发的强度，以及企业自改后需要提供的道路或绿地等公共产品。

总体设计结构为“井”字形空间骨架+活力四射的片区+品质卓越的地标节点。五大特色系统由公共空间系统、服务配套系统、特色交通/街道系统、地下空间系统以及建筑风貌系统构成，以此在系统层面完善城市设计方案，为空间控制总图提供基础，形成后续实施建设的管理控制手册。

8.2.6 开发实施

1. 开发方式

规划分为扩园区和改造区。其中扩园区块全部为新建地块。改造区有拆除重建、保留地块和局部改造三种类型。按照现状建设情况、宗地情况，考虑公共服务设施的供给品质和规模，将基地内土地分为四类开发模式：

①完全招拍挂类，是指扩园区块内未出让的B类用地。

②定向招拍挂类，是指扩园区块内未出让M类用地。

③企业自改自建类，是指已出让已建用地。

④政府统一规划类，代建或自建类，是指扩园区块和改建区块内提供的集中式配套设施用地，为保证未来配套设施运营和管理的品质，建成后配套设施交由管委会运营管理，办公研发空间返还企业。

2. 实施建议

城市设计需落实到土地空间之中，根据城市设计确定地块用地性质、配套设施和地块开发规模，支撑未来该单元“控规修编”工作。

3. 表达方式

规划基本按照宗地划分地块，将公共空间和建议性道路在土地利用图上进行表达，并与地区“控规修编”对接，以便指导企业后期改造实施。

4. 开发强度

对接杭州市相关技术管理规定，M类创新型产业用地容积率全部控制在4.0以下。

该地区改建地块的开发模式为“企业自改”模式，要求规划必须充分了解企业诉求和意愿，满足企业自改的市场动力需求，通过指标核算，明确各企业更新后的建筑总量、贡献的道路及绿地。

园区已开发总量205万m^2，原控规开发总量320万m^2，本次方案开发总量467万m^2。根据交通评价影响分析，在近期不考虑地铁情况下，道路系统按规划优化提升后，能够支撑约380万m^2开发量。

在近期开发方面，建议推进扩园区块北区（振华路以北）开发，该部分开发总量为93万m^2，叠加改造区205万m^2，合计296万m^2，剩余84万m^2总量为改造区块近期实施地块，由于改造区56家建设主体具有一定自发性，规划不明确其具体位置。

在远期开发方面，按上位交通研究，园区未来至少一条地铁线，2个站点，满足467万m^2开发总量需求。

5.面向技术管理

编制城市设计控制总图以及分地块城市设计导则。扩园区块是近期启动的区域，是未来城市设计管控的重点地区，控制要素共分成7大项30个子项，在城市设计导则中主要采用分地块城市设计导则的方式细化控制。改造区块中局部拆建地块和全部拆建的地块，主要选取18个子项控制要素，在城市设计导则中主要采用城市设计控制总图的方式进行控制。

8.3 注重实施评估与深化设计的深圳南山后海中心区城市设计①

8.3.1 成果内容构成

南山后海中心区城市设计成果结构包括总体城市设计和街区控制总图两个部分（图8-15）。

总体城市设计范围是南山后海中心区2.3km^2。综合地区周边城市要素的总体城市设计成果，除了阐述设计背景、原则、基本思路外，具体还包括：①土地利用；②综合交通组织；③停车组织；④街道空间及地块划分（空间尺度比较）；⑤开放空间与城市景观；⑥人行自行车系统；⑦特种交通观光系统（观光轻轨）；⑧地下空间开发（地铁接驳、地下商业、地下交通）；⑨商业服务业形态及布局；⑩建筑体量高度及群体轮廓；⑪ 视觉控制设计；⑫ 基础配套设施布局；⑬ 环保技术建议；⑭ 建设管理模式建议；⑮ 地块使用出让导引；⑯ 夜景与环境照明要

① 项目参编人员：

项目主管领导：朱荣远、王泽坚。

系列项目负责人：梁浩。

城市设计及修详团队：梁浩（项目负责人）、张弛（项目协管）、李明、Arlenne Fertizana、陈晖、夏天、崔福麟、陈深达等。

亮点工程及伴随团队：陈志洋（项目负责人）、于紫杨、肖彤、熊伟豪等。

评估及深化设计团队：王旭（项目负责人）、王飞虎（项目协管）、袁艺、郑健钊、高健阳、欧阳兆龙、王青子、崔玥等。

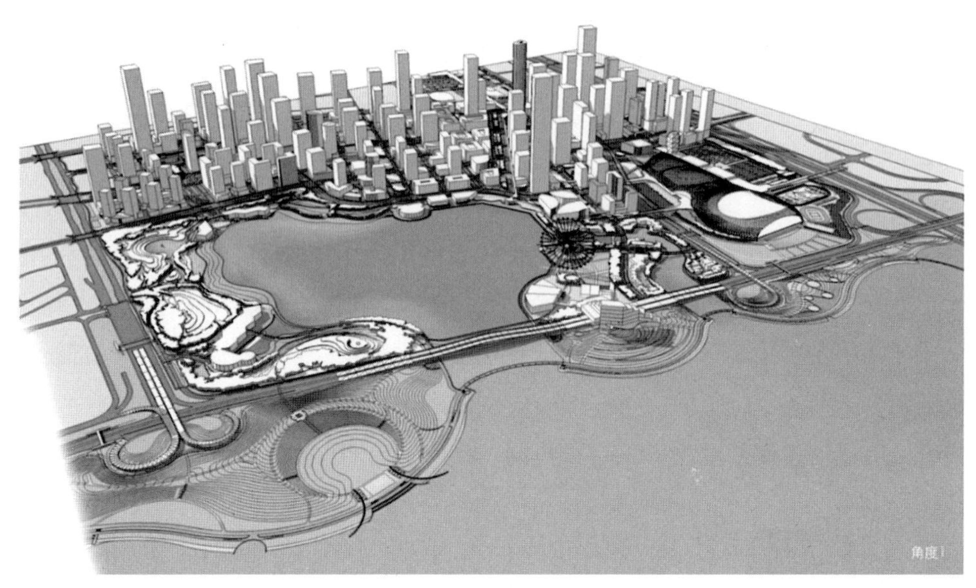

图 8-15　南山后海中心区城市设计

（图片来源：《南山后海中心区城市设计》成果）

求。具体内容会结合成果表达需要进行增减。

总体城市设计将不涉及具体地块的建筑或空间控制内容，但反映街坊为单位的设计要素，如交通组织、地下空间开发等。并为街区控制总图的制定提供全面的框架性的系统依据。

街区控制总图是完全基于总体城市设计中各项物质空间要素以及非物质要素设计与要求制定的，直接服务于政府投资地块的详细设计。目的是通过街区控制总图控制和约束个体开发建设行为，确保最终实际效果，以期达到总体城市设计制定的各项城市系统、整体形象目标，并符合场所环境标准。

街区控制总图不能够替代地块设计要点的编制，但应成为地块设计要点的重要依据，具体内容会结合成果表达及地方规划管理需要进行增减。

街区控制总图内容还包含各个地块的图则，街区控制总图内容将完全遵照并符合总体城市设计的整体要求，并建议土地出让及规划管理部门在后续工作阶段完全参照街区控制总图各项内容执行（图 8-16）。

任何与总体城市设计及街区控制总图所涉控制要素的区别或对其所做的变动都必须经由土地和规划主管部门审议通过，并告知城市设计单位，进行评估，保证与整体地区的协调统一。

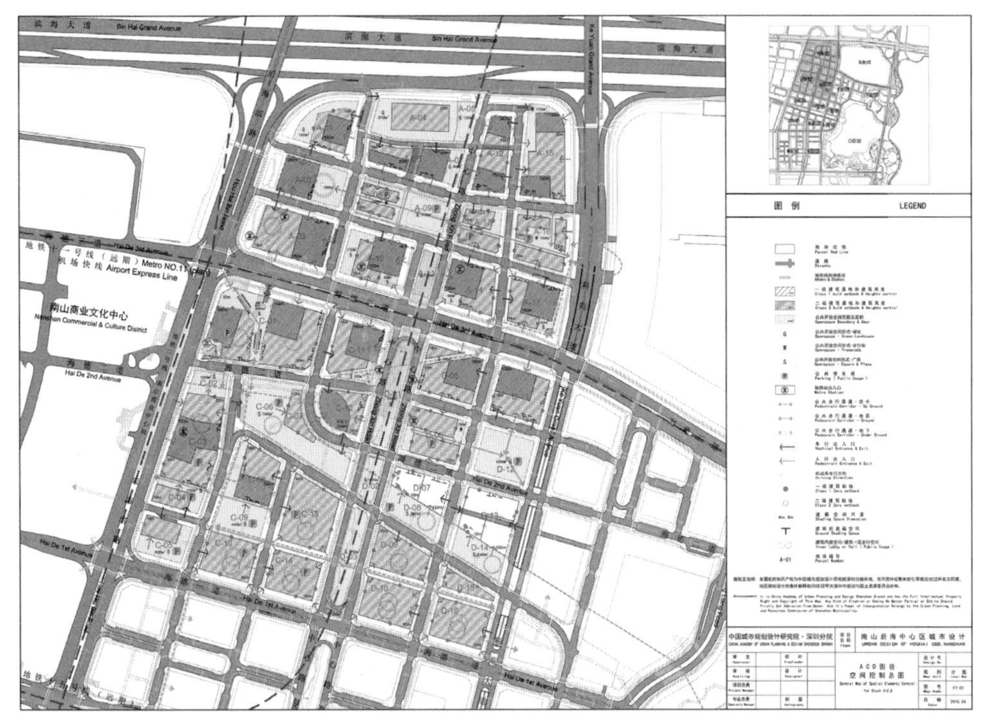

图8-16　南山后海中心区城市设计街区控制图单元图则

（图片来源：《南山后海中心区城市设计》成果）

1.总体城市设计

1）目标体系

（1）清晰的城市结构

建立一个与环境适应、与需求吻合并能体现独特性的城市结构，它包含空间要素与功能要素。城市中心功能+核心绿地+体育功能是南山后海中心基本的城市功能构成，结合这一地区的环境特征和与周边地区的关系，设计单位规划设计了三种城市功能板块在物质空间的组合关系，使其形成空间逻辑，这也是这一地区最为根本的和最为显著的标志性特征。

（2）高度集约的土地开发

集约开发区域与公共开放空间之间强烈的疏密对比形成该地区令人叹为观止却又赏心悦目的城市特征。同时，规模化的城市功能提升地区的吸引力与竞争力，强化中心区的中心服务职能。高度集约开发也促进城市土地价值的持久与健康上升，形成城市功能与土地价值间的正效应。因此，城市设计需要为高度集约开发提供机会和条件，并确保其可行。

(3) 多元合理的城市功能构成

中心区作为吸引人们交流、工作、生活、娱乐等多种行为发生的场所，必须具备多元丰富配置合理的使用功能，并通过形成一个相互配合、相互促进、相互补充、协调发展的城市功能系统，满足最广泛使用人群的需求，从而实现中心区城市价值的最大化。

(4) 承载高强度开发的交通系统

高强度开发的区域需要大容量、多样化的公共交通服务，以保障对外连接的时效性，交通服务的品质性等。以CBD为代表的高强度开发功能区，潮汐交通流特征显著。研究表明，建立以轨道交通为核心的公共交通系统、构建微循环路网系统及多样化的交通服务，是高强度开发的CBD最重要的解决方案。

(5) 适应性强的地块使用模式

在城市设计指定的格网街区基础上，按照地块和街坊之间的联系关系，可以根据需求在相邻地块之间进行组合，并考虑地块之间在地下空间和地上的连接、地下空间的综合利用及与交通网络的便捷连通，这些模式的考虑使得地块之间、地上地下、地下空间既保持了功能上的联系又保证了地面的道路网格局和效率。

(6) 连续完善的公共空间网络

构建城市通向海湾的格网街道空间，各个等级的城市公园绿地、广场共同构成街道步行空间、滨水空间、水体、室内公共空间在内的公共空间网络。并通过土地权属性质保障公共空间的开放属性与系统联通。

2) 空间模式

城市空间发展模式是城市空间扩展与城市空间功能演进的基本规律和途径。50多年来，我国城市的发展经历了以人口大规模扩张、产业调整与更新、空间粗放式扩展为特征的城市化起步阶段。新时期，人口、资源、环境还将进一步影响我国城市空间的可持续性发展。借鉴西方国家在相应阶段的城市空间发展规律，关注这些规律在我国现阶段城市空间发展中的差异性和普遍性，将有助于指导我国城市在实现空间可持续发展的进程中扬长避短，和谐发展。

在紧凑城市的发展模式中，通过对国内外中央商务区演化特征的案例分析，更加明确和突出这一发展模式的优越性和必然性，研究重点放在对紧凑城市的发展模式进行系统研究和分析比选上，在缩小研究范围的同时提高实际效率。

3）总体设计

（1）城市格局

总体设计遵循城市功能结构紧凑明晰、地块功能复合集约化、公共交通优先、街区细密紧凑、公共空间网络化的原则。积极创造疏密有致的城市空间结构，依托城市西侧成熟的道路、轨道、建成区设置面积1km^{2}的集约开发区，采用格网格局满足中心区用地特征与街道生活场所的需求，并围绕内湖形成有层次的梯度建筑群体高度控制效果，在东侧以科苑大道和登良路为界，过渡到内湖滨水区域，以舒缓的公建设施和绿化环境为主，最东侧与深圳湾滨海休闲带立体衔接。通过欢乐道的扩越设置，提供地区门户地标的地点。

土地利用强调紧凑、复合的地块使用方式，强调垂直混合功能的合理分布，以及规划和市场选择的共同控制作用。重点通过土地利用为中心区提供一个平衡的服务结构，特别是与环境资源、市民使用方式、城市基础设施、道路交通格局等相协调的土地利用分布结构。以土地利用分布的合理性促进城市系统的高效发展。

商业服务业形态及布局。商业服务是中心区首层和近地层基本功能的主导类型，也是街道生活的重要界面，此外结合南山商业文化中心区的目前的商业分布结构，对接其特征化的二层步行系统，并将集中商业引导至湖滨，最终形成城市滨水地区的商业服务集群。

（2）开发强度

在整体开发强度方面，利用疏密分区、高度分区、密度分区、容积率和高度下限政策，保障该地区的土地使用效率普遍高于周边地区，加上地块划分、零退线等要求，地块的开放强度普遍高于5以上，部分地区在10以上，同时对于地块的建筑覆盖率也提出较高的要求，以保证街道空间的紧凑连续。对于未来可能成为地区地标或有潜力进行高强度开发的地区，采用开放的方式控制，并约定最低开发强度，保障地块的价值。

（3）交通系统

不简单化地对道路划分机动交通，而是首先将街道视为城市里人们交流体验的最佳场所进行对待，在此基础上，形成人行、自行车、公共交通、私有机动交通等多种交通行为共存的协调状态。中心区作为出行的目的和始发地，应提供顺畅的但并非快速的交通环境。交通系统设计在交通政策方面有意图地强调慢行交通与公共交通的重要性和权利保障。对于机动交通重点采用控制引导来构建秩序化高效化的服务环境。

（4）分级网络

①点状

点状空间是整体公共空间体系中的基本元素，规模从仅百余平方米的街角广场或建筑入口到数千平方米的建筑组团绿地或街区开放空间不等。设置目的是提供各个部分良好的环境均匀度，化解局部高强度开发的环境负面影响，同时也为基本建筑单元中的人们提供识别所在区域、并由此通往更高级别更大规模城市公共空间的机会。

②线性

设计形成一个或多个自西向东，平行城市格网，且尺度宜人、规模完整、界面连续、环境品质明晰并有着强烈特征的线性公共空间，并且利用线性公共空间自身强烈的方向引导感，形成连接内湖公园及水面，并通达深圳湾的公共通道，以优秀的人行环境母体和多姿多彩的城市功能界面，向人们提供由城市内陆经南山后海中心区走向内湾公园以及深圳湾滨海休闲带，亲近大海感受自然的美好多维体验。

③面状

南山后海中心区内形成以内湾湖面为主体的最大规模的面状城市公共开放空间，占地面积70hm^2（水面43hm^2，路域27hm^2），保持深圳湾滨海休闲带的景观特征，同时也承接由西至东线性空间的接驳，打造自然与人文南北对比的双重景观特征的内湾公园。湖面北部以硬质亲水阶梯岸线为特征，沿岸布置大型标志性文化设施、滨水娱乐项目、大型综合商业、会议展览、特色酒店、餐饮酒吧街区、小型展厅街区等丰富公共类开发项目。

（5）建筑控制

城市与建筑之间的密切关系使得中央商务区的建筑群体必将成为自身以及整体中心区的最显著的存在，因此研究希望从整体控制和引导角度，提供个体单元建筑形成群体秩序的途径和依据，对于建筑要素中群体敏感的高度、组合关系、街道界面、色彩照明等进行系统的规定和要求，在个性中寻找共性和统一。

纵观城市中心区的建筑特征与群体状态，不难发现，密度与强度是最直接的功能表达，现代建筑也通过高层建筑、综合体来体现。我们认为这是在资本社会和市场运作的制度下，集团利益的直接体现，也是城市财富的再现，同时垂直方向的功能叠加也体现了中心区功能交往的特性。

后海作为沿城市滨海边界的重要城市功能区，其整体的建筑形象也对城市至关重要。因此确定背景建筑和地标建筑的比例和布局关系，关系到CBD建筑集群的总体形态（图8-17）。

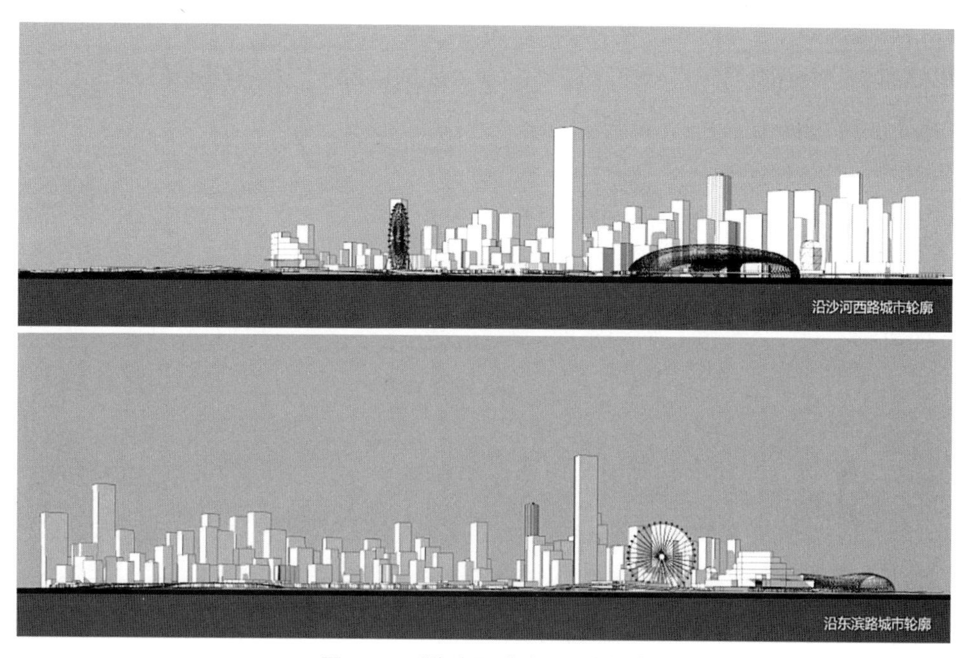

图8-17　后海主要道路天际线轮廓

（图片来源：《南山后海中心区城市设计》成果）

高度分区体现中心区高强度集约开发的特征，应结合交通、公共性和沿线景观指定高层建筑分布的区域，并结合整体空间与功能的分布制定相应的高度分区。

建筑群体特征是就街区以及建筑整体风格做出的统一设计，体现商务办公以及中心城区的风貌，并注重建筑群体的层次控制与合理布局。

建筑垂直功能强调促进街道活力与混合功能的建筑功能组织。

建筑底层功能与临街面要求大部分办公建筑积极考虑首层建筑功能的公共属性，避免孤立门庭大堂产生的街道隔阂。同时，结合住房和城乡建设部“密路网、小街区”的要求，尝试做了零退线，目的是形成适宜的街道界面，让土地有最大价值的利用方式，把公共的资源集中到内湖。

建筑表皮（色彩、材质与广告）对于即将成为城市公共景观的建筑表皮进行引导和控制，控制重点是材料选择搭配、色彩协调统一以及广告设置方面的要求。

建筑停车组织方面，建议以建筑群体的方式组织停车进出，减少单一地块停车库出入口的数量，也通过扩大规模来提高静态交通服务效率。建筑停车坡道尽可能使用垂直道路方向布置，避免平行布置带来对街道界面的影响。

建筑照明提供建筑夜景照明的意向性方案，并制定相应的控制标准与原则。

建筑地下空间重点结合地铁换乘站点的综合体，通过地下空间的延伸，拓展轨道的服务范围和效率，同时在高强度办公组团的地下空间中体现整体开发利用的意图，促进地下空间的规模化。

2.街区控制总图

1）赋予城市设计“类法定”规划身份

城市设计与控规分工，是后海地区规划管理的依据。后海中心区城市设计在实施过程中的高度还原，得益于深圳管理部门对其指导身份的探索和先锋试验。2009年深圳市规划委员会通过会议纪要形式确定后海中心区为城市设计试点片区，该片区内的具体建设管理工作依据城市设计及空间控制总图，而作为法定规划的法定图则只管控单元层面的用地类别和总指标、必要公共设施等原则性内容。这样，后海中心区城市设计通过行政管理部门认可的方式，成为独立于法定图则之外的管理依据，具备了事实上的“法定”规划效力，得以直接指导建设行为，而作为城市设计编制和维护单位的中规院深圳分院，负责该片区城市设计解释和修订工作，具备了部分类似今日“总设计师”的技术决策权。

规划管理部门通力协作，建立了坚守后海核心价值的平台。在规划的实际执行和建设过程中，与规划管理最为密切的三个部门——市规划局、区规划局、区重点中心——联手搭建了三个分工协作的管理平台，处理所有后海中心区建设管理工作，同时将城市设计单位作为唯一技术解释单位，把关所有重大规划技术工作，形成了由三个管理部门和一个设计单位组成的相对稳定联合体，长期保障后海建设工作的价值观和决策尺度的稳定性。

2）空间控制总图统筹协调规划

规划管理机构与设计机构协作，严格执行一张蓝图。根据深圳市管理部门的创新实践，后海中心区结合自身特征制定详细控制要素，图则主管单元层面宏观强制指标，使用城市设计空间控制总图进行详细管控（图8-18）。土地出让条件、建筑方案评审、行政审批等程序严格执行城市设计控制文件，对于控制总图无法覆盖的技术细节，由管理部门会同城市设计单位采用书面函件、专题会议方式进行研讨和明确；对于不符合发展情况需要进行规划内容调整的，由管理部门会同城市设计单位经相关程序后修改或优化。

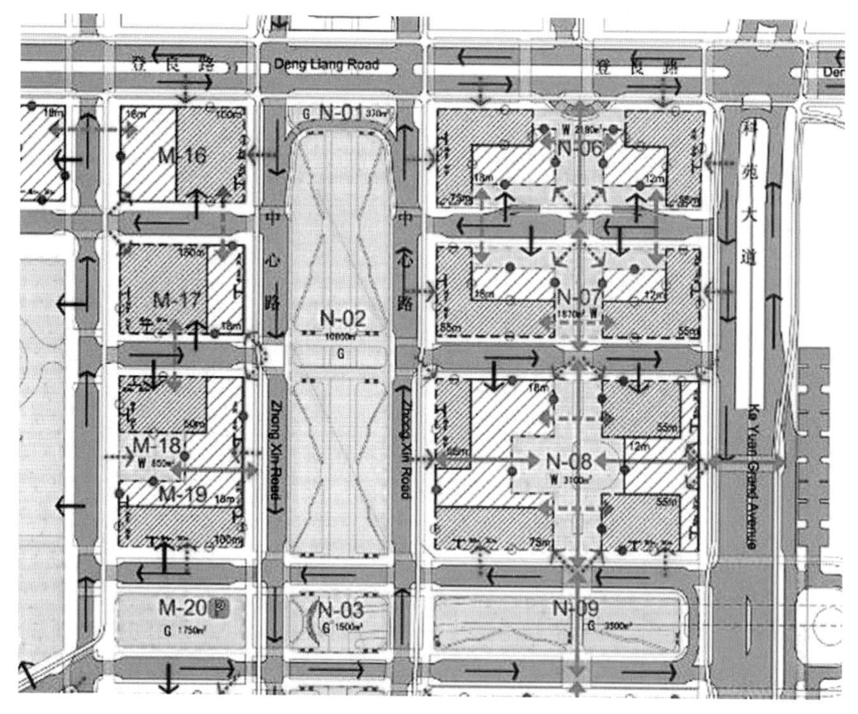

图8-18　单元控制图

（图片来源：《南山后海中心区城市设计》成果）

控制要素的类别和弹性空间。控制要素类别涉及建筑形体控制、公共开放空间控制、建筑附属空间控制、复合慢行系统控制和交通组织等。其指标本身并未进行严格分类界定，但在实施过程中的弹性空间掌握分类形式与上海控制性详细规划附加图则的控制类别相似，强制性要素涉及空间形态和环境品质的主要元素，其中建设指标、三维形态和公共空间类要素采用强制性要素的刚性管控，保障基本空间品质；部分公共空间要素和无法准确量化的交通管理要素采用强制性要素弹性控制标准；片区内的局部特殊控制和建筑附属控制内容，因其无法量化或确定固定分类，对整体结构和空间品质影响较小，且考虑到需要为详细设计留有多样化发展空间，采用引导性要素控制（表8-1）。

严格的要素管控和弹性调整流程。要素的管控依据公共服务有效性进行界定，事实上，即便是引导性要素在后海的实际控制中也并非可有可无，往往需要得到严格落实，而部分刚性要素也会根据具体用地的特殊情况进行演绎，其根本判断标准在于是否有利于后海中心区的定位目标实现和公共服务系统塑造（表8-2）。后海中心区的交通、公共空间管控已经渗透到业主用地红线内，地块内的绿地面积、车行开口、贴线等因素往往直接影响建筑设计方案的走向，因

表 8-1　后海城市设计控制指引一览表

大类	中类		具体要求
图则控制内容	地块面积、建筑面积、容积率、建筑限高		—
建筑形体控制	一级建筑退线和建筑高度		具体数值
	二级建筑退线和建筑高度		具体数值
	一级建筑贴线		指定界面
	二级建筑贴线		指定界面
公共开放空间控制	门类	绿化	总量要求
		步行街	宽度要求
		广场	总量要求
建筑附属空间控制	门类	建筑前遮蔽空间	高宽尺寸
		建筑内庭空间	定性不定量
		负一层公共空间	定性不定量
复合慢行系统	空中公共步行通道		不要求具体线位
	地面公共步行通道		不要求具体线位
	地下公共步行通道		不要求具体线位
界面交通组织	机动车方向		具体方向
	车行出入口		具体界面
	人行出入口		具体界面
其他设施	公共停车场		具体要求

（资料来源：中规院深圳分院）

表 8-2　后海中心区技术控制内容中指标类型构成

功能构成	优先控制结构系统	强制性要素		引导性控制
		刚性控制	弹性控制	
生态+ 商务+ 文化+	滨海生态衔接 公共功能板块 路网格局尺度 公共廊道系统 梯级高度控制 二层公共廊道 地下公共空间	用地性质、地块红线 容积率 建筑高度、建筑面积 地下空间建筑面积 一级建筑高度 二级建筑高度 一级建筑贴/退线 二级建筑贴/退线 公共开放空间面积 公共开放空间形式—绿化	公共开放空间形式—广场 公共开放空间形式—步行街 建筑前遮蔽空间—骑楼 地下公共通道 二层公共通道 公共停车场、落客港湾区、车行出入口、人行出入口 机动车行使方向 小转弯半径—低于国标 自行车专用通道	建筑内庭空间 人行横道布局 公共活跃功能 建筑色彩 地下/二层垂直交通点

（资料来源:《南山后海中心区城市设计》成果）

此难免会出现建筑设计意图与规划管控要求的偏差。对于业主单位的建筑设计创新，经业主单位申请，在城市设计单位判定调整要素对公共空间品质不造成损害甚至是优化的基础上，可由规划管理部门召开专题评审会议和正式行政审批流程，进行优化调整。

总之，街区控制体现的是对于城市设计实施导向的设计指引，编制城市设计图则时，在没有业主的情况下，可以用技术规范或者设计理想去完成一张图，但是在决定蓝图的具体实施过程时有很多要素产生影响。在每个业主（街坊）出现时，设计任务书需要对原来规划进行结构性和系统性的调整，这也是设计优化和规划优化的一个环节。

8.3.2 设计实施阶段

《南山后海中心区城市设计》系列规划，历时十五载，以系统协同和局部设计结合的方式，伴随深圳新公共中心发展。系列规划先后经历“结构性设计—伴随式服务—评估与深化”三个阶段。

结构性设计阶段（2005～2010年），承接深圳湾区域的设计要求，为后海中心区定制空间格局、功能构成、公共场所等结构性系统。

伴随式服务阶段（2010～2020年），设计与管理服务从主要系统控制走向详细建设管控，以城市设计方案为蓝本，结合建设主体多元诉求进行建设协调和设计条件落实。

评估再设计阶段（2017～2020年），从后海中心区的体系和结构角度出发进行自我评估，针对实施管控和环境品质问题进行深化设计，对城市设计进行微调整和适应性完善。

1.结构性设计阶段——空间蓝图定型（2005～2010年）

结构性设计阶段，为城市公共生活搭建基本舞台，形成空间基础架构。后海中心区是深圳湾滨海休闲带的重要组成部分，继福田中心区后，规划设计团队和规划管理部门都希望为深圳塑造一个面向未来多元化需求、不同于传统CBD的公共中心，希望将滨海生态与城市生活紧密联系，形成疏密有度的空间布局和多元丰富的城市功能，兼顾高强度发展（中心区功能）、生态环境（滨海生态）和滨水生活（多元化场所）三大功能类型。

重视多元化、立体化公共空间的塑造。为市民提供丰富的高品质活力空间，塑造属于湾区城市的超级公共产品。在水平空间维度，三横一纵的公共廊道串联公共空间体系，形成“大型公共功能—组团公共空间—街坊公共空间”的丰富体系，结合公共空间塑造服务多元人群的城市生活场景；在垂直空间维度，构建立体城市系统，强化对二层廊道、地面街道、地下商街等公共空间的整体设计和整合联系，融合商业文化功能和舒适游憩节点，激发三维时空的社会公共交往活动。

以公共廊道划分组团，街区开发提供弹性。出于发展综合功能的考虑，单一小地块难以满足部分意向企业总部复合功能设置的需求。在保持空间本底的基础上，设计团队提出以“三横一纵”的主要道路和开放空间廊道为基础划分组团的理念，既为城海联系保留了公共廊道，也为组团内部用地单独或整体开发提供了弹性。在每个组团内部布局支路，切割形成4～9块小尺度用地，中央用地设置为组团核心绿地与公共廊道联系，其他用地作为开发建设用地。规定确有复合功能需求、需较大用地支撑的空间可采取整体出让方式进行发展建设，可采用代建地下空间或二层廊道、运营商业文化设施等形式跨越用地红线进行局部分层空间开发，但不得取消市政道路服务功能，以此保障不同开发功能对用地尺度的供给，同时也可将部分公共用地内的分层功能交由多元主体发展。

主张公共交往活动应回归街道空间。2016年国家倡导“密路网、小街区”时，后海中心已于2005年先行将“密路网、小街区”作为后海中心的基础性空间格局；将街道尺度管控固化为制度性条件严格执行，奠定后海中心区空间格局；开展街道空间环境舒适度分析，确定街区群组关系；重新分配街道路权，强化公共交往功能，并以空间总体控制图指导街道设计和建设施工。

塑造特征鲜明的湾区滨海形象。以两大地标建筑引领滨海界面天际线，形成由滨海向城市高度逐级递增的空间序列。严守地标建筑、150m、100m、50m的四层次高度序列。

2.伴随式服务阶段——管控平台成熟（2010～2020年）

践行“一张蓝图管到底”的全过程设计理念。2008年，后海中心区率先采用空间控制总图管理模式，倡导城市设计管理从各部门独立审批走向协同管理。规划团队中多专业、多主体互相协调，从独立环节分工到全周期服务，实现规划设计向建设施工、管理运营的全链条传导（图8-19）。

动态化、制度化探索城市设计实施。积极探索设计管理制度创新，构建“技术实施总控、两个体系、三个平台”的实施保障机制，形成规划技术把控和实施管理决策的平台；推动静态成果走向动态维护，将设计条件整合进入土地出让条

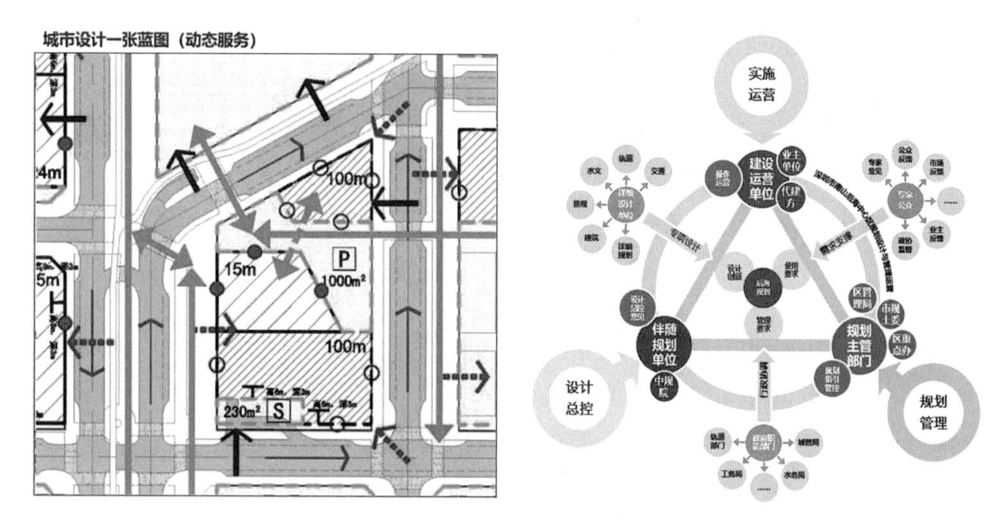

图8-19　地块层面设计要素与城市设计的多主体参与
（资料来源：《南山后海中心区城市设计》成果）

件，制定针对重要系统的衔接要求和技术标准。

3.评估再设计阶段——公共空间营造（2017～2020年）

以细节铸造空间环境品质。在整体空间格局初具雏形后，工作重点从空间设计走向场所营造和活力激发，通过一系列的伴随式规划，对后海中心区进行评估和再设计。从环境品质入手，通过对街道、界面和场所设计细节的反思，力图提供以人为本、安全舒适的城市公共生活空间。

（1）滨湖功能提升

动态优化环湖公共活动空间，通过亮点项目深化和方案竞赛筹划等方式进行详细设计，构建人行友好道路系统、营建滨水公共场所和多维公共服务系统，形成一体化的市民活动和文化体验场所。

（2）街道活力激发

塑造街道性格，活跃街道功能，形成活力大道、景观大道、特色街道和服务街道。指引沿街活跃功能与服务功能的空间布局，从强调空间控制走向保障场所活动；划定首层界面活跃功能布局，植入多元街道公共文化设施；制定公共步道设计手册，细化各层级步行系统标高对接，为重要节点提供比选设计方案，提升空间环境品质。

（3）复合慢行系统

构建立体城市慢行系统，结合岭南气候特征，形成舒适的步行体验。对二层连廊和地下空间进行深化设计，结合地铁发展，鼓励地下空间整体开发运营，形成连续的地下公共通道，提供便捷舒适的地下游赏体验；精简主要连廊体系，串联融合商业文化空间，引入自然阳光、新鲜空气提升游赏体验，构建形象简洁、功能积极和换乘便捷的二层连廊系统。

8.3.3 创新理念与实施修正

1. 小街密路的空间格局

基于塑造中心区活力街道空间的初衷，对街区尺度、交通组织方式、街道空间营造进行详细设计。通过管理部门将城市设计作为管理依据，要求对道路进行详细设计，并要求施工单位进行落实。整体设计还原度较高，并且设计单位根据街道生活引导诉求，后续新增了活跃街道功能指引。

作为片区的发展本底，整体空间架构在首轮规划中得以明确，并通过南山分局等部门在土地出让、方案审批验收等方面严格把控落实，具体建设方面，通过政府自建、代建方和业主方建设等多种模式，实现规划落地。

1）空间尺度选择

对接周边道路的城市格网形式。片区外围城市道路肌理已经形成，包括科苑大道、后海滨路、创业路等，因此该片区延续方格网肌理组织整体空间格局。

通过国内外城市尺度对比确定适宜的街区尺度。基于街道空间公共活动塑造的考量，在设计之初确定该片区空间格局之时，对比了国内外城市大量城市中心地区典型街区尺度和街道空间构成，以期获得不同城市对后海中心区的基础格局参照。经过对比，设计确定以“100m×100m”作为城市片区内的基准街区尺度，这符合城市商务功能街区的基本要求，同时也有利于加密步行廊道。

2）交通组织方式

后海交通组织是全国首例整街区单向交通高效循环的交通组织。生活性道路采用单向循环减少路口交织干扰。未来中心区组团内交通高强度发展，虽然采用大量轨道交通配合，其机动车发展需求亦不可忽视，进而容易带来人车路权冲突，机动车交织干扰，降低交通效率同时影响人行感受。因此，后海中心区在大量片区内街道组织上采用单向交通循环方式，减少路口多向机动车交织带来的通行效率降低和人车干扰，并希望通过智慧交通整合方式将灯控、入库等方面进行整合引导。片区内的几条干路因衔接城市道路，采用传统双向交通方式组织，但同时在片区内部部分采用中部绿带和河道等方式进行分隔，形成片区的特殊景观特征（图8-20～图8-22）。

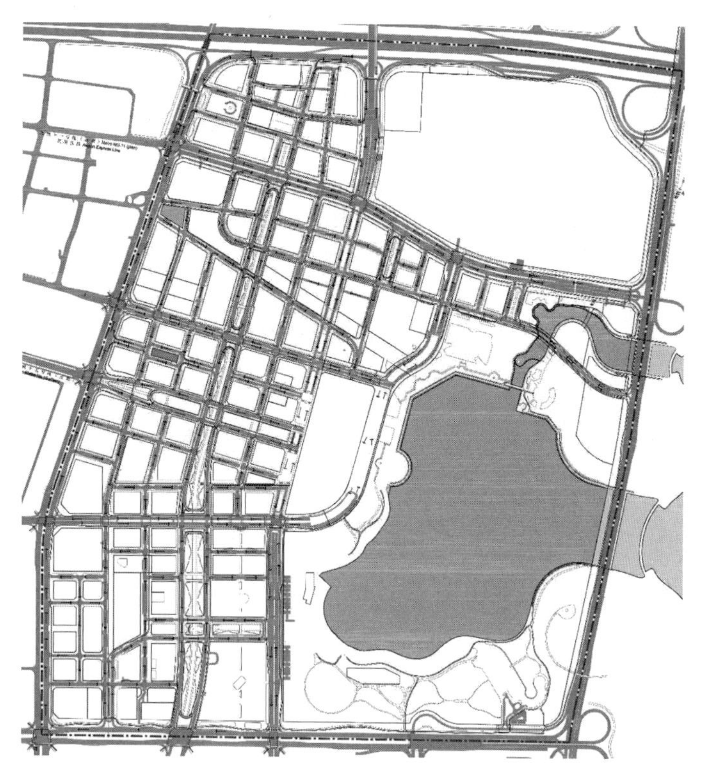

图8-20　片区采用单循环为主、主路双向循环的交通组织方式

（图片来源:《南山后海中心区城市设计》成果）

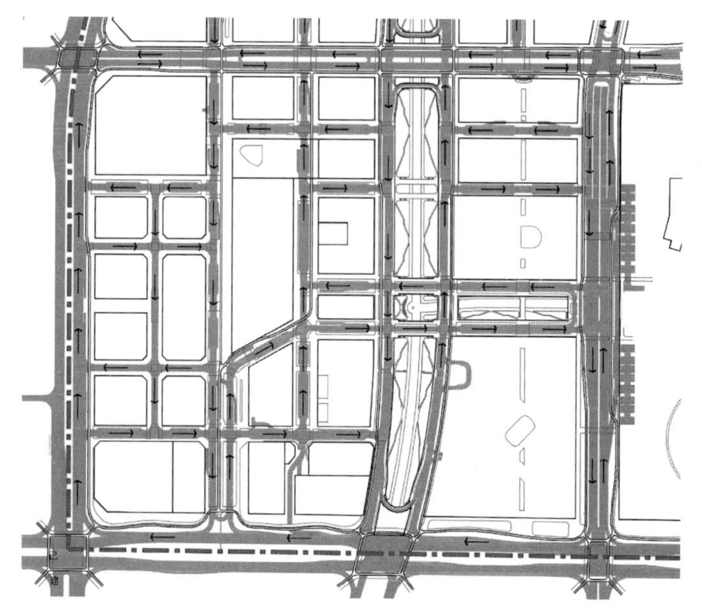

图8-21　组团内部机动车交通采用单循环组织方式

（图片来源:《南山后海中心区城市设计》成果）

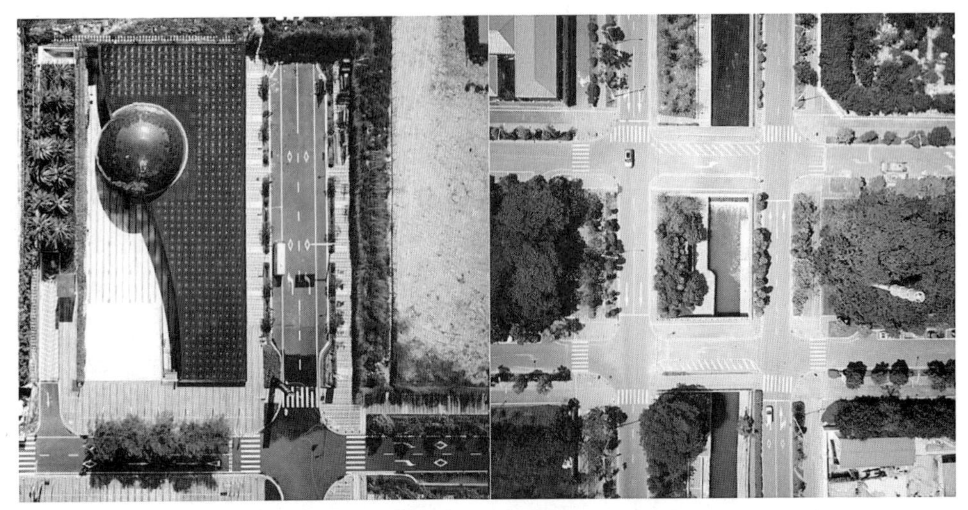

图 8-22　典型的单循环道路交叉（左）和被蓝绿廊道分隔的双向道路

（图片来源：本书作者）

3）街道空间营造

建筑零退线避免消防环道和停车切割公共界面。为保障街道活力、提供最直接的街道和建筑功能交流，大部分界面直接采用贴线方式控制，杜绝机动车优先阻碍公共界面的塑造。为保障行人过街体验，对道路的交通组织、断面构成、街道家具、道路设计标准和沿途功能布局提出详细设计指引。

街道空间设计促进公共交往活动和场所活力。严格对机动车、非机动的开口进行控制，对主干路、各级绿地界面进行车行出入口管控；重构道路断面路权分配，将机动车道占红线宽度比例控制在50%左右；划分街道路权，明确机动车道、路侧停车带、行道树、自行车道、人行步道等专属空间位置，保障步行优先和环境舒适体验（图8-23）。

构建丰富可达的地面步行系统。涵盖城市道路、沿街预留红线内步道和多样化公共场所。在城市道路慢行系统的基础上，沿重要界面设置骑楼等特征化人行空间，构建特征化的带状步行系统，并依托以上两套网络系统，在用地红线内设置强制保留的公共活动场所，形成由道路步行系统、有盖步道（骑楼）、城市绿地、红线内公共通道等共同构成的地面步行网络（图8-24）。

人性化细节设计保障使用品质。在技术要求中提出一些微小却关键的技术标准，如采用小转弯半径强制车辆转弯物理降速保护行人安全，优化后街口栏杆和标识系统避免遮挡视线，从而取消用地红线的截距要求，采用路口膨大的突出人行道等形式，缩短行人过街的实际距离。

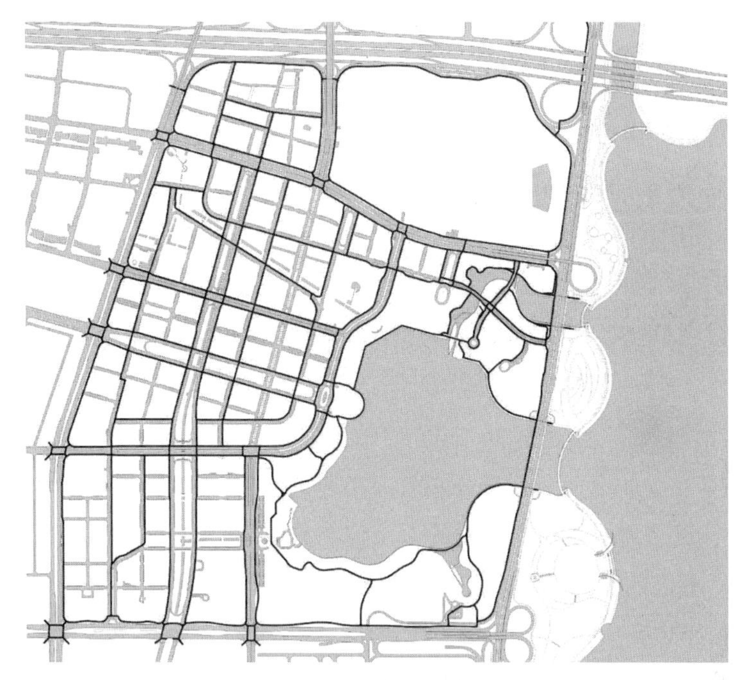

图8-23　独立自行车道系统

（图片来源：《南山后海中心区城市设计》成果）

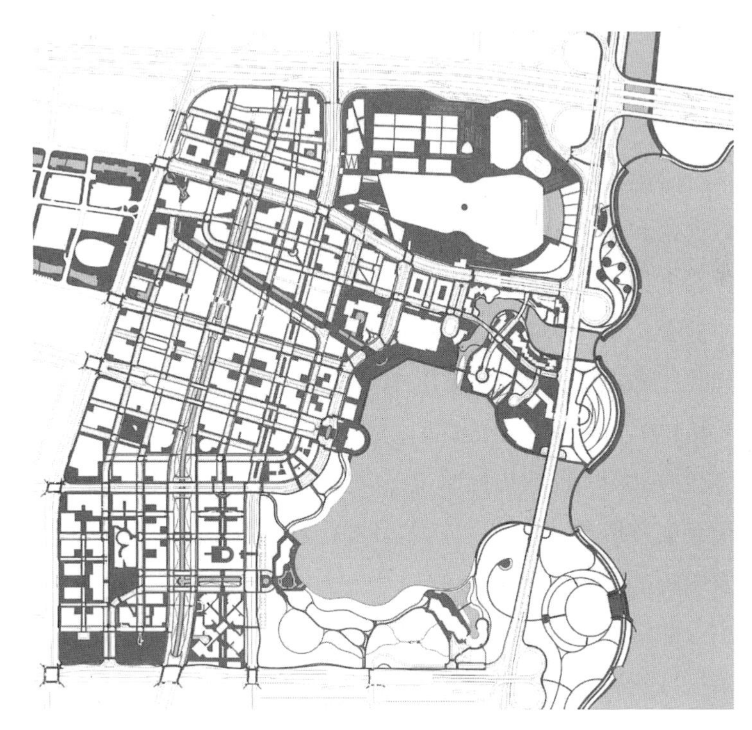

图8-24　步行网格系统

（图片来源：《南山后海中心区城市设计》成果）

4）实施方式

城市道路的建设主要涉及城市设计团队提供具体建设要求和相关管理部门依职权进行落实工作。市规划局、南山分局等管理部门在协调交通、工务部门的过程中，将道路设计的创新标准纳入审批及政府部门施工标准予以落实。在街道设施等方面，南山区重点中心参与后续工作。

业主单位同步代建部分城市支路。作为先行建设的工作基础，大部分道路建设未涉及业主单位参与。部分合并出让地块，地块间支路部分由业主单位按照标准统一代建，路面及管线部分划归政府，地下空间通道部分由业主代管代运营。

城市设计确定平面和断面，道路详细设计落实。通过城市设计详细控制引导道路理想模型设计走向建设施工，形成“理想模型—城市设计控制总图—道路详细设计—道路建设施工”连续的多主体协作流程，保障设计意图的贯彻执行。城市设计所确定的平面、断面和路权分配详细方案，由交通主管单位委托道路详细设计单位予以落实，对于其中小转弯半径、各断面合理宽度等新标准内容，采用由城市设计单位会同管理部门共同审核的方式予以保障。

规划、交通、工务部门协同，推进道路深化设计与施工。城市设计提出道路断面和平面布局的设计方案，施工主管部门（市、区工务局）委托交通设计单位开展道路详细设计和施工图设计，并报规划主管部门（市、区规划局）和交通主管部门（市、区交通局）审批，审批符合规划后方可实施。对于新老标准与实际建设的冲突，采用市区规划部门、工务部门及相关单位联席会议、正式函件意见等方式予以讨论和确认。其中，片区间的主次干路一般由市工务局进行建设，支路由区工务局进行建设。

市级主管部门完成干路设计及施工协调工作。在后海中心区城市设计的早期，城市建设工作已完成主次干路的建设工作，其中干路涉及地铁线路及设施、对外干路对接协调等工作，由市规划局会同市交通局、工务局进行协调，城市设计团队向各政府部门、交通设计单位、施工单位解读道路设计要求，对于国内较少应用的道路细节形式，城市设计团队同时会协助提供国外具体设计文件，保障道路设计要求的贯彻。

区级主管部门完成支路设计及施工协调工作。后海中心区大量的单向交通支路主要由区级管理部门进行协调并报送市级管理部门。深圳市规划与自然资源局南山管理局依据城市设计详细内容全程跟踪道路深化设计与施工过程，保障各管理部门、各设计单位在城市设计团队所提供的道路形式和组织框架基础上进行协同工作。区级主管部门同样注重公共设施同步实施。在城市道路建设过程中，结合城市设计设施布局，同步开展地下公共廊道预留建设，通过箱涵等方式预埋公共通道，为未来两侧建筑地下公共空间对接提供基础条件，同时避免二次开挖。

5）修正内容

道路建设依靠政府部门统筹，街道生活营造则更需要业主单位。城市设计初期主要关注空间架构的落实，主要集中在城市设计团队和各级道路建设管理部门之间，较少涉及各类开发主体的多元诉求。这一方面保障了城市设计的道路空间格局得到最大程度的贯彻，但另一方面也导致业主单位对街道空间停留在形体控制层面，未积极对建筑设计层面提出反馈。因此设计单位在后续协调服务和规划设计中对影响街道生活的相关内容也提出了修正，对业主在建筑设计层面形成的街道各类开口进行空间布局优化、活跃功能指引和局部设施优化。

（1）调整部分地块开口的位置。

原有城市设计主要考虑车行与人行地下出入口、主要绿地界面之间的协调关系，在实际工作过程中，消防登高面、大堂、车行入口、人行入口、主要景观界面间的关系往往更为复杂，因此，项目组在后续深化设计过程中更为集中地强调这些空间关系在用地各个方向的安排，优先保障大堂、人行开口、公共界面方向的叠加，在不敏感的界面组织车行入口等要素。

（2）增加街道活跃功能的导引。

城市设计对街道空间营造提出了详细设计方面的要求，然而在公共活动组织引导方面并未提出指引或控制要求。随着各地块的不断开发和出让，逐渐出现了公共界面与首层人行开口不一致的情况，甚至设置货车出入口、空调口等消极因素，严重影响了沿街空间的公共活动属性。

针对道路建设和实施中的问题，主要采取协调会议形式和规划调整形式解决。对于亟待开展的主要用地建设，由规划局邀请城市设计单位提出基于空间控制总图的城市设计条件，明确地块建设中涉及的道路要素控制要求，并在土地出让、资格预审、专家评审等环节由管理单位会同城市设计单位提供技术把控服务，管理部门在后续建设及验收过程中按照设计条件监管，逐步对早期较少的出让用地进行把控；对于一些区位敏感的后期建设用地，除采用以上条件以外，同时采用规划订正的方式，结合规划修编、深化设计等方式对整体街道空间的性格进行判断，同时补充活跃功能界面控制导引图，为设计判断提供明确的要求（图8-25）。

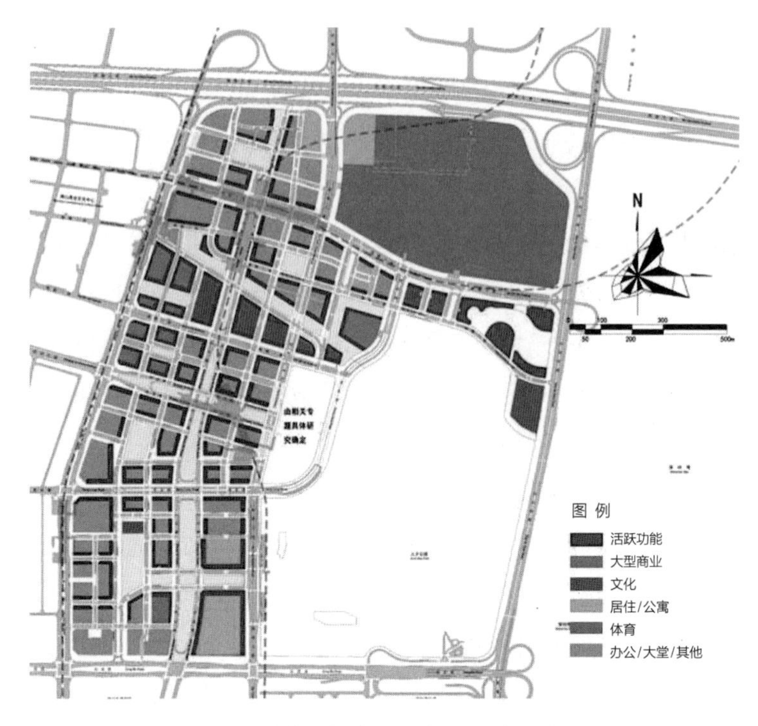

图8-25　对首层街道活跃功能布局提供指引

（图片来源:《南山后海中心区城市设计》成果）

2.一二级贴线控制落地

1）贴线控制要求

后海是特殊审批的"零退线（地块红线）"区域。在后海中心区中，"贴线率"以需要设置登高面的建筑高度为界限，基本上分为24m及以下的一级建筑贴线、24m以上的二级建筑贴线。此处的"建筑物贴线"中的"线"即是指建筑控制线，也是指地块红线，这是由于整个后海中心区是经过规划主管部门特殊审批的"零退线（地块红线）"区域。因此在后海中心区，规划主管部门并没有要求建筑物遵循深圳市相关规划标准与准则至少6m的退线要求。

在设置贴线考虑方面，分别对一级贴线与二级贴线做出了不同要求。一级贴线方面，为了塑造良好的街道氛围，要求建筑物四周均"零退线"。二级贴线方面，遵循了两个空间逻辑。首先是以后海中心区"九宫格"式布局为街坊单元（也称组团），以街坊绿地为中心构建了低矮舒缓的建筑空间，沿着街坊外围的地块红线（即道路红线）要求高层建筑物贴线，整体上在街坊单元内形成了周边高中心低的空间形态，使得人在街坊绿地中可以享受放松的环境和心境。其次是在后海中心区主要的公共空间廊道（即"三横一纵"空间）两侧，要求高层建筑物沿着后海中心区主要的公共空间廊道贴线，形成了连续整齐的高层建筑物街墙，并一定程度上促进了后海中心区多层次天际线变化的秩序齐整（图8-26）。

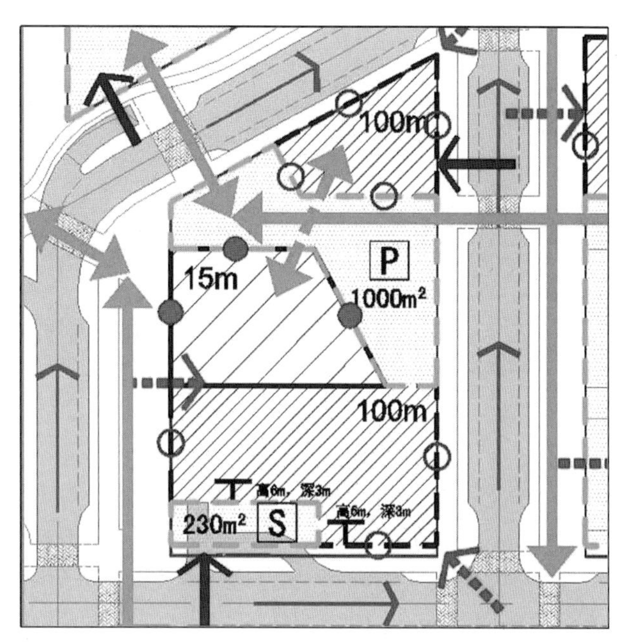

图8-26　后海空间控制总图中典型的一二级贴线要求（实心圆：一级贴线；空心圆：二级贴线）
（图片来源:《南山后海中心区城市设计》成果）

2）实施方式

经过审批的城市设计“零退线”要求，由城市设计团队在规划成果层面以空间控制图的形式落实到了每个开发建设的地块。而规划主管部门依据每个地块的规划成果，在土地出让、用地许可证核发等法定程序中以条文形式落实地块贴线要求。并在方案与规划审查、施工图审查（2019年已取消）中对贴线情况予以审查，最大程度保障建筑物贴线要求的落实。

贴线控制要求带来了一系列施工困难以及施工工艺的突破。在建设施工层面，“零退线”要求改变了业主单位建筑设计和施工中放坡开挖后做基坑支护再做外墙的传统施工方式。业主单位也积极配合控制要求，选择了一些创新施工方式，如灌筑地下连续墙、垂直支护钢板墙等方式实现了基坑支护空间集约利用的问题，真正做到了地下室也“零退线（地块红线）”。而大部分项目则采用地下室外侧结构线退后用地红线3m的方式，利用3m空间做放坡以及锚杆锚点的较常规施工方式，部分锚杆占用市政道路下方空间，则向相应的道路主管部门进行申请（图8-27）。

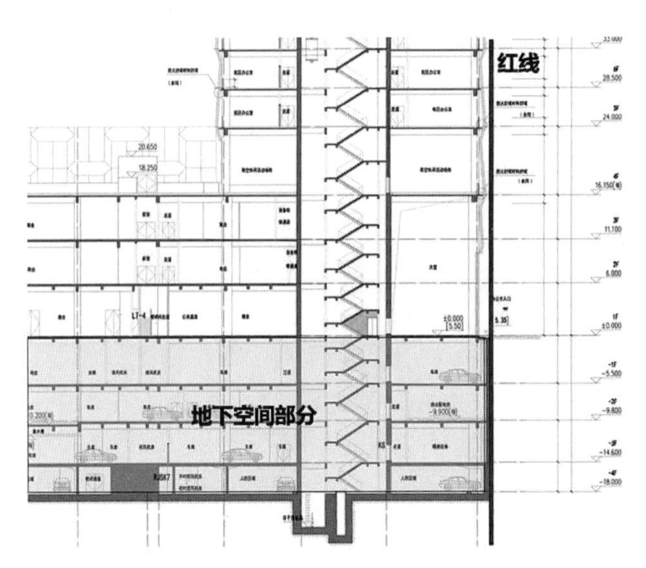

图8-27　应对地面贴线控制条件的地下零退线施工方式

（图片来源：《南山后海中心区城市设计》成果）

规划师和建筑师在贴线要求和建筑形象方面的互动。建筑界面是体现建筑形象和建筑师个人色彩的重要方面，因此，围绕贴线方式、贴线比例，建筑师也采用了非常多元的方式与规划师和管理机构进行对话。依托设计单位资质审查、设计条件沟通和设计评审等多层次的工作阶段，建筑师在保障整体遵守界面贴线条件的基础上，提出了多元化的立面做法，如喜之郎采用不规则建筑表皮以符合建筑界面贴线要求，但每块玻璃都形成倾斜姿态；中建钢构采用顶部突出作为眺望平台的方式小比例突破贴线要求；地标建筑华润大厦由方形贴线调整为圆形收缩平面。规划师对多元化的建筑形象方式采取开放态度，在不违反整体形象的基础上给予足够的发挥空间。

3）修正内容

后海中心区在“零退线”方面落实十分高效，但也面临消防登高面红线内存在无法解决的问题。由于采取了“小街区、密路网”“零退线”高覆盖率的设计方式，高层建筑的消防车登高操作场地（以下简称消防登高场地）的设置问题难以按照常规用地方式在地块红线内部解决。随着相关消防法规文件设防标准提高，使得越来越多的建设项目必须在用地红线外设置消防登高场地方能满足消防要求。而由于深圳市尚无相关法律法规和技术标准来规范建设项目用地红线外设置消防登高场地审批工作，并且此工作又涉及消防、交通局、城管局、市政管线等多个部门，因此形成了传统范式与创新理念矛盾、规划前瞻与政府规范之间的断层，往往影响具体项目的开展推进。

针对贴线控制与消防登高场地方面的矛盾，城市设计针对不同片区不同情况、结合专项规划进行排查和调整。在后海深化设计工作的同时，区重点中心组织编制了消防登高场地的专项规划，经过多方技术协商和权衡，提出多种情境下的应对方案：①对建设用地面积小于3000m^{2}的建设工程，经规划主管部门认定后，可申请在用地红线外设置消防登高场地，并提出了对消防登高场地及所占用地、周边设施进行一体化设计，占用市政道路满足荷载等硬性要求；②对原有部分用地面积较为宽裕的地块，提出地块红线退让一边，在地块红线内设置消防登高场地的处理办法，退让形成的空间即作为红线内的公共场所，权属属于业主单位但不可进行建筑建设，可进行整体景观营造并开展企业公共活动和设置沿界面底商；③原城市设计中已预留的部分红线内公共空间可以用作临时消防登高面场地的，则采用一体化设计考虑。以上三种方式，较大缓解了“零退线”高覆盖率带来的消防登高场地布置困难的局面，同时也一定程度为后海中心区的公共空间提供了更丰富的场所（图8-28）。

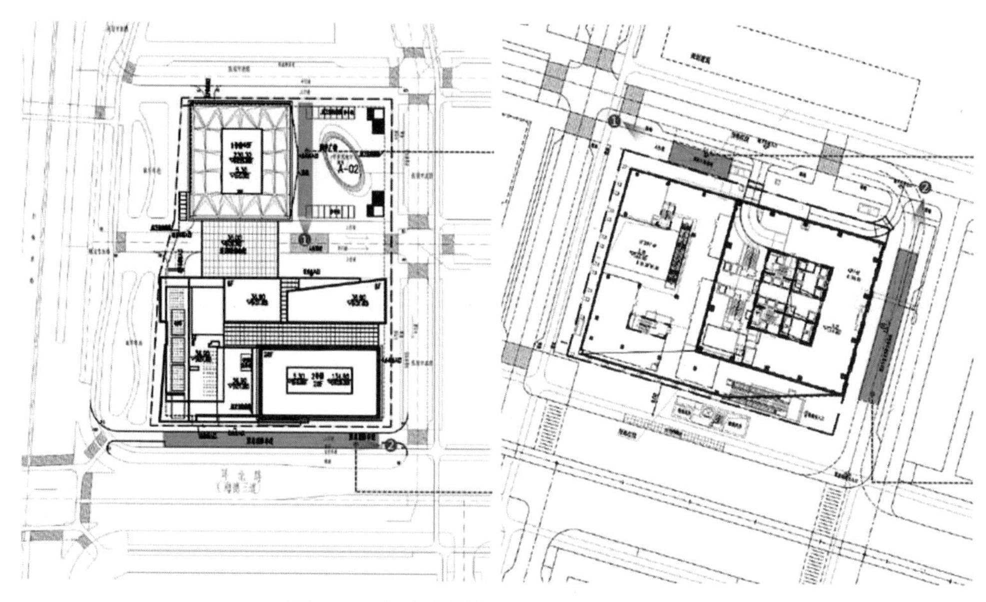

图8-28　应对贴线控制下的消防登高面划定

（图片来源：《南山后海中心区城市设计》成果）

3.立体化公共空间

1）公共空间系统构成

后海城市中心区具有独特的环境格局要素，是深圳作为滨海城市宝贵的滨水中心区，通过后海中心区实现深圳内陆与海湾、城市与自然之间的连接，公共空间作为组织城区的骨架和枢纽，将城市空间与功能融为一体（图8-29）。

中心区采用“滨海公园—城市公园—组团核心绿地—其余红线内公共空间”四级公共空间体系，以城市公共通廊进行整体串联（图8-30）。

图8-29　深圳湾公园直接连接后海的大公共系统（内湖、人才公园、体育中心）

（图片来源：《南山后海中心区城市设计》成果）

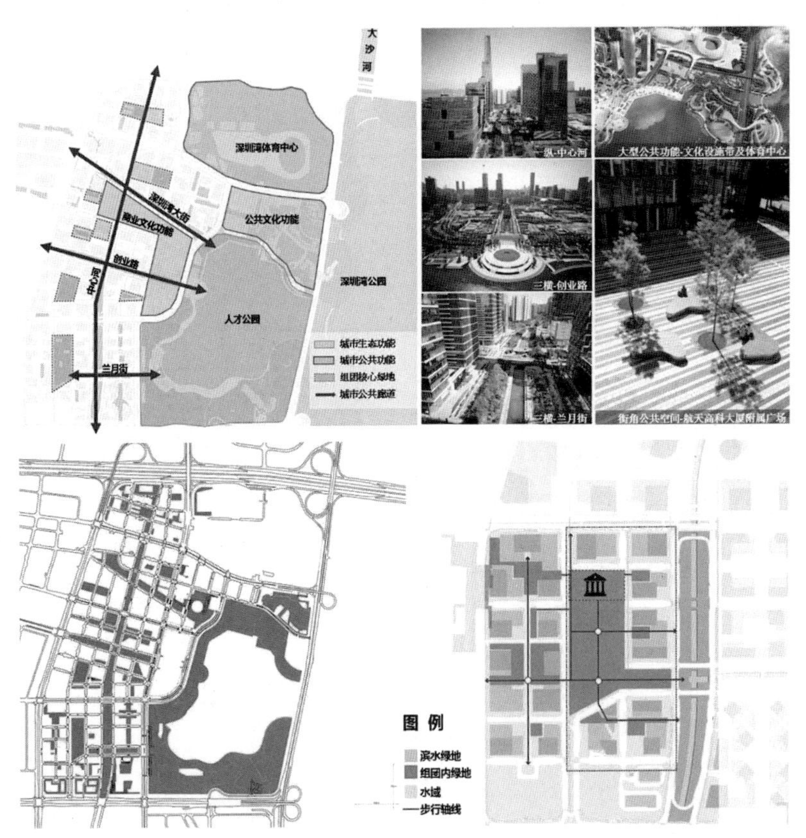

图8-30　在具体用地红线内的公共场所和组团核心绿地布局

（图片来源：《南山后海中心区城市设计》成果）

滨海公园指深圳湾公园与内湖人才公园衔接的部分。滨海公园包含深圳湾公园流花广场、滨水步道、水体等部分，实现湾区生态系统向城市的延伸和渗透。

城市公园提供滨水文体功能。以内湾湖面为主体形成面状城市公共开放空间，既承接由西至东线性空间的接驳，也形成自然与人文南北对比的双重景观特征。

作为公共通廊的三横一纵廊道主要由城市街道、带形绿地和局部水系构成。后海中心区构建自西向东三横一纵的线性城市空间格网，利用线性公共空间的方向性产生引导感，形成连接内湖公园与水面，通达深圳湾的公共通道，提供由城区走向内湾公园，乃至深圳湾滨海休闲带的多维体验。

组团核心绿地提供人群交往功能。由街区围合组团绿地或开放空间构成，化解后海中心区高强度开发的高密环境感受，同时也为在地人群提供识别性和交流场所。

红线内公共空间是后海中心区对公共活动场所的创新。这些空间位于业主用地红线内，一方面需要严格遵守建设开发要求，另一方面能够为业主单位所使用，布局城市公共活跃功能，为城市运营提供多元化选择。作为公共空间体系的基本单元，规模从百余平方米的街角广场、建筑前区到上千平方米的街区开放空间，城市设计管控图将这些空间划分为公共绿地、公共通道、公共广场三类，提出不同的建设要求，塑造多元的城区公共空间体验。

4. 公共功能构成

搭载于城市公共绿地体系之上的，是后海的文化、体育、创新公共功能场所。围绕滨海滨湖空间设置城市级别的深圳湾体育中心、活力岛（商业滨水休闲）、深圳湾广场，沿着深圳湾大街廊道布局复合创新文化街区，而在组团核心绿地内允许复合开发部分商业文化服务功能，在建筑红线内空间允许垂直复合公共商业文化功能。这些能促进片区公共交往活动的场所和用地建设，是后海希望通过多元化空间为多元人群服务的价值观体现。

通过多元公共空间体系的设计与搭建，后海中心区希望在设计上形成一个有标志感、等级明确、意义丰富的空间系统，塑造深圳的滨水城市中心特征。通过妥善处理空间要素间、要素与人、人与人之间的交流关系，为市民提供更加舒适、多样广泛的生活交往方式，形成滨海湾区休闲带上，向海生长意向最为强烈的城市板块。

5. 实施推进

不同绿地和公共功能的建设策略和方式差异，产生了不同的效果。滨海公园由市主管部门进行相应设计管理、投资建设，最早形成规模；城市公园由地区代建企业管理和运营，2017年落成反响不俗；城市廊道由南山区政府下辖相关局推进设计、建设，也陆续成型；组团核心绿地在以往阶段不具备开展条件，因此其开发模式不成熟，进展缓慢；红线内公共空间为出让阶段附加条件，在方案阶段进行落实保证，但具体空间品质取决于不同业主单位的建设水平和管理能力（图8-31）。

图8-31　在用地红线内空间控制总图要求落实的公共场所

（图片来源:《南山后海中心区城市设计》成果）

城市级公共功能的推进主要由政府部门制订方案，代建代运营单位开展。深圳湾体育中心、人才公园等城市级公共空间直接影响建设环境品质，同时也在不同时期承担大型城市文体功能，因此由代建代运营单位华润集团进行详细设计、建设和日常管理运营；城市设计团队在详细设计初期承担提供具体建设要求和规划解读、评审服务等工作；城市规划管理部门对详细方案、建设验收等环节依职进行管理。在三方的共同协作下形成了滨海地区公共功能的良好格局。

片区内公共廊道建设主要由区管理部门开展。城市公共廊道与主要道路结合进行初期建设，沿兰月一街、创业路构成的东西向绿廊，沿中心路构成的南北向绿廊，形成了后海中心区两横一纵的主框架。而深圳湾大街的横向主廊道建设作为复合开发建设的探索，采用了城市设计团队和管理部门服务和监督，开展公共竞赛方式由华润集团进行建设运营（图8-32）。

图8-32　三横一纵公共廊道体系

（图片来源:《南山后海中心区城市设计》成果）

在历经10年建设后，城市公共空间系统框架特征初显。滨海公园系统完全建成并形成湾区公共廊道，滨湖城市公园于2017年开放迅速成为公共休闲打卡地。

组团内公共功能鼓励业主单位的联系建设和运营。与较大规模绿地建设成效显著相反的是，组团核心绿地和红线内公共空间的发展情况参差不齐，组团核心绿地仅有极少数部分落成，红线内公共空间随用地建设发展较快，但尚未形成积极的公共场所特征。

组团公共空间在建设过程中，采取先建设后绿化的方式，选取规划绿地、广场用地作为临设用地，暂无意向的未出让用地作为临设用地。通过将街边绿地、街坊核心绿地、广场等9处绿地作为临时用地储备，建设周期根据周边地块开发情况进行滚动。

在核心组团绿地层面，由于各组团商务用地建设进度不一，核心绿地建设较缓慢。在实施推进过程中，部分绿地结合周边业主意愿，创新地采用了与企业联合建设公共绿地的模式，例如将中心区南侧组团核心绿地中的部分绿地，交由临近地块的中建钢构负责一体化建设。企业将该部分用地与自身意向地块共同拍得，并在后期整体设计、同期建设，建设形成中建钢构博物馆、下沉广场等具备公共功能的场所，并将该空间开放给公众，而业主自身则通过绿地用地实现了博物馆与办公的分离，同时形成组团内的地标场所。

6.修正内容

因后海开发模式差异，不同公共空间的发展情况各有差异。2017年实施评估与深化设计工作开展，对于公共空间发展的动力问题、形式构成进行了研究和深化，在保持总体结构稳定的基础上，从品质和活力出发，对不同层面的公共空间提出调整。

1）人才公园优化调整

在实施深化阶段，城市设计团队根据现有公园条件和代管政府部门意见，对人才公园北侧活力岛局部地区进行研究和调整。考虑人才公园空间的连续性，对滨海公园北侧公园用地进行微调，延展人才公园空间。滨湖保留公园绿地及设施，沿路以地景结合公共建筑，完善景观构筑物及地下空间，设置少量体量适中的文化设施，内湾布局文体、休闲等公共产品，形成生态文化、滨水休闲和门户地景等主要功能，实现自然与建设功能在视觉和空间上的过渡。

2）深圳湾大街、深圳湾广场调整

在具体公共地块方案竞赛中，城市设计团队作为控制条件的制定者和整合者，与建筑设计方开展弹性和刚性条件的对话。城市设计团队根据对滨湖用地的发展研究，提出设计竞赛约束条件并参与竞赛技术服务，制定后续用地和空间控制的调整方案。在南山区政府向市政府提出对滨湖用地进行开发的同时，城市设计团队会同深圳市规划管理部门同期开展可行性研究和功能预判，并对各方开发意向和概念规划进行对比研究和提出意见；负责落实本研究成果的南山工务局及其代建代运营单位（华润集团）后续委托城市设计团队负责两个竞赛的前期条件梳理、任务书编制、技术要求答疑沟通、评审服务、提出整合意见等多层面工作（图8-33）。

图8-33　深圳湾大街和深圳湾广场竞赛中标方案整合

（图片来源：《南山后海中心区城市设计》成果）

深圳湾大街——经过“深圳湾大街东延段国际竞赛”竞赛咨询及整合，城市设计团队对原有规划实施评估与设计深化后，对廊道南侧的公共建筑高度进行降低调整，同时通过复合功能与二层空间的连接，强化了该片区与深圳湾大街公共廊道的空间联系。

深圳湾广场——通过“深圳湾广场国际竞赛”竞赛咨询及整合，城市设计团队适度采纳竞赛方案，将广场的公共空间结构结合方案，调整为整体上盖的城市公园+公共场馆，调整地下空间、二层廊道等公共系统在整体片区的衔接系统。深圳湾广场方案和用地形式对原有“密路网、小街区”格局产生了较大的调整，城市设计团队虽认可其中一部分积极的公共体验改变，但仍对整体空间格局的巨大改变持谨慎的态度。而这一变化是设计、管理、建设和运营多方角力形成的折中结果，在最突出的滨水空间改变了后海的格局，其最终成效依然有待时间的检验。

3）组团核心绿地调整

针对核心绿地发展困境，提出四种核心绿地开发模式。采用复合发展模式，将组团内地下、地面、二层步行系统发展与公共绿地紧密联系，分类提供不同的“绿地+”公共产品，同时也通过复合开发吸引业主单位代建、代运营，以市场力量促进公共场所发展（图8-34）。

模式一：纯粹绿地模式——公园绿地（G1）+地下通道，通过地下公共通道

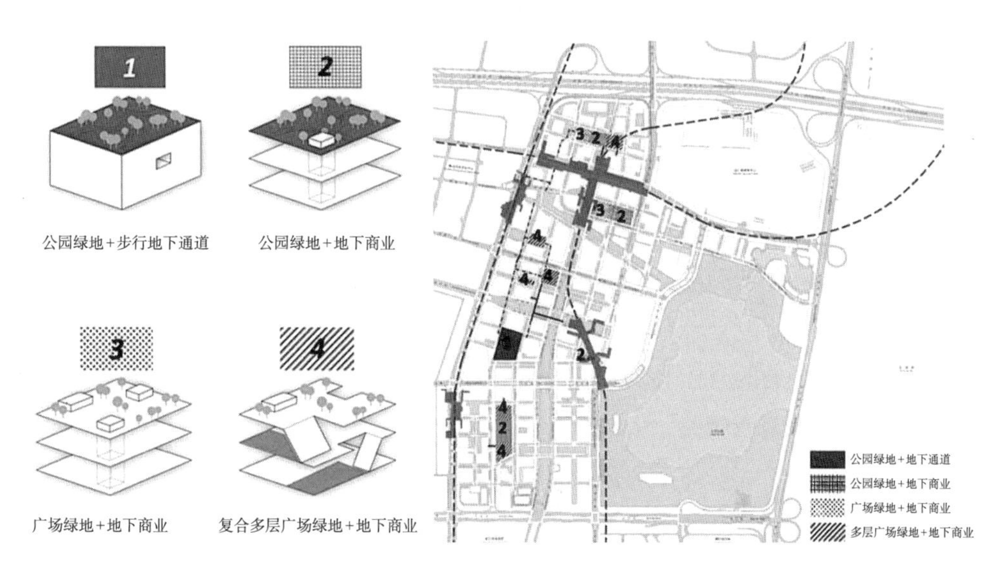

图8-34　应对组团核心绿地复合发展模式分类

（图片来源：《南山后海中心区城市设计》成果）

联系慢行主要廊道，及地铁站厅、大型商业等吸引节点；在这一模式下，空间构成保持最纯粹的通道、公园绿地功能，空间无互动。

模式二：分层发展模式——公园绿地（G1）+地下商业，通过垂直交通与地下公共轴线联系，地上保持相对完整的公园绿地功能，地下空间适度提供组团内公共商业服务；这一模式下，用地形成分层组织乃至分层开发的初步差别。

模式三：地面广场（G3）+地下商业，适用于主要轴线及主要公共廊道空间连通密切的公共空间，在地面人行和休闲功能相对较多时，地面用地采用广场类形式（G3），较好地适应人的活动需求；本模式是模式二的变体，除地面用地性质和绿化率等关键指标差异外，地下空间功能与模式二相似。

模式四：多层广场绿地（G1/G3不限）+地下商业，适用于主要轴线及主要公共廊道空间连通密切的公共空间；这一模式打破了绿地、广场功能在覆盖率、绿化率等方面的传统要求，以复合使用功能为导向组织空间，绿地或广场功能削弱，因此适用位置和范围需要严格管控，避免实质性丧失公共休闲功能。

捆绑出让与代建开发方式。实施深化阶段，依据绿地建设的经验，建议规划主管部门采用捆绑开发的模式，鼓励企业对绿地、公共设施建筑、社会停车场进行代建、代运营。设计服务总师、团队通过与政府共同协商出让、许可条件，保障后海中心区的公共空间建设品质，同时推进加快组团公共空间的开发建设。目前，恒裕地块、联想地块已通过企业代建代运营方式进行整体设计和整体建设工作。

设计控制和建设模式希望为城市公共场所开发带来更多的可能性。在传统的城市绿地建设中，其覆盖率、绿化率都有严格的法规要求，避免变相缩减公共绿地极其使用效率。而后海中心区的组团核心绿地不仅限于满足某一块草地和林园，更希望以空间环境为人们提供多样化的公共场所，因此，结合二层廊道、地下空间进行局部公共绿地的复合化调整，正是希望探索形成一个新的复合公共空间组织方式。

当然城市绿地的具体设计要求变动并非随机化或是一刀切，四类模式的自身特征与周边条件紧密相关，大部分仍需对绿化面积进行严格保障，而对于地铁连接度不高、周边无综合商业和公共设施的组团绿地，仍需采用传统绿地形式。只有在二层廊道和地下公共空间叠加，并且具有丰富商业或文化设施的部分，才允许对公共绿地复合开发提出一定弹性。

7.高度秩序和滨海轮廓

1）高度控制要求

后海中心区位营造突出的湾区城市形象，对高度序列进行了严格的层次管控设计。形成“地标（湾区地标、组团地标）—200m—150m—100m—50m”的高度序列。由城向海逐级降低的高度序列，每级高差约50m，形成明显的高度差异。其中湾区地标为滨水特征建筑，其高度应明显高于整体建筑高度，统领整体湾区形象，组团地标为每个街坊内统领建筑，原则上应明显低于湾区地标、但高于普通建筑最高的200m（图8-35）。

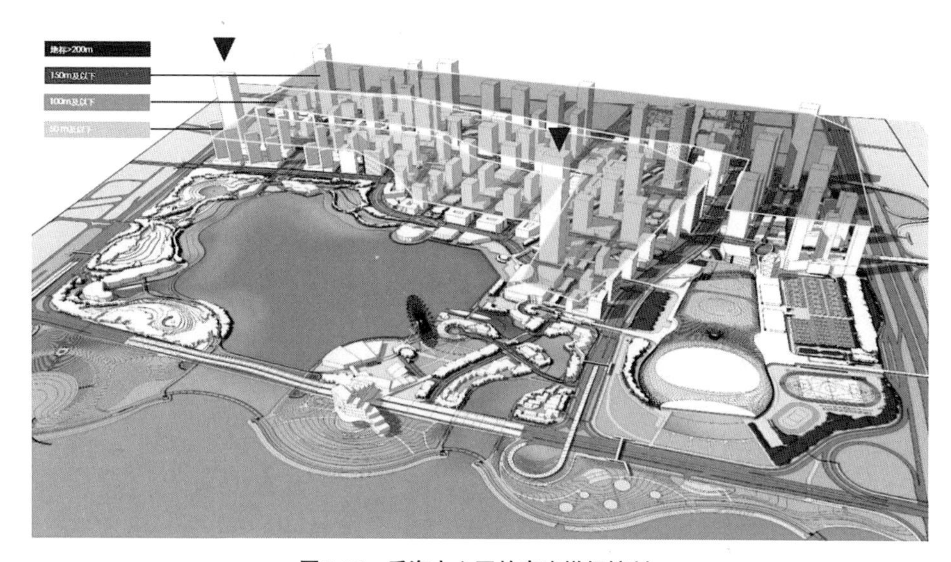

图8-35　后海中心区的高度梯级控制

（图片来源：《南山后海中心区城市设计》成果）

高度控制是规划师与建筑设计师对话/交锋最为频密的方面。在贴线控制的条件下，高度的变化意味着容积率和建筑面积的相应变化，这对于业主单位充满着诱惑，城市设计团队无时无刻不面对着既需要滨水景观又希望高强度开发的诉求；而对于建筑师而言，就如何在方案设计中突出个体建筑形象和地位，也会不时提出有关高度提升的试探。城市设计团队会同规划管理部门严格依据既定的高度序列，本着公平原则严守统一原则进行高度控制。

建筑高度的变化往往基于整体序列条件进行差异化调整。对于湾区地标、组团地标等控制高度区间的地块，规划师往往给建筑师最为充分的发挥空间，通过建筑师对整体空间形象和具体高度的分配方案进行综合评判；对于一些在组团内具有特征化形象的地块，城市设计团队分析后决策是否具备调整高度的条件。

2）局部调整程序

（1）湾区地标高度的调整

华润地标与深圳航空限高协调。作为统领地区发展的地标建筑，其高度约束在一段时期内并没有明确的定论，原定湾区地标为一处（位于现华润总部处），基准高度为500m以上，后因深圳机场起降航线安全问题，经多部门多轮协商后定位为400m以内。

深湾一号调整形成双湾区地标。深圳湾广场地块最初为区域内一般建筑，因此整体高度较低，经业主申请、规划局与城市设计单位多轮协商和方案模拟后，形成了围绕滨湖两端双地标的基本格局，这一调整也奠定了后续方案设计和现有滨海形象的整体格局，其中华润“春笋”高度低于400m，深圳湾一号高度低于350m，两大地标之间保持约50m的可感知高差（图8-36）。

图8-36 后海中心区阶段建成中心区（2019年）

（图片来源：《南山后海中心区城市设计》成果）

（2）高度序列的局部调整

组团地标高度的确定。城市设计之初，对于每个组团内地标建筑的高度控制呈现一定的弹性区间——一般不低于第一序列建筑的200m，但明显低于湾区地标建筑限高。随着两大湾区地标高度（350m、400m）的逐步确定，组团内地标建筑高度的区间也更为集聚。为强化现有湾区高度趋势，以湾区滨海主视角为主，中部组团地标建筑高度控制在200m，向两侧逐渐接近地标建筑升高，其中靠近华润地标的恒裕用地限高在310m（与华润地标保持80m以上高差），靠近深湾一号地标的拟出让用地限高在270m（与深湾一号地标保持80m高差）（图8-37）。

局部对景观建筑的调整。在地标和阶梯高度序列之外，后海中心区由于存在

图8-37 后海中心区规划天际线

（图片来源：《南山后海中心区城市设计》成果）

三条纵向廊道和组团内绿地空间，因此从景观角度也存在着一些次级规律。深圳湾一号北侧绿廊尽端的M—05地块（海能达集团总部，图示圆环位置，如图8-38）就是典型，位于兰月街廊道和组团绿地的视廊尽端，既是小组团内的视觉焦点，也是绿地场所内可感知的目标，因此在组团内整体高度控制在250m以内；同时，考虑城市廊道和绿地界面效果，经业主申请、建筑师提供比选方案，管理部门和城市设计单位经研究后同意将该地块裙楼建筑体量进行调整，将位于视廊焦点区域的裙楼架空，预留不低于2层有效净空的地面广场（绿地），裙楼基本保持原体量向上提升（裙楼顶部限高由原有24m提升至30m）。这是基于城市设计系统，并寻找建筑设计与城市设计均衡最优解的调整，经过审慎的对比研究和三维模拟，城市设计团队给出技术意见后，规划管理部门会进行相应的管控条件调整（图8-38）。

高度序列范围内优化。此类情况在后海中心区的建设过程中最为常见，城市设计技术要求与业主建筑设计动态变化的互动最为丰富。一般包含群体建筑高度

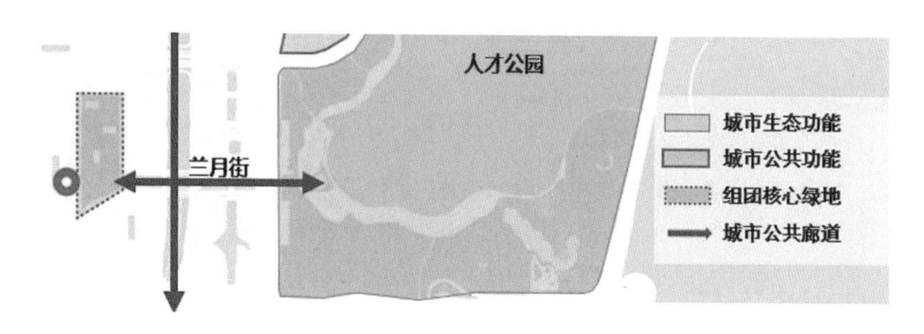

图8-38 兰月街轴线和海能达用地关系

（图片来源：《南山后海中心区城市设计》成果）

调整和单体建筑高度调整等情况。城市设计团队在这个过程中承担着技术决策标准的制定者、监督者和协调者三重身份。首先，城市设计团队制定了后海中心区的整体高度序列和具体地块裙楼、塔楼高度控制要求，是城市高度序列内在逻辑的制定者；其次，每一处地块的方案设计都需经过城市设计团队提出符合性意见，对于不符合现有要求和不合理的调整动议具有技术否决权；最后，城市设计团队秉承开放的态度认真研判每一个建筑设计方案所包含的内在逻辑和发展诉求，对于符合城市设计整体原则但需在局部有所调整，并且能够提出合理方案的设计，城市设计团队给予设计条件方面的调整认可，并报送规划管理部门进行相关程序的认定。

群体建筑为设计带来更多丰富度。一般为业主整体在一个组团内集中多个街块获得用地，因此建筑设计方案更利于协调小范围内的高度序列和建设量腾挪，典型案例为深湾一号、阿里巴巴、腾讯等滨湖组团地块，恒裕、联想等内陆组团地块。这类地块的高度调整依据主要是不能严重突破所在序列的高度限制，并且不能显著增加总建筑面积。将滨湖空间的阿里巴巴用地和深湾一号用地进行对比，阿里巴巴采用了整体均衡高度但调整形成自身高度序列的方式，由统一的第二序列限高调整为形成60m、50m等差异化高度，并通过建筑形态在非贴线控制面的错动加以丰富；而深湾一号则采用了一高多低的方案，通过降低滨水第一层次建筑高度至50m以下，塑造湾区第二地标建筑和几处高低错落的商务公寓（图8-39）。

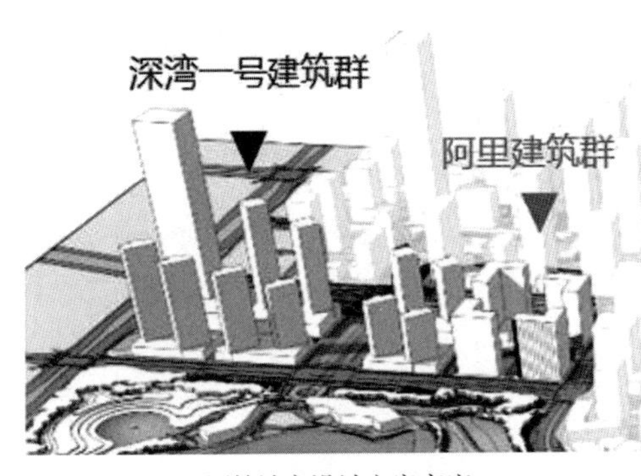

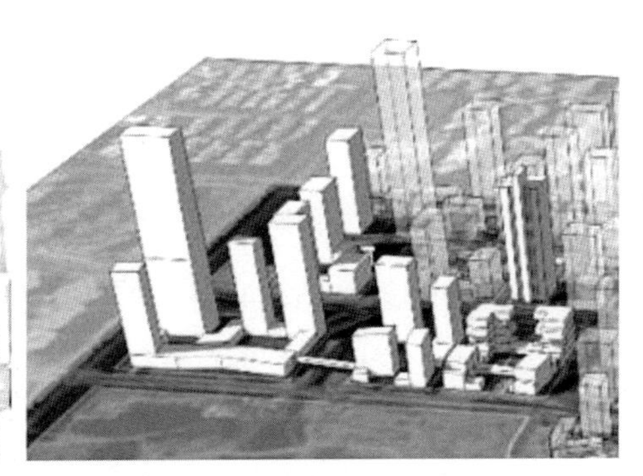

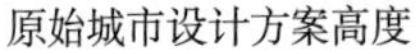
原始城市设计方案高度

优化后城市设计方案高度

图8-39　深圳湾一号和阿里巴巴的设计和优化天际线

（图片来源：《南山后海中心区城市设计》成果）

城市设计团队往往全程伴随群体建筑高度序列的调整。因群体建筑与高度序列、公共系统都有较大关联，所以城市设计团队在收到提议之初即会对建筑群体进行技术分析和调整模拟，并将技术意见呈送规划管理部门，会同管理部门与业主单位进行协调，直至形成技术和管理层面的多方共识。

群体建筑的调整也呈现两大趋势。在群体建筑的高度调整案例中，滨水建筑的整体高度和总量呈现向下调整的趋势，有趣的是，内陆群体建筑高度调整案例中，高度及总量一般呈现上升趋势。以恒裕用地为例，在初始城市设计中四宗用地高度控制分别为200m、150m、150m、120m，经协调附加商业、公寓等功能后调整为268m、150m、50m、268m，总建筑量亦有一定提升，考虑到内陆部分组团地标建筑高度并未严格限制，亦未接近视觉上临近的华润地标建筑高度，因此在2018年建筑总量保持不变的基础上调整为310m、255m、50m、255m。这一系列调整涉及总量、天际线高度、组团内布局序列的明显变化，因此经过多轮建筑设计提案申请、城市设计审查、政府会议、专家评审等工作。

单体建筑高度调整面临来自技术和管理部门更强的约束。一般同一建筑组团内同一高度序列的高差控制在25m，不同高度序列高差控制在50m，因此单体建筑在不改变现有建筑序列的基础上，调整区间基本上限为30m（25m附近但显著低于50m），同时亦需要城市设计单位在群体模型中模拟高度调整，确认不会对组团和整体高度格局产生扰动。因此，不属于组团地标建筑的单体建筑高度调整往往具有严格的调整幅度约束，一般需经过“业主申请—管理部门受理—城市设计单位出具技术意见—管理部门协调”等多个程序，而且城市设计意见和管理部门协调两个阶段往往具有一票否决的情况出现，部分通过的申请亦需报送市规划管理部门确认后方可执行，如原有条件下设计方案已完成专家评审等程序的，需重新开展相关设计确认程序。这样复杂且严格的调整程序和把关标准，保障了整体高度序列的相对稳定和统一。

8. 公共二层连廊系统

1）复合慢行系统的构建

公共二层廊道、公共地下空间共同构成了后海的复合慢行系统。城市公共生活是一套复杂的运行体系，在现行规划权属明确和系统清晰的框架下，只能保证提供一套优秀的规划设计，却无法跨越用地红线的权限，确保建成一个优秀的城市地区。因此规划主动突破壁垒，提出跨越红线边界的复合慢行系统格局（二层连廊、地下空间及其之间转换的交通、服务节点），制定系统管控，不仅要求政府通过管控建设的道路、绿地和公共设施等落实公共系统管控，同时要求各用地的业主单位严格按照规划，在建筑设计和施工中落实公共系统管控、对接公共系统，设置界面活跃公共动能。

2）整体系统设计

现代中心区的高强度高密度开发带来了较高的人流量和车流量，高频率的进出及互访需求势必造成一定的人车冲突。地块建裙楼扩展的商业服务功能需要通过更多维度加强联系来提高客流量和集聚人气。人在使用公共服务核心和开放空间时希望获得具有较高品质、便捷顺畅、丰富多样的步行体验。

基于以上三点需求特征，城市设计团队在2010年的后海中心区规划设计中提出了公共二层连廊系统，以补充地面和地下的慢行系统，并初步体现在空间控制总图中。在2013年的后海中心区修建性详细规划中，规划团队进一步深化了“三条主廊多条次廊”的公共二层连廊系统结构，对连廊形态提出了明确要求，并要求地块开发预留连廊接口，保障分期实施的可能性。2017年，规划团队对后海中心区城市设计进行了评估和优化，根据实际建设情况对公共二层连廊系统进行了简化和优化，再次明确主廊的具体线位和主要参数要求（图8-40）。

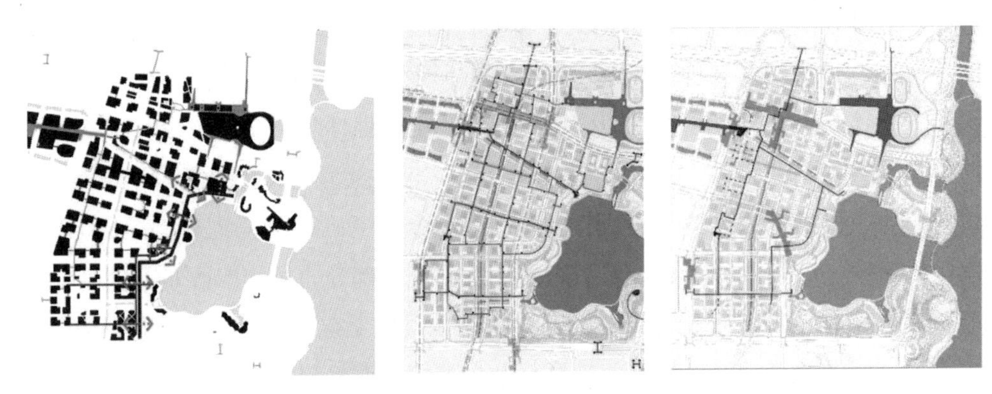

图8-40　从左至右分别为2010版、2013版、2017版公共二层连廊系统图

（图片来源：《南山后海中心区城市设计》成果）

3）实施推进

明确建设廊道后将其作为设计条件写入土地出让协议，在方案评审、报建、验收等环节确认落实。所有已出让用地中，二层公共廊道的建设基本得到落实，深圳湾一号等具有二层商业和公园跨街连系的连廊系统已投入日常使用；中海油等的两廊因周边地块尚未建设，处于空间预留的状态；当然，也有如阿里巴巴出于商业保密和单纯办公需求，其二层廊道虽已建成，但并未与周边用地进行通行的情况存在。

二层廊道控制要求本身也在不断地演进和补充中。2017年以前，二层廊道的具体标高、宽度和线位等条件主要由城市设计团队根据系统安排，在建筑设计方案资质审查之前进行细化并提供，具有明显的“一事一议”特征，这也符合多样化建设的基本工作方式，如果从最初阶段即开始订立标高等详细要求，在早期建设中同样需要预留弹性以应对建筑设计的不稳定变动。2017年实施评估开始，后海中心区的建设和在编建筑方案已相当丰富，已批已建廊道已经成为后续建设的基础条件，细化建设要求的条件已经具备，因此形成了复合慢行系统的指导手册，其对二层廊道的多元化类型提出了建议和引导（图8-41）。

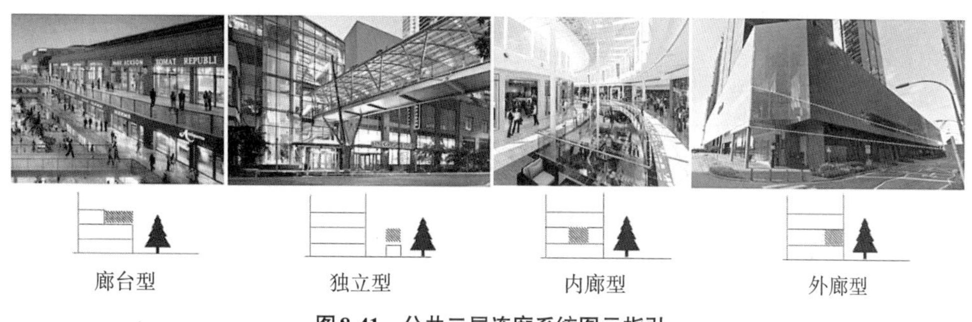

图8-41 公共二层连廊系统图示指引

（图片来源：《南山后海中心区城市设计》成果）

二层公共连廊成为规划师和建筑师对话最为胶着的系统。城市设计最为关心的近人尺度空间公共系统控制，同时也是建筑形象和公共入口的重要组织界面，而二层连廊系统在城市建设过程中的产生和实施往往基于背后一系列的综合因素考虑。在城市设计工作的周期内，城市设计团队对于二层连廊的总量、结构、具体布局都进行了非常开放的研究，也在“示意性的主廊系统”—“示意性的主次结合廊道系统”—“相对精确的主廊系统”几个尺度间不断转变。而在此过程中，城市设计团队一致坚持对主体廊道系统的控制要求，通过以附件形式将其整合在土地出让条件、方案评审等方式中，坚持由业主单位落实二层廊道系统。由早期地块的建筑设计单位也对二层公共廊道进行了不同理解和导向下的整合设计，具有二层综合商业的业主欢迎建设二层廊道，甚至过犹不及地将本应直线可达的公共廊道设计成为曲线环绕的商业动线，而另有业主认为自身并无商业文化功能，更不希望影响本身办公功能，因此极力外置和缩减二层廊道。城市设计团队基于两种极端设计手段，通过为政府提供方案过程稿意见、专家评审会意见等方式，规范建筑设计对二层廊道基本功能和空间的要求（图8-42）。

建筑设计对二层廊道的多样意见，也成为城市设计团队优化二层廊道设计走向的重要依据。城市设计团队从二层廊道的公共属性出发，寻找塑造积极交流空间的整体系统条件，强化与地铁站、综合商业、文化设施、地面公共空间的联

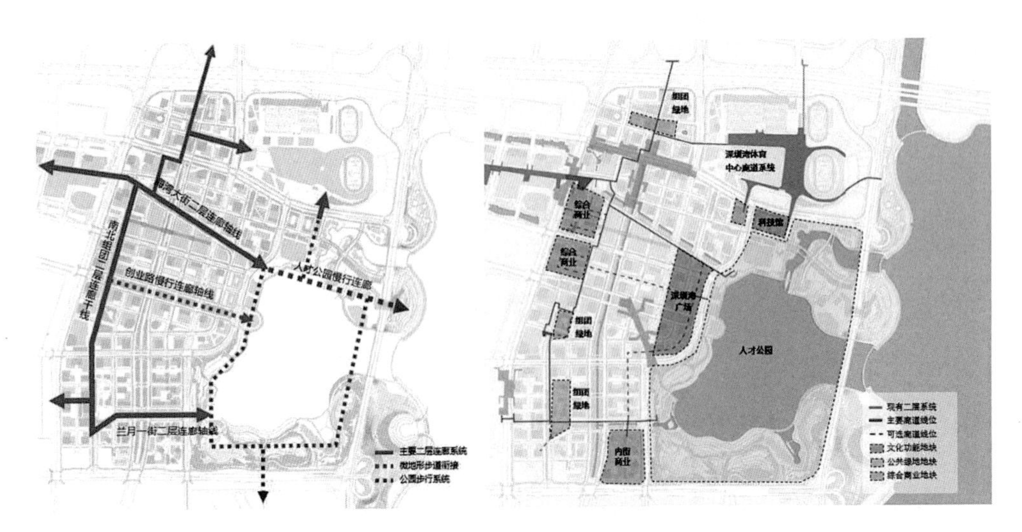

图8-42 公共二层连廊结构图

（图片来源:《南山后海中心区城市设计》成果）

系，逐步调校二层主廊系统，形成对公众、业主都具有吸引力和实际使用效力的整体架构。

规划团队广泛研究并总结了国内外已建成的公共二层连廊系统，为后海中心区设定了四种选型，根据二层连廊所在开发地块的具体情况选择相对应的类型。在商业及公共服务类用地优先采用架空型或廊台型，结合建筑形体整体设计，并建议通过挑檐实现无柱形式。在绿地及建筑无法整合二层连廊的区段采用独立型，二层连廊应采用轻盈的形态，采用单柱支撑并尽量减少柱子落地的数量。有整体设计条件的开发项目可以将廊道与建筑内部功能整合，形成内廊型公共二层连廊。当开发项目功能用途与公共二层连廊相关性较低但能提供整合设计时，可以采用外廊型。

4）调整及优化

二层廊道的调整分为局部地块微调和整体系统对接调整两类。

局部地块微调是建筑设计过程中与规划师对话的常态化工作方式。当开发项目根据自身空间布局要求，需要调整公共二层连廊类型或线位时，建筑设计单位提出具体方案和修改申请，城市设计团队根据申请内容提出具体技术意见，明确调整是否可行、对调整内容应进行哪些方面的约束，并以正式函件或工作会议方式反馈给规划管理部门，管理部门结合技术意见提供调整通过与否的意见和其他附加修改条件。

根据二层廊道发展条件和场所塑造，对廊道系统进行精简和优化。2017年规划团队对后海中心区城市设计实施评估与深化设计，根据实施过程中反馈的现实操作问题，对公共二层连廊系统进行了适当简化，突出干线系统进行优先设计和建设控制，并提出两大控制方向要求：①新增通道需要与建筑布局、已有通道协调落实，形成全民友好的无障碍化衔接；②干线系统整体应便于连接地铁、各类公共服务核心、商业中心及开放空间节点，建设具有积极场所效应的二层廊道系统。

深圳湾大街二层连廊是城市由陆向海的公共活力廊道，南北组团二层连廊是串联商务办公功能的主要廊道，以此两条二层连廊作为主要干线，结合其他具有较高可建设实施条件的廊道，形成“三横一纵”的公共二层连廊基本构架。主要干线必须落实建设，其中创业路公共二层连廊可根据轴线内绿地的具体设计和地形采用结合地景的设计方案。

公共二层连廊系统应紧密结合公共服务和商业功能，优先串联公共服务核心、商业中心和开放空间节点，鼓励与该系统相接的建筑物沿廊道设置活跃功能或设计积极空间，使公共二层连廊整体成为具有活力的空中慢行系统。

为保证通道的舒适性和便利性，规划团队对公共二层连廊的基本参数，如净宽净高等，及配套设施提出了明确要求。通道的步行面设计标高应在6～6.5m，底部净高不低于4.5m，净宽不低于4m。要求依据图则准确布置垂直交通转换节点，保证所在位置及开口方位与图则保持一致。要求满足消防等通行条件，并在地铁运行时段保证公共二层连廊对外开放。

9. 地下公共空间系统

1）整体系统设计

现代中心区的高强度高密度开发汇聚了较大的人流量和车流量，仅仅依靠地面交通往往难以消化，需要利用地下空间对交通进行多维拓展。后海中心区有多条轨道线路设站，地铁站点及周边的地下空间具有极高的开发价值和公共活动组织作用，而“小街区密路网”所形成的小街坊在开发地下空间时也需要统筹多业主、不同时序的开发建设。

地下公共空间格局随着地铁和地下功能布局逐步明晰。早在2010年，后海中心区城市设计就提出了地下人行公共空间与车行通道并行的概念，联合波特兰大学访问学者对智慧化车行和人行系统进行模拟组织，并在空间控制总图上初步体现。2013版修建性详细规划中，地下公共空间与市政道路及建筑地块的前置建设协调，结合地下空间整体开发研究了人行与车行组织方式，优先提供地下步行连接，其次是机动交通的连接，并保留转化的可能。而后随着业主单位建设加快和地下系统对地下空间的再组织，地下整体车行系统失去了整体实施的条件。因此2017年，规划团队对后海中心区城市设计进行了实施评估和深化设计，专注于地下人行联系和公共空间活化，对地下通道和地下空间的建设参数进一步提出明确的要求（图8-43）。

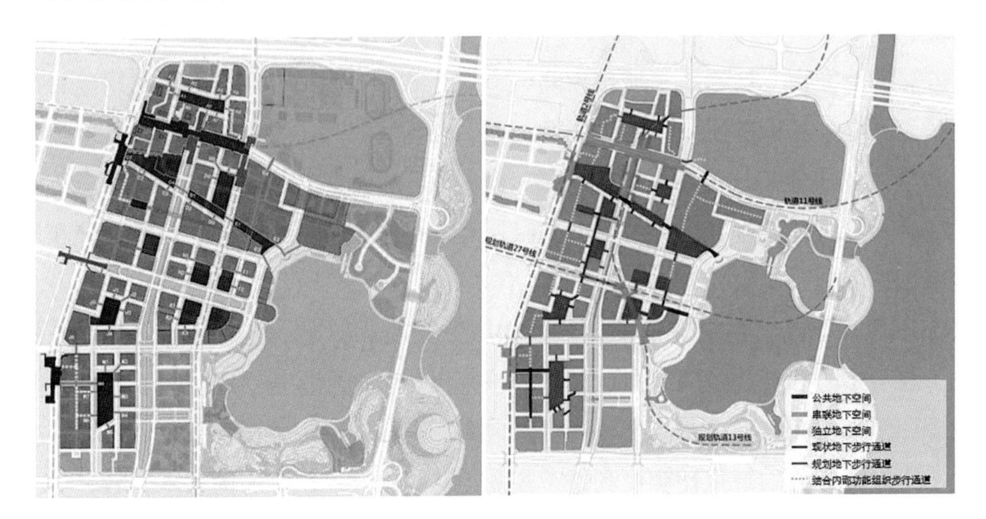

图8-43　左图为2013版地下空间系统，右图为2017版地下空间系统

（图片来源：《南山后海中心区城市设计》成果）

2）实施推进

地下公共空间实施分为公共用地部分和业主用地内部分两类。位于业主用地内部的地下公共通道建设要求整合进入土地出让条件，在方案评审、报建、验收等环节确认落实。位于公共功能用地部分（道路、绿地、广场等）的，由政府管理部门进行统一设计，在具体建设过程中进行预埋设置，并在城市道路建设过程中预埋。

城市公共地下空间的结构性构建工作得到了保障。城市公共功能用地部分（道路、绿地、广场等）的地下公共空间建设工作得到了较好的保障，地下公共空间往往随着相应系统的设计、建设的进行同步落实，形成了良好的基础架构；业主用地中的地下公共空间要求随设计任务书作为约束条件下发，往往能够得到一定程度的落实（图8-44）。

但在结构上的落实并不代表着品质上的保障。后海中心区的地下公共通道的实际建设过程中，仍会因各方面原因导致实施结果与规划产生偏差。如：

①空间错位——地下通道建设涉及业主本身和与通道相接的两家单位，彼此因开发时序不同、沟通协商不充分等原因造成地下通道水平、垂直方向错位。

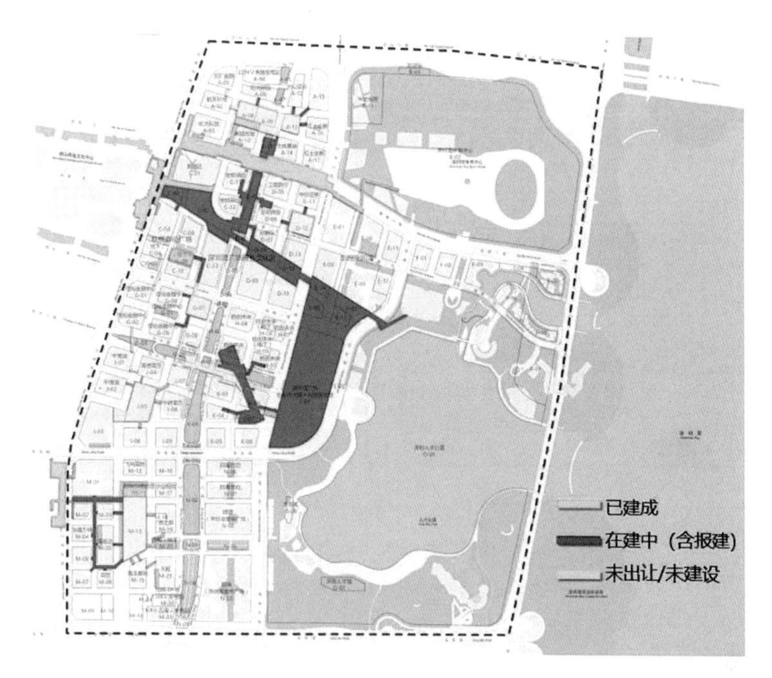

图8-44　地下公共通道修建建设进展

（图片来源：《南山后海中心区城市设计》成果）

②功能矛盾——一方为预留公共通道功能甚至商业功能，另一方为普通停车位乃至无法移动的设备用房，地下公共通道的连续体验并不强。

③规范约束——人行通道穿越停车库，通道面积小，且单一主体难以满足消防申报要求，缺乏照明、排水、通风等设备，影响步行体验。

地下公共空间建设同样充满了规划师与建筑师的设计思维对话。建筑师与规划师对地下空间的系统设计和理解仍然充满了差异，但是在地下公共空间方面达成了一个充分共识，即用最短的距离取得与地铁空间的联系。而在地块内公共通道布局和功能布置方面，建筑师自身又存在着两方面的极端选项：①自身不具备公共商业运营能力的业主、对首层地面机动车开口具有严格约束条件的业主，都会在建筑设计方面选择优先组织自身功能需求，而尽量压缩公共通道要求的位置、尺度，甚至存在极少数地块将设备用房置于规划公共通道接口附近的情况，导致地下公共通行条件困难；②具有公共商业功能的业主，一般倾向于将商业直接与公共通道、地铁口进行紧密衔接，甚至乐于对连接段地下商业进行代建和代运营。针对以上差异，城市设计团队按照公共系统衔接的具体要求，在方案沟通、评审和报建审查等阶段坚持技术控制要点，并会同管理部门对建筑方案进行修改指导（图8-45）。

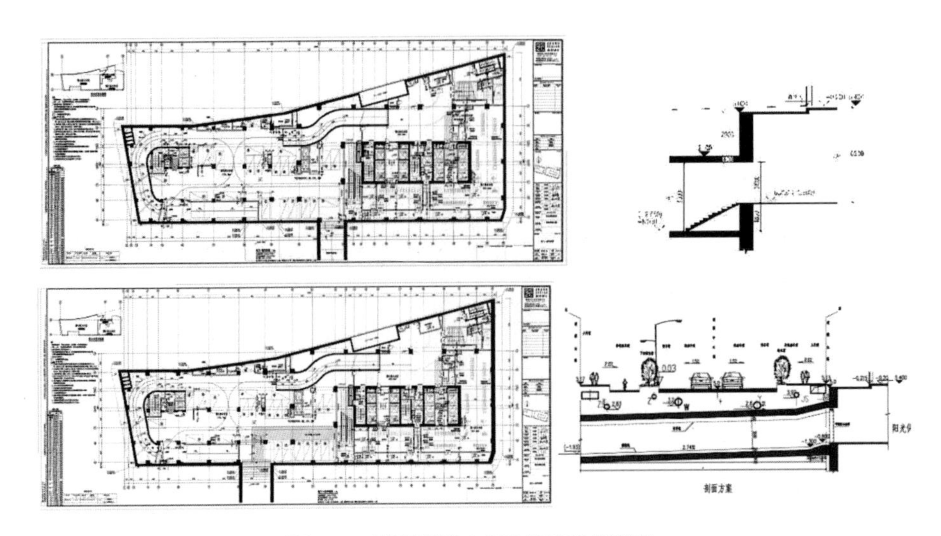

图8-45　地下通道水平和垂直位置落位

（图片来源：《南山后海中心区城市设计》成果）

3）调整及优化

种种挑战和困境主要源于多头管理所导致的协调难度上升。不同部门、业主的技术背景和建设能力存在差异，造成“多部门想管却各自管不好”的局面。为应对这一问题，城市设计团队从技术完整性出发提出了整体地下空间系统的准确落位和关键数据统一，政府部门则从整体系统运行角度提出整体代建、委托代运营模式以解决问题。通过委托单一通道、文化功能、停车库，商业体，由建设单位（代建设）单位（或者相邻业主）进行统一设计、申报、建设和管理，形成统一的运营平台，这样更有利于后海公共产品质量的维系与支持。

城市设计团队作为技术整合方发挥着重要的协调作用。城市地下公共空间的建设是一个涉及多元主体的复杂衔接工程，城市设计团队一直伴随着地下空间条件的演变和具体系统的优化，2017年为华润服务的亮点项目、为市规划局服务的深化设计项目针对发展条件的变化，重点强化对公共地下人行空间系统的研究和梳理构建，同时也在重点片区结合企业开发医院和整体建设需求，鼓励深圳湾大街沿线混合公共功能地块、深圳湾广场公共建筑群等部分，对地下空间进行一体化开发，整体组织人行、车行和公共活动。

对地下公共空间系统进行整体评估和适应性优化。规划团队梳理了已建和未建的地下空间的实际情况，提出依托深圳湾大街和中心路地下公共廊道形成“一横一纵”地下空间主要架构，组织串联主要轨道站点、综合商业和公共空间，打造地下空间组织核心。结合公共用地性质及用地内部预留廊道，拓展各组团、单元的地下慢行空间联系，提供全天候步行通道，形成“三横两纵”的地下空间拓展结构。优化原有岛状公共地下空间核心模式，形成组团内全天候便利通行的地下网络。保障廊道、重要公共建筑群地下空间的公共属性，设置混合功能，加强与轨道交通、地下商业街的联系便利度。对地下空间的关键建设标准提出明确的量化要求。规划团队提出详细控制参数要求，以解决此前地下空间设计标准不一造成的问题，针对已建、未建地下空间标高、断面参数进行控制。如地下通道宽度按照《深圳市城市设计标准与准则》要求，不小于6m；地下通道两侧连通地下商业的，宽度不小于8m。鼓励业主沿地下通道设置商业和公共空间增加活力，并制定奖励政策。如占用商业设置公共场所的，对商业进行容积率奖励，奖励面积不大于总量的5%且不高于公共场所的面积。控制条件的聚焦和明确，为规划管理和建筑设计提供有效依据。在一系列符合政府权限和市场预期的技术要求提出后，地下公共空间的开发具有了更为明确的设计标准和约束内容，政府管理具有明确和清晰的依据，同时部分内容的相对弹性给建筑设计单位以空间，促进更多富有创造的方案产生。目前深圳湾大街整体地下空间已采用最新的控制管理方式，由华润拍得整体开发权，进行地下公共空间的整体设计、建设工作，并与南侧在建联想地下空间和北侧在建13号线轨道站点地下部分充分对接（图8-46）。

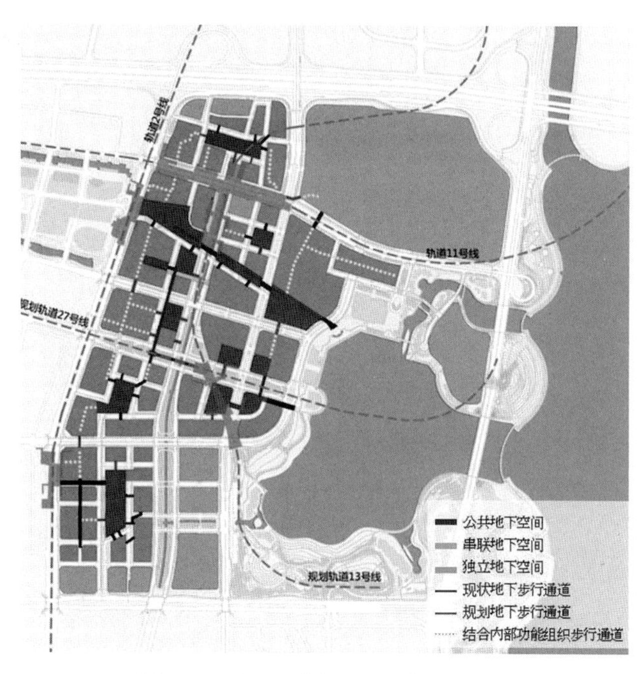

图8-46　地下通道水平和垂直位置落位

（图片来源：《南山后海中心区城市设计》成果）

8.3.4“后海模式”小结

全过程伴随服务实践既是对后海自身发展模式的探索和总结，同时也为未来城市设计实施探索提供了有益的样本。深圳市南山区后海中心区作为2004年中规院深圳分院开展的全过程、伴随性城市设计实施项目，在15年的规划历程中面向实施探索出了一系列技术创新、团队协作、设计控制和协商管理经验。这套机制是在城市设计、管理和实施多主体、多过程协同之下完成的，既有总师制度的技术话语权，又有伴随项目相对灵活的开放协作关系，为设计实施层面各类问题积累了诸多解决办法，并在城市设计实施建成效果上得到了验证和校正。这一系列相对成型的工作协调方式、但非一套官方正式发布的固定范式，恰恰保留了城市设计区别于一般法定规划的特殊性，为实施管理的刚性和弹性提供协调的空间。